全国高校安全工程专业本科规划教材

安全工程概论

教育部高等学校安全工程学科教学指导委员会组织编写

主　编　王凯全

主　审　吴　穹

中国劳动社会保障出版社

图书在版编目(CIP)数据

安全工程概论/教育部高等学校安全工程学科教学指导委员会组织编写. —北京：中国劳动社会保障出版社，2010

全国高校安全工程专业本科规划教材

ISBN 978-7-5045-8576-9

Ⅰ.①安…　Ⅱ.①教…　Ⅲ.①安全工程-高等学校-教材　Ⅳ.①X93

中国版本图书馆 CIP 数据核字(2010)第 160392 号

中国劳动社会保障出版社出版发行

(北京市惠新东街 1 号　邮政编码:100029)

出 版 人:张梦欣

*

北京北苑印刷有限责任公司印刷装订　新华书店经销

787 毫米×960 毫米　16 开本　21 印张　366 千字

2010 年 8 月第 1 版　　2018 年 7 月第 8 次印刷

定价: 46.00 元

读者服务部电话:(010)64929211/64921644/84626437

营销部电话:(010)64961894

出版社网址: http: //www.class.com.cn

内 容 提 要

本书以系统安全工程为理论基础，以各种能量意外释放的事故致因为分析主线，概括性地阐述了安全工程的基本思想、基本知识，从化工、建筑、机械、电气以及职业危害防护等方面介绍了预防事故的基本原理和基本技术。

全书共分为七章。第一章介绍了安全、安全工程、事故的基本概念，分析了能量、危险源与事故的关系；第二章介绍了系统安全工程的基本概念，简述了系统安全分析的基本方法，介绍了 HSE 管理体系；第三章简要介绍了火灾、爆炸和毒害品的基本概念，分析了火灾、爆炸和毒害品的特点及危害，阐述了火灾、爆炸和中毒事故的原因；第四章介绍了建筑事故的成因和建筑事故的类型，分析了建筑施工常见事故的预防对策以及建筑物本体事故的预防方法；第五章分析了机械能意外释放的原因及其危险性，介绍了机械类事故的预防和控制技术；第六章分析了电能释放的危险性，介绍了供电系统事故的预防和控制技术以及防止静电、雷电事故的技术措施；第七章介绍了职业危害因素的分类以及职业危害的防护措施，阐述了人机安全工程的基本概念及其研究内容。

本书强调逻辑的完整性、章节的独立性以及内容的实用性，各章均配有事故案例和复习思考题，可供从事安全工程技术及管理的人员使用，也可供非安全工程类专业高校师生学习和参考。

序　言

党的十六届五中全会确立了“安全发展”的指导原则，极大地促进了我国安全科学事业的发展，同时为安全工程学科提供了良好的发展机遇。据初步统计，到目前为止，全国开设安全工程专业的高校已达百余所，安全工程专业已成为我国高等教育中重要的新兴专业之一。

加强教材建设，是促进我国安全工程专业健康发展的重要基础工作。教育部高等学校安全工程学科教学指导委员会（2004—2008 年）在充分吸收和借鉴上届教指委安全工程专业教材成功编写经验的基础上，于 2006 年启动了“全国高校安全工程专业本科规划教材”的组织编写和出版工作。第一批 15 种安全工程专业本科规划教材已基本完成。在此基础上，教育部高等学校安全工程学科教学指导委员会（2008—2010 年）组织开发了第二批规划教材共 14 种，包括《安全评价》《安全法学》《安全工程专业英语》《安全监察》《消防工程概论》《安全工程概论》《安全检测与监控》《防灾减灾工程》《矿山安全工程》《交通运输安全技术》《建筑施工安全技术》《计算机在安全领域中的应用》《安全科技概论》《安全工程专业毕业设计与论文指南》。

本套规划教材的编写力求满足安全工程专业课程体系和课程教学的新发展，立足现实，反映前沿，力求创新，既包括已经成熟并被公认的理论与学术思想，又反映安全工程学科领域具有前瞻性与代表性的最新理论、技术和方法，并借鉴吸收世界上发达国家的先进理论、理念与方法。

在本套教材开发过程中，全国数十所高等学校、科研院所的近百名专家和学者积极参与了教材的编写和审订工作，教指委秘书处、教材开发分委会和中国劳动社会保障出版社做了大量的组织工作，在此向他们表示衷心的感谢！

本套教材的编写和出版，是我国安全工程学科在教材建设方面又迈出的重要一步。虽然我们尽了最大努力，但仍有不足，恳请安全工程领域的专家学者和广大师生提出宝贵意见。

教育部高等学校安全工程学科教学指导委员会

2010年8月

前　言

安全是人类生存的基本条件，也是人类生产活动中必须解决的关键问题。在某种意义上说，人类生存与生产的发展史就是消灭和克服所面临的危险因素，预防和控制各类意外事件的奋斗史。

人类在认识世界和改造世界的进程中，伴随着对安全的不懈追求，积累了大量预防和控制各类意外事件的技术、方法、手段、措施等，构成了保障人类生存和生产的安全工程。

系统安全工程是指导安全工程的理论基础。系统安全工程运用系统论、风险管理理论、可靠性理论和工程技术手段辨识系统中的危险源，评价系统的危险性，并采取控制措施使其危险性最小，从而使系统在规定的性能、时间和成本范围内达到最佳的安全程度，清晰地概括了任何具体的安全工程所应遵循的设计目标、逻辑程序和实施步骤。

能量意外释放理论是实施安全工程技术措施的重要依据。能量意外释放理论从事故发生的物理本质出发，深刻阐述了事故是一种不正常的或不希望的能量向人身或物体的释放和转移，明确指出了人们防止伤害事故就是防止能量意外释放，防止人体（或需要保护的财产、设备等）接触能量。

基于以上认识，本书以系统安全工程为理论基础，以各种能量意外释放的事故致因为分析主线，概括性地阐述了安全工程的基本思想、基本知识以及预防能量释放事故的基本技术，试图全面系统地、逻辑清晰地介绍安全工程与技术的核心和精髓。书中适当介绍了近年来国内外安全工程新进展、行之有效的安全工程新经验和事故案例，各章还配有复习思考题，力求具有科普性、先进性和实用性。鉴于本书以非安全工程专业学生以及非安全工程专业技术人员为基本对象，编者力求通过较少的篇幅，运用较少的授课时数，完成安全工程师基本知识的讲授，以满足概括掌握安全工程基本知识的需要。为了满足不同专业读者的需求，本书强调逻辑的完整性和章节的独立性，使读者可以在了解了安全工程基本知识（第一章、第二章）后，单独学习相关章节的内容。

本书由常州大学王凯全（第一章、第二章）、陈海群（第三章）、袁雄军（第四章）、周宁（第五章）、邵辉（第六章）、王新颖（第七章）编写，由王凯全统稿。在教材编写过程中，参考、引用了大量国内外文献资料，在此向文献作者们表示诚挚的谢意。

由于编者水平有限，书中不当之处在所难免，敬请批评指正。

编　者

2010年8月

目　录

第一章 绪 论

本章学习目标

1. 掌握安全和安全工程的概念、风险和危险的概念、事故的基本概念及其特性、事故发生的概率与后果的严重度、能量与事故的关系、危险源与事故和事故隐患关系，熟悉防止能量意外释放的基本知识。

2. 了解工程及其负效应、安全性与工程负效应的关系、安全工程的范畴以及可靠性工程、系统安全工程等特有安全工程技术的基本知识。

第一节 安全与危险

一、安全

“无危则安、无损则全”。安全，一般是指不至于对人的身体造成伤害、精神构成威胁和使财物导致损失的状态。

安全是人类生存与发展活动中永恒的主题，也是当今乃至未来人类社会重点关注的重要问题之一。人类在不断地发展进化的同时，也一直与生存发展活动中所存在的安全问题进行着不懈的斗争。人类社会的发展史在某种意义上说是解决安全问题的奋斗史。

随着对安全问题研究的逐步深入，人们越来越清醒地意识到，“无危则安、无损则全”不是安全的科学定义。这是因为，绝对“无危、无损”的状态只是主观上的理想，任何生产、生活过程都存在一定的危险性。另外，所谓“无危、无损的状态”是个模糊的概念，不能用科学的定量标准来衡量。

最先赋予安全一个较为科学解释的是美国安全工程师协会（ASSE)。在其编写的《安全专业术语辞典》中认为，安全是“导致损伤的危险度是能够容许的、较为不受损害的威胁和损害概率低的通用术语”。著名安全专家A. 库尔曼在《安全科学导论》中进一步指出：“安全的定义包含着危险和危急所引起的可能的损害不会发生的可信程度。”日本著名安全专家井上威恭指出：“安全系指判明的危险性不超过允许的限度。”

总之，安全是指在生产、生活系统中，能将人员伤亡或财产损失的概率和严重度控制在可接受水平之下的状态。

可见，科学的安全概念具有三层含义：

1. 安全是相对的

世界上任何系统都包含有不安全的因素，都具有一定的危险性，没有任何系统是绝对安全的。“安全的”系统并不意味着已经杜绝了事故和事故的损失，而是事故发生的可能性相对较低，事故损失的严重性相对较小。现实中的安全系统不可能是“事故为零”的极端状态，人们应该不断克服系统中的危险因素，追求“相对更高的安全程度”这样一种安全目标。

2. 安全是主观和客观的统一

安全反映了人们对系统客观危险性的主观认识和容忍程度。作为客观存在，系统危险因素引发的事故何时、何地、以何种程度发生，造成何种恶果，人们不可能完全准确地预料，但是，完全可以通过研究事故发生的条件和统计规律来认识系统的危险性；作为对客观存在的主观认识，安全表达了人们内心对危险的容忍程度。事故发生频率和损害程度提高或（和）人们内心对事故的容忍程度降低都会产生不安全的感觉。

3. 安全需要以定量分析为基础

安全的定量分析涉及三个重要指标，即系统事故发生的概率、事故损失的严重度、可接受的危险水平。为了确认系统安全程度，人们必须首先确定系统事故发生的概率及其损失的严重度，再与可接受危险水平相比较。为了实现系统安全，人们需要针对损失发生的概率及其严重度，有重点地采取控制、降低事故概率和损失严重度的措施。

二、安全与危险

1. 危险

危险是安全的对立状态。危险是指在生产、生活系统中一种潜在的，致使人员伤亡或财产损失的不幸事件（即事故）发生的概率及其严重度超出可接受水平的状态。危险的概率是指危险发生（转变）事故的可能性，即频度或单位时间危险发生的次数。危险的严重度或伤害、损失或危害的程度则是指每次危险发生导致的伤害程度或损失大小。

2. 安全与危险的关系

危险性是衡量系统危险程度的客观量。相应地，安全性反映了系统的安全程度，是衡量系统安全程度的客观量。由于安全是相对的，任何系统都存在着一定危险性，那么，假定系统的安全性为 S，危险性为 R，则有：

$$S = 1 - R \tag{1—1}$$

显然，R 越小，S 越大；反之亦然。若在一定程度上消减了危险性，就等于创造了安全。当危险性小到可以被接受的水平时，就认为系统是安全的。

安全性与危险性的关系见图 1—1。其中，左右两端的圆分别表示系统处于绝对危险或绝对安全状态。任何实际系统总是处于两者之间，包含一定的危险性和一定的安全性，可以用介于左右两圆中的一条垂线表示，垂线的上半段表示其安全性，下半段表示其危险性。当实际系统处于"可接受的安全水平"线（图中虚线）的右侧时，这样的系统是安全的。

我们在安全问题上面临的矛盾是：一方面，生产活动在创造物质财富的同时带来大量不安全的危险因素，并使其向深度和广度不断拓展。技术进步带来了火灾、爆炸、毒物泄漏、空难、原子辐射、大气污染等事故可能性和严重度的增加，在图 1—1 上表现为系统的实际状态有向左移动的趋势；另一方面，人们在满足了基本生活需求之后，不断追求更安全、更健康、更舒适的生存空间和生产环境，在图 1—1 上表现为可接受的安全水平有向右移动的趋势。

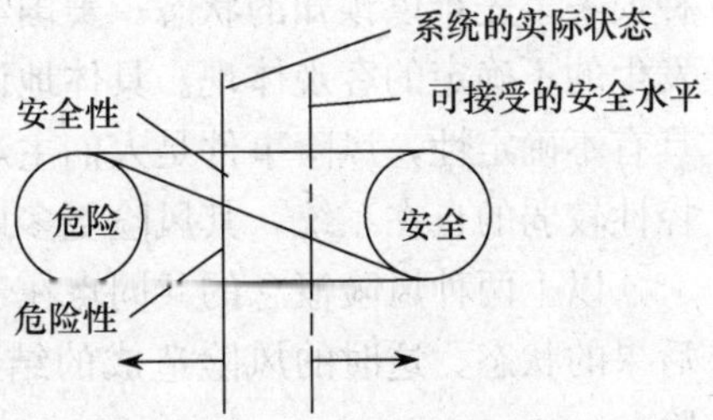

图 1—1　安全与危险

危险因素的绝对增长和人们对各类灾害在心理、身体上承受能力的绝对降低的矛盾，是人类进步的基本特征和必然趋势，使人类对安全目标的向往和努力具有永恒的生命力。在这对矛盾中，后者是人类进步的表现，无可厚非；因而前者是安全工作者要认真研究的主要矛盾方面。安全工作的艰巨性在于既要不断深入地控制已有的危险因素，又要预见并控制可能出现的各种新的危险因素，以满足人们日益增长的安全需求。安全工作者必须勇敢地承担起这个艰巨的且义不容辞的社会责任。

三、安全与风险

1. 风险

风险也是安全的对立状态。风险强调系统的不安定性、不确定性。与危险相比，风险的内涵更加宽泛。针对系统的不同状态以及人们对系统的认识程度，风险的内涵主要有：

（1）风险是描述系统危险性的客观量

当系统的可知性和可控性较强时，风险是不幸事件将要发生，且后果可以预见的状态。根据国际标准化组织的定义（ISO 13702—1999），风险是衡量危险性的指标，风险是某一有害事故发生的可能性与事故后果的组合。生产系统中的危险，是安全工程的主要研究对象，而生产系统是具有较强可知性和可控性的人为系统。因此，对于安全工程领域和工业生产系统，风险与危险性是相同的概念，风险是系统危险性的客观量。

（2）风险是损失的不确定性

当系统的可知性和可控性较弱时，风险是不幸事件发生不确定，发生后出现何种损失事先难以预知的状态。美国学者威特雷认为，风险是关于不愿意发生的事件发生的不确定的客观体现。具体地说，风险是客观存在的现象，风险的本质与核心具有不确定性，风险事件是人们主观所不愿发生的。社会、经济系统是可知性和可控性较弱的自在系统，其风险更多地被理解为损失的不确定性。

以上两种风险概念的共同点在于：都将风险看成是可能发生，且可能造成损失后果的状态。这时的风险造成的结果只有损失机会，而无获利可能，称为纯粹风险。

（3）风险是危险和机遇伴生的状态

与纯粹风险相对应的是投机风险。投机风险是指既可能产生收益也可能造成损失的不确定性。经济系统的某些风险，其结果的不确定性可能波及的范围大到损失和获利之间，以致危险和机遇并存，如投资、炒股、购买期货等。

安全工程所涉及的风险，理论上只能是纯粹风险，因为系统的危险性只存在造成事故损失结果的可能性，但是，在实践中却可能存在投机风险性质。比如，为预防和控制事故所付出的安全投入，是用实在的资金支出换取事故发生概率的降低，具有节省支出也可能不出事故的性质；违章操作具有发生事故的危险和作业便捷的诱惑。为了防止生产过程中的事故，必须努力防止和杜绝风险的投机性质。例如，落实安全投入相关法律法规，开展企业安全设施审查，设计本质安全条件，提高违章成本等。

2. 风险的定量描述

根据对风险的第一种理解，风险数量 R 的大小可以用不幸事件发生的概率 P 和事件后果的严重程度 C 两个客观量的逻辑乘积来评价，即：

$$R = P \times C \tag{1—2}$$

在安全工程领域，人们认识风险和管理风险的目的就是限制系统中客观存在的各种潜在的危险因素，使之趋于极小化，以提高系统的安全性。具体措施，就是要降低不幸事件发生的概率，控制其可能造成的恶果。

3. 风险矩阵和风险矩阵图

由于不幸事件发生的概率 P 和事件后果的严重程度 C 通常量纲不同，因此，不能以两者乘积的直接结果来评估系统的风险。人们通常采用风险矩阵和风险矩阵图来表达风险的大小。

（1）风险矩阵

风险矩阵通常以严重度 C 为列，以概率 P 为行构成。兼顾两者的大小确定风险的等级。典型的风险矩阵见表 1—1。

表 1—1　　风险矩阵

危险概率等级		风险分类			
定量	定性				
$y\times10^{-2}$/年	频繁	无法容忍			
$y\times10^{-3}$/年	很可能				
$y\times10^{-4}$/年	偶然	不合需要			
$y\times10^{-5}$/年	远期				
$y\times10^{-6}$/年	不太可能	可以容忍			
$y\times10^{-7}$/年	难以置信	可以忽略			
		灾难	紧急	边缘	无关紧要
x，y 系数可根据应用需要调整		$x\times10^{-1}$	$x\times10^{-2}$	$x\times10^{-3}$	$x\times10^{-4}$
		危险严重程度等级			

（2）风险矩阵图

风险矩阵图是一种有效的风险管理工具，可用于分析系统风险的大小和分布。通常以严重度 C 为横轴，概率 P 为纵轴，建立直角坐标系来表达风险的大小。由于风险严重度 C 和概率 P 都具有不确定性，因此，在风险矩阵图上，通常以区块表示风险的具体位置，并由大到小分别涂以红色、橘红色、黄色、绿色。

显然，距离原点较远的区块风险值较大。根据风险是安全的对立状态的定义，在风险矩阵图上可按照距原点的距离划分出风险可接受区、ALARP（as low as reasonably practical，安全风险处在最低合理可行状态）区以及风险不可容忍区，并以此确定风险的对策措施。

典型的风险矩阵如图 1—2 所示。

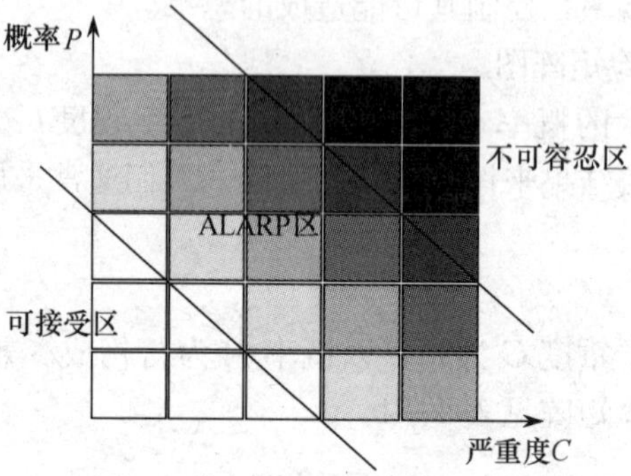

图 1—2　风险矩阵图

第二节　事故与事故后果

一、事故

事故是指在生产活动中，由于人们受到科学知识和技术力量的限制，或者由于认识上的局限，当前还不能防止，或能防止但未有效控制而发生的违背人们意愿的事件序列。事故的发生，可能迫使系统暂时或较长期地中断运行，也可能造成人员伤亡和财产损失（又称为损伤），或者二者同时出现。

事故的含义包括：

（1）事故是一种发生在人类生产、生活活动中的特殊事件，由于任何系统都存在一定的危险性，因此，人类的任何生产、生活活动过程中都可能发生事故。

（2）事故是一种迫使进行着的生产、生活活动暂时或永久停止的事件。事故中断、终止人们正常活动的进行，必然给人们的生产、生活带来某种形式的影响，甚至还可能造成人员伤害、财物损坏或环境污染等其他形式的严重后果。因此，事故是一种违背人们意志的事件，是人们不希望发生的事件。

(3) 事故是一种突然发生的、出乎人们意料的意外事件。由于导致事故发生的原因非常复杂，往往包括许多偶然因素，因而在一起事故发生之前，人们无法准确地预测什么时候、什么地方、发生什么样的事故。因此，人们在开展生产、生活活动之前和过程中，都应该做好预防和应对事故的物质和精神准备。

(4) 事故是一系列事件序列。事故由事故隐患、故障、偏差、事故、事故后果等一系列互为因果的事件构成。通常人们只把发生了严重后果的事故当成事故看待，进行原因分析、后果控制，而轻视对一般事故、未遂事故的隐患查找和事故预防，这不仅在认识上是错误的，而且对事故的预防也是不利的。之所以产生这种认识，是因为事故的后果，特别是引起严重伤害或损失的事故后果，给人的印象非常深刻，相应地注意了带来某种严重后果的事故；相反地，当事故带来的后果非常轻微，没有引起人们注意的时候，人们也就忽略了事故。

事故按其造成的后果可以分为：未遂事故、损伤事故；事故按其发生的原因可以分为：责任事故和非责任事故。

未遂事故是造成恶果的事故。根据海因里希法则，为了预防损伤事故必须重视从未遂事故中探究事故规律，在发生轻微伤害或无伤害事故时就要分析其发生原因，做好事故预防和控制工作。

损伤事故包括人身伤亡事故和非人身伤亡事故。人身伤亡事故根据伤害的原因分为：物体打击、车辆伤害、机械伤害、起重伤害、触电、淹溺、灼烫、火灾、高空坠落、坍塌、冒顶片帮、透水、放炮、火药爆炸、瓦斯爆炸、锅炉爆炸、压力容器爆炸、其他爆炸、中毒和窒息、其他等 20 类；根据伤害的程度分为：轻伤、重伤、死亡事故；根据死亡人数分为：一般伤亡事故（一次事故死亡 1～2 人）、重大伤亡事故（一次事故死亡 3～9 人）、特大伤亡事故（一次事故死亡 10 人以上）。非人身伤亡事故是指仅发生设备、设施损坏而无人员伤亡的事故，通常按事故损失的大小分类。

责任事故是指由于管理人员或操作人员在工作中人为失误因素造成的事故。非责任事故是指生产工艺或装备的固有原因以及自然原因、环境原因等非人为因素造成的事故。由于发生在生产系统中的事故总是与人为失误因素有一定关系，因此，生产中的事故通常都是责任事故。

二、事故的特性

1. 因果性

事故的因果性是指一切事故的发生都是有原因的，这些原因就是潜伏的危险因素。这些危险因素有来自人的安全行为和管理缺陷，也有物和环境的不安全状态。这些危险因素在一定的时间和空间内相互作用，就会导致系统的隐患、偏差、故障、失效，以致发生事故。

因果关系表现为继承性，即第一阶段的结果可能是第二阶段的原因，第二阶段的原因又可能引起第二阶段的结果。如图 1—3 所示。

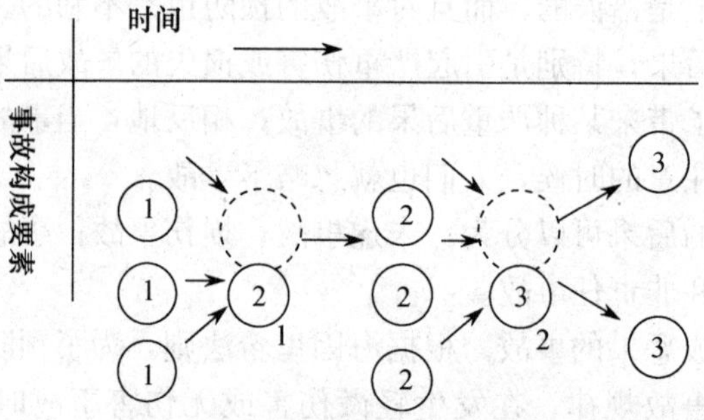

图 1—3　事故的因果关系

因果性说明事故的原因是多层次的。有的原因与事故有直接联系，有的则有间接联系，决不是某一个原因就可能造成事故，而是诸多不利因素相互作用促成事故。因此，不能把事故原因归结为一时或一事，而应在识别危险时对所有的潜在因素（包括直接的、间接的和更深层次的因素）都进行分析。只有充分认识了所有潜在因素的发展规律，分清主次对其加以控制和消除，才能有效地预防事故。

事故的因果性还表现在事故从其酝酿到发生发展具有一个演化的过程。事故发生之前总会出现一些可以被人类认识的征兆，人类正是通过识别这些事故征兆来辨识事故的发展进程，控制事故，化险为夷的。事故的征兆是事故爆发的量的积累，表现为系统的隐患、偏差、故障、失效等，这些量的积累是系统突发事故和事故后果的原因。认识事故发展过程的因果性既有利于预防事故，也有利于控制事故后果。

2. 随机性

事故的随机性是指事故的发生是偶然的。同样的前因事件随时间的进程导致的后果不一定完全相同。但是，在偶然的事故中孕育着必然性，必然性通过偶然事件表现出来。

事故的随机性说明事故的发生服从于统计规律，可用数理统计的方法对事故进行分析，从中找出事故发生、发展的规律，认识事故，为预防事故提供依据。

事故的随机性还说明事故具有必然性。从理论上说，若生产中存在着危险因素，只要时间足够长，样本足够多，作为随机事件的事故迟早必然会发生，事故总是难以避免的。但是，安全工作者对此不是无能为力，而是可以通过客观的和科学的分析，从随机发生的事故中发现其规律，通过持续不断的努力，使系统的安全状态不断改善，使事故发生的概率不断降低，使事故后果严重度不断减弱。

3. 潜伏性

事故的潜伏性是指事故在尚未发生或还没有造成后果时，各种事故征兆是被掩盖的。系统似乎处于“正常”和“平静”状态。

事故的潜伏性使得人们认识事故、弄清事故发生的可能性及预防事故成为一项非常困难的事情。这就要求人们必须百倍珍惜已发生的事故，探索和总结事故规律，从中汲取经验教训；要求人们在任何情况下都要把安全放在第一位，消除盲目性和麻痹思想，居安思危，明察秋毫，才能做到常备不懈，防患于未然。

三、事故发生概率与后果严重度

预防事故发生和控制事故的后果是安全工程的两项主要任务。

1. 事故发生的概率

事故发生的概率是时间长度或样本个数趋近无限大的情况下，系统发生事故的时间与系统正常工作时间的比值，或系统发生事故的次数与系统正常工作次数的比值。用公式表示为：

$$P=\lim_{t\to\infty}\frac{N_{\mathrm{d}}}{N} \tag{1—3}$$

或

$$P=\lim_{n\to\infty}\frac{N_{\mathrm{d}}}{N} \tag{1—4}$$

式中　P——事故发生的概率；

N_d——系统发生事故的次数；

N——系统正常工作的次数；

t——系统工作时间；

n——同类系统样本数量。

式（1—3）可称为事故的时间概率，式（1—4）可称为事故的样本概率。由于在实践中，时间或样本都不可能无限大，人们通常近似地将事故发生的频率指标作为事故发生的概率值。

2. 事故后果的严重度

事故后果严重度是事故发生后其后果带来的损失大小的度量。事故后果带来的损失包括人员生命健康方面的损失、财产损失、生产损失或环境方面的损失等可见损失，以及受伤害者本人、亲友、同事等遭受的心理冲击，事故造成的不良社会影响等无形的损失。由于无形的损失主要取决于可见损失，因此，事故后果严重度也可以用可见损失的大小来相对比较。

通常，以伤害的严重程度来描述人员生命健康方面的损失，以损失价值的金额数来表示事故造成的财物损失或生产损失。

3. 事故发生的概率与后果严重度的关系

美国的海因里希（W. H. Heinrich）早在其 1931 年出版的《工业事故预防》一书中就研究了事故发生频率与事故后果严重度之间的关系。根据对调查结果的统计处理得出结论，即事故后果分别为严重伤害、轻微伤害和无伤害的事故次数之比为 1∶29∶300（见图 1—4）。

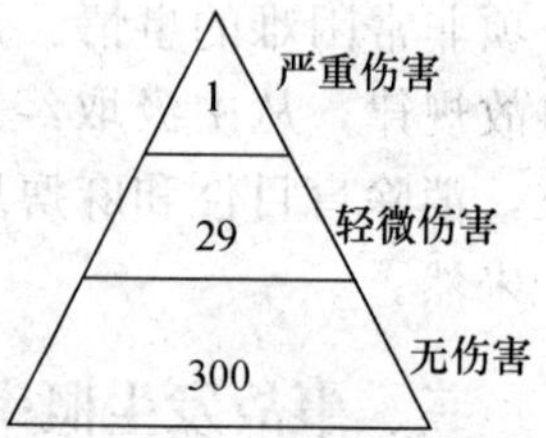

图 1—4　海因里希事故三角形

比例 1∶29∶300 称为海因里希法则，它反映了事故发生频率与事故后果严重度之间的一般规律。即事故发生后带来严重伤害的情况是很少的，造成轻微伤害的情况稍多，而事故后无伤害（未遂事故）的情况是大量的。

海因里希法则提醒人们，某人在遭受严重伤害之前，可能已经经历了数百次没有带来严重伤害的未遂事故。在无伤害或轻微伤害的背后，隐藏着与造成严重伤害相同的原因。在事故预防工作中，应十分重视从未遂事故中探究事故规律，在发生轻微伤害或无伤害事故时就分析其发生原因，尽早采取恰当对策防止事故发生，而不是在发生了严重伤害之后才追究其原因，采取改进措施。

海因里希法则表明，事故后果的严重程度具有随机性质，或者说其后果的严重度取决于机会因素。因此，一旦发生事故，控制事故后果的严重程度是一件非常困难的工作。为了防止严重伤害的发生，应该全力以赴地防止事故的发生。

比例 1∶29∶300 是根据同一人发生同种事故的后果统计得到的结论，以此可以定性地表示事故发生频率与事故后果严重度之间的一般关系。不同的事故类型，这种比例关系也可能不同。表 1—2 为美国对不同事故发生频率与后果严重度的统计结果。

表 1—2　美国统计的不同事故发生频率与后果严重度的关系　%

事故类型	暂时失能伤害	永久部分失能伤害	永久全部失能伤害
运输	24.3	20.9	5.6
坠落	18.1	16.2	15.9
物体打击	10.4	8.4	18.1
机械	11.9	25.0	9.1
车辆	8.5	8.4	23.0
手工工具	8.1	7.8	1.1
电气	3.5	2.5	13.4
其他	15.2	10.8	13.8

在安全科学研究中，经常以事故后果严重度（死亡人数、经济损失金额等）为横轴，以超过某种后果严重度的事故发生频率为纵轴，表示各类事故或灾害的发生频率与后果严重度之间的关系（见图 1—5）。

对于许多种类的事故，其发生频率与后果严重度之间有如下公式成立：

$$PC^k = n \tag{1—5}$$

式中　P——后果严重度达到 C 时事故的发生频率；

C——事故后果的严重度；

k——常数；

n——常数。

常数 k 是反映某种事故发生频率与后果严重度之间关系的重要参数。它与事故种类有关，当 k 大时，事故造成严重后果的可能性小；当 k 小时，事故容易造成严重后果。

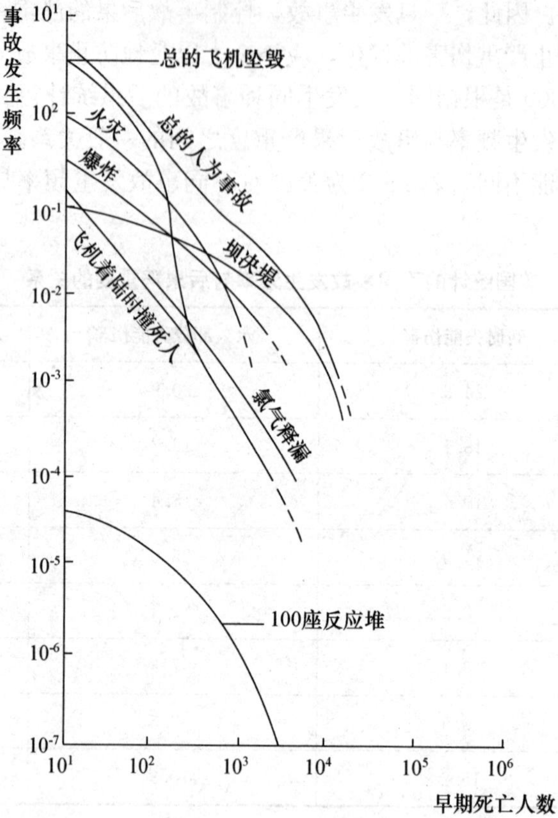

图 1—5　事故或灾害的发生频率与后果严重度

第三节　能量与事故

一、能量的危险性

任何生产过程都是能量的转化或做功的过程。近代工业的发展起源于将燃料的化学能转换为热能，并以水为介质转变为蒸气，然后将蒸气的热能转换为机械能输送到生产现场。电气时代是将水的势能或蒸气的动能转换为电能，在生产现场再将电能转换为机械能进行产品的制造加工。核电站则是将原子能转换为电能。

任何失去控制的能量转化和做功的过程都可能引起事故，造成伤害或损坏。

1. 机械能

意外释放的机械能是导致事故时人员伤害或财物损坏的主要能量。机械能包括势能和动能。位于高处的人体、物体、岩体或结构的一部分相对于低处的基准面有较高的势能。当人体具有的势能意外释放时，发生坠落事故；物体具有的势能意外释放时，物体自高处落下可能发生物体打击事故；岩体或结构具有的势能意外释放时，发生冒顶、片帮、坍塌等事故。运动着的物体都具有动能，如各种运动中的车辆、设备或机械的运动部件、被抛掷的物料等。它们具有的动能意外释放并作用于人体，则可能发生车辆伤害、机械伤害、物体打击等事故。

2. 电能

意外释放的电能会造成各种电气事故。意外释放的电能可能使电气设备的金属外壳等导体带电而发生“漏电”现象。当人体与带电体接触时会遭受电击，电火花会引燃易燃易爆物质而发生火灾、爆炸事故，强烈的电弧可能灼伤人体等。

3. 热能

失去控制的热能可能灼烫人体、损坏财物、引起火灾。火灾是热能意外释放造成的最典型的事故。在利用机械能、电能、化学能等其他形式的能量时也可能产生热能。

4. 化学能

化学能的危险性主要表现为危险物质的毒性、可燃性和可爆性。有毒有害的化学物质使人员中毒，是化学能引起的典型伤害事故。在众多的化学物质中，相当多的物质具有的化学能会导致人员急性、慢性中毒，致病、致畸、致癌。火灾中化学能转换为热能，爆炸中化学能转换为机械能和热能。

5. 电离辐射及非电离辐射

电离辐射是一切能引起物质电离的辐射总称，主要指 α 射线、β 射线、中子和宇宙射线等粒子辐射以及能量较高的电磁辐射（包括 X 射线、γ 射线）。非电离辐射为能量较低的 γ 射线、电磁辐射等。工业生产中常见的电焊、熔炉等高温热源释放出的紫外线、红外线等有害辐射会伤害人的视觉器官。

6. 人体自身能量系统

人的新陈代谢过程是个吸收、转换、消耗能量，与外界进行能量交换的过程。人进行生产、生活活动时消耗能量，当人体与外界的能量交换受到干扰时，即人体不能进行正常的新陈代谢时，人体将受到伤害甚至死亡。表 1—3 为人体受到超过其承受能力的各种形式能量作用时受伤害的情况，表1—4为人体与外界的能量交换受到干扰而发生伤害的情况。

表1—3　能量类型与伤害

能量类型	产生的伤害	事故类型
机械能	刺伤、割伤、撕裂、挤压皮肤和肌肉、骨折、内部器官损伤	物体打击、车辆伤害、机械伤害、起重伤害、高处坠落、坍塌、冒顶片帮、放炮、火药爆炸、瓦斯爆炸、锅炉爆炸、压力容器爆炸
热能	皮肤发炎、烧伤、烧焦、焚化、伤及全身	灼烫、火灾
电能	干扰神经—肌肉功能、电伤	触电
化学能	化学性皮炎、化学性烧伤、致癌、致遗传突变、致畸胎、急性中毒、窒息	中毒和窒息、火灾
电离辐射	细胞和亚细胞成分与功能的破坏	反应堆事故中，治疗性与诊断性照射，滥用同位素、放射性粉尘的作用。具体伤害结果取决于辐射作用部位和方式

表1—4　干扰能量交换与伤害

影响能量交换类型	产生的伤害	事故类型
氧的利用	局部或全身生理损害	中毒和窒息
其他	局部或全身生理损害（冻伤、冻死）、热痉挛、热衰竭、热昏迷	

事故发生时，在人体（或结构）能量作用下是否受到伤害（或损坏），以及伤害（或损坏）的严重程度如何，取决于作用于人体（或结构）的能量的大小、能量的集中程度、人体（或结构）接触能量的部位、能量作用的时间和频率等。显然，作用于人体的能量越大、越集中，造成的伤害越严重；人的头部或心脏受到过量的能量作用时会有生命危险；能量作用的时间越长，造成的伤害越严重。研究表明，人体对各种形式的能量的作用都有一定的承受能力，或者说有一定的伤害阈值。例如，球形弹丸以4.9 N的冲击力打击人体时，只能轻微地擦伤皮肤；重物以

68.6 N 的冲击力打击人的头部时，会造成颅骨骨折。

二、能量意外释放理论

吉布森（Gibson，1961）、哈登（Haddon，1966）等人提出了解释事故发生物理本质的能量意外释放理论。他们认为，事故是一种不正常的或不希望的能量释放并转移于人体。人类在利用能量的时候必须采取措施控制能量，使能量按照人们的意图产生、转换和做功。从能量在系统中流动的角度，应该控制能量按照人们规定的能量流通渠道流动。如果由于某种原因失去了对能量的控制，就会发生能量违背人的意愿的意外释放或逸出，使进行中的活动中止而发生事故。如果发生事故时意外释放的能量作用于人体，并且能量的作用超过人体的承受能力，则将造成人员伤害；如果意外释放的能量作用于设备、建筑物、物体等，并且能量的作用超过它们的抵抗能力，则将造成设备、建筑物、物体的损坏。

能量意外释放理论阐明了伤害事故发生的物理本质，指明了防止伤害事故就是防止能量意外释放，防止人体（或需要保护的财产、设备等物质）接触能量。根据这种理论，预防事故可以从两方面着手：一是控制生产过程中能量的非控制下的流动、转换，以及不同形式能量非控制下的相互作用，防止发生能量的意外释放或逸出；二是采取针对人体（或需要保护的财产、设备等）的屏蔽措施，防止人体（或需要保护的财产、设备等）与过量的能量或危险物质接触。

美国矿山局的札别塔基斯（Michael Zabetakis）依据能量意外释放理论，调查伤亡事故原因发现，大多数伤亡事故都是因为过量的能量，或干扰与外界正常能量交换的危险物质的意外释放引起的。而且，过量能量或危险物质的释放几乎毫无例外地都是由于人的不安全行为或物的不安全状态造成的。即人的不安全行为或物的不安全状态使得能量或危险物质失去了控制，是能量或危险物质释放的诱因。在此基础上建立了事故因果连锁模型（见图 1—6）。

1. 能量或危险物质意外释放事故

事故是能量或危险物质的意外释放，是伤害的直接原因。为防止事故发生，可以通过技术改进来防止能量意外释放，通过教育训练提高员工识别危险的能力，佩戴个体防护用品来避免伤害。

2. 不安全行为和不安全状态

人的不安全行为和物的不安全状态是导致能量意外释放的直接原因，它们是由管理失误、控制不力、缺乏知识、对存在的危险错误判断，或其他个人因素等造成的。

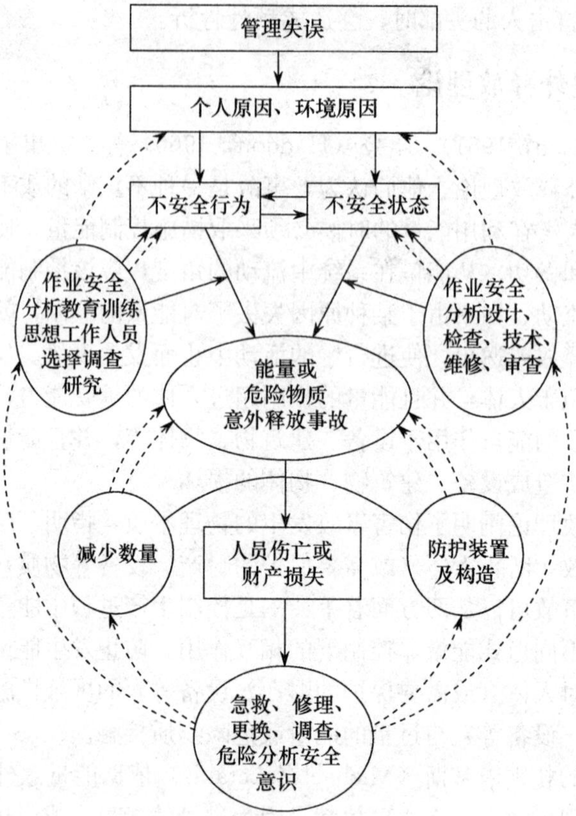

图 1—6　能量观点的事故因果连锁

3. 基本原因

(1) 企业领导者的安全政策及决策

它涉及生产及安全目标；员工的配置；信息利用；责任及职权范围，员工的选择、教育培训、安排、指导和监督；信息传递，设备、装置及器材的采购、维修；正常时和异常时的操作规程；设备的维修保养等。

(2) 个人因素

它涉及个人的能力、知识、训练，动机、行为，身体及精神状态，反应时间，个人兴趣等。

(3) 环境因素

为了从根本上预防事故，必须查明事故的环境原因，并采取有针对性的对策。环境因素涉及人员的工作环境、设备的运行环境和物质的存储环境等。

三、防止能量逆流于人体的措施

预防和控制因能量意外释放而造成人员伤亡的关键在于防止能量逆流于人体。安全工程技术人员在系统设计、运行和管理时，应充分利用能量转移理论，对能量加以控制，防止能量逆流于人体。

防止能量逆流于人体的方法主要有：

1. 限制能量

如限制行车速度，规定矿井照明用低压电等。

2. 用较安全的能源取代危险性大的能源

如用低于 36 V 的安全电压取代高压操作，用二氧化碳灭火剂代替四氯化碳等。

3. 防止能量蓄积

如控制爆炸性气体的浓度，控制危险化学品的存储规模等。

4. 控制能量释放

如采用保护性容器（如耐压氧气罐、盛装辐射性同位素的专用容器），以及生活区远离污染源等。

5. 延缓能量释放

如采用安全阀、逸出阀、吸收振动装置等。

6. 开辟能量释放渠道

如采用过流保护装置防止电气伤害，通过通风装置排除工作场所爆炸气体等。

7. 设置能量屏障

如隔断火灾的防火墙、减弱冲击波的消波室等。

8. 设置人、物与能源之间的屏障

如防护罩、防火门、密闭门、防水闸墙等。

9. 设置人与物之间的屏障

如安全帽、安全鞋、手套、口罩等个体防护用品等。

10. 提高防护标准

如采用双重绝缘工具、连续监测和远距离遥控等。

11. 改善效果及防止损失扩大

如将不安全的工艺流程改进为安全流程，制定事故应急预案等。

12. 修复或恢复

如准备易损备件以加快故障时的修复，采用冗余设计以保证系统异常状态时的恢复等。

第四节　危险源与事故

一、两类危险源

危险源即危险的根源，是可能导致人员伤害或财物损失事故的、潜在的不安全因素。生产、生活中的许多不安全因素都是危险源。

由于系统中存在各种危险源，而这些危险源的发展变化和相互作用，使能量发生了意外释放。危险源的存在是事故发生的根本原因，防止事故就是消除、控制系统中的危险源。

根据危险源在事故发生、发展中的作用，可以划分为两大类，即第一类危险源和第二类危险源。

1. 第一类危险源

根据能量意外释放理论，事故是能量或危险物质的意外释放，作用于人体的过量的能量或干扰人体与外界能量交换的危险物质是造成人员伤害的直接原因。因此，把系统中存在的、可能发生意外释放的能量或危险物质称为第一类危险源。常见的第一类危险源主要有：

（1）产生、供给能量的装置、设备。

（2）使人体或物体具有较高势能的装置、设备、场所。

（3）能量载体。

（4）一旦失控可能产生巨大能量的装置、设备、场所，如强烈放热反应的化工装置等。

（5）一旦失控可能发生能量蓄积或突然释放的装置、设备、场所，如各种压力容器等。

（6）危险物质，如各种有毒、有害、可燃烧爆炸的物质等。

（7）生产、加工、储存危险物质的装置、设备、场所。

（8）人体一旦与之接触将导致人体能量意外释放的物体。

第一类危险源具有的能量越多，一旦发生事故其后果越严重。反之，第一类危险源具有的能量越少，发生事故的可能性越小，越安全。同样，第一类危险源包含的危险物质越多，干扰人的新陈代谢越严重，其危险性越大。

2. 第二类危险源

在生产、生活中，为了利用能量，让能量按照人们的意图在系统中流动、转换和做功，必须采取措施约束、限制能量，即必须控制危险源。约束、限制能量的屏蔽应该可靠地控制能量，防止能量意外释放。实际上，绝对可靠的控制措施并不存在，在许多因素的复杂作用下约束、限制能量的控制措施可能失效，能量屏蔽可能被破坏而发生事故。导致约束、限制能量措施失效或破坏的各种不安全因素称为第二类危险源。

如前所述，札别塔基斯认为人的不安全行为和物的不安全状态是造成能量或危险物质意外释放的直接原因。从系统安全的观点来考察，使能量或危险物质的约束、限制措施失效、破坏的因素，即第二类危险源，包括人、物、环境三个方面。

（1）人的因素问题主要表现为“人失误”

人失误是指人的行为的结果偏离了预定的标准，人的不安全行为可被看做是人失误的特例。人失误可能直接破坏对第一类危险源的控制，造成能量或危险物质的意外释放。例如，合错了开关使检修中的线路带电；误开阀门使有害气体泄放等。人的失误也可能造成物的故障，物的故障进而导致事故。例如，超载起吊重物造成钢丝绳断裂，发生重物坠落事故。

（2）物的因素问题可以概括为物的故障

故障是指由于性能低下不能实现预定功能的现象，物的不安全状态也可以看做是一种故障状态。物的故障可能直接使约束、限制能量或危险物质的措施失效而发生事故。例如，电线绝缘损坏发生漏电；管路破裂使其中的有毒有害介质泄漏等。有时一种物的故障可能导致另一种物的故障，最终造成能量或危险物质的意外释放。例如，压力容器的泄压装置故障，使容器内部介质压力上升，最终导致容器破裂。物的故障有时会诱发人失误；人失误会造成物的故障，实际情况比较复杂。

（3）环境因素问题

主要指系统运行的环境，包括温度、湿度、照明、粉尘、通风换气、噪声和振动等不良的物理环境，以及不良的企业和社会的软环境。不良的物理环境会引起物的故障或人失误。例如，潮湿的环境会加速金属腐蚀而降低结构或容器的强度；工作场所强烈的噪声影响人的情绪，分散人的注意力而发生人失误。不良的企业管理制度、人际关系或社会环境影响人的心理，可能引起人失误。

二、危险源与事故和事故隐患

1. 危险源与事故

一起事故的发生是两类危险源共同起作用的结果。第一类危险源是事故发生的前提，没有第一类危险源就谈不上能量或危险物质的意外释放，也就无所谓事故；另一方面，如果没有第二类危险源对第一类危险源控制的破坏，也不会发生能量或危险物质的意外释放。第二类危险源是第一类危险源导致事故的必要条件。

在事故的发生、发展过程中，两类危险源相互依存、相辅相成。第一类危险源在事故时释放出的能量是导致人员伤害或财物损坏的能量主体，决定事故后果的严重程度；第二类危险源出现的难易程度决定事故发生的可能性的大小。两类危险源共同决定危险源的危险性。图 1—7 为系统安全观点的事故因果连锁。

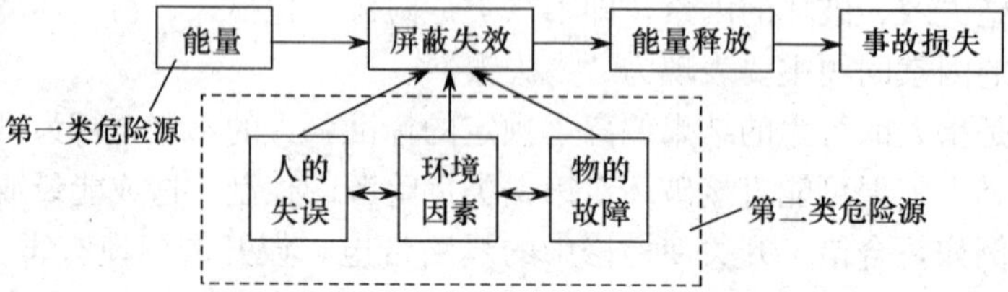

图 1—7　系统安全观点的事故因果连锁

在企业实际的安全管理工作中，第一类危险源客观上已经存在，并且在设计、建造时已经采取了必要的控制措施，其数量和状态通常难以改变。因此，事故预防工作的重点是控制第二类危险源。

2. 危险源与事故隐患

隐患（hidden peril）是隐藏的祸患。事故隐患即隐藏的、可能导致事故的祸患，是在生产活动过程中，由于人们受到科学知识和技术力量的限制，或者由于认识上的局限，未能有效控制的有可能引起事故的一种行为（一些行为）或一种状态（一些状态）或者二者的结合。事故隐患包括一切可能对人—机—环境系统带来损害的不安全因素，相当于人的不安全行为和物的不安全状态。

事故隐患包含在危险源的范畴之中，是危险源存在的基本方式，也是危险源与事故之间的必然节点。作为危险源存在的基本方式，可以通过查找系统中的事故隐患来辨识危险源，认清其所处在的状态；作为危险源与事故之间的必然节点，可以通过治理系统中的事故隐患来预防事故，实现系统安全。应该注意的是，如果在控制方面没有明显的缺陷，人们往往不把危险源当做隐患处理，在事故预防工作中可能被忽略，这对危险源控制是非常不利的。为了预防事故，查找、治理事故隐患是非常必要的，但是，为了控制系统中的危险源，仅此是不够的，因为事故隐患只是危险源的外在表现，是全部危险源中有明显问题的一部分，其余部分更隐蔽，可能更危险。

第五节 安全工程及其范畴

一、工程及安全工程

1. 工程及其负效应

工程是人类文明的产物。原始社会的人类只能借助简单工具，通过手工劳作，创造单一的精神和物质产品。随着人类文明的发展，人们可以建造出比单一产品更大、更复杂的产品，这些产品不再是单一的结构或功能，而是各种各样的所谓“人造系统”（如建筑物、轮船、飞机等），于是产生了工程的概念，并且逐渐发展为一门独立的学科和技艺。

在现代社会中，“工程”一词有广义和狭义之分。就狭义而言，工程定义为“以某组设想的目标为依据，应用有关的科学知识和技术手段，通过一群人的有组织活动将某个（或某些）现有实体（自然的或人造的）转化为具有预期使用价值的人造产品过程”。就广义而言，工程则定义为“由一群人为达到某种目的，在一个较长时间周期内进行协作活动的过程”。工程具有以下特征：

（1）目的性

任何工程以实现其特定的功能为目的，人们为此目的而设计、建造、使用、废弃各项工程。

（2）技术性

任何工程都是科学技术的产物，在工程的设计、建造、使用、废弃过程中，无不凝结着人类的科学知识和技术手段。

（3）实体性

工程通常是一个实体，特别是生产领域的工程，都是以实物形态展示的。人们往往根据工程实体的大小、占用财物的多少评价工程的规模。

（4）群体性

工程的群体性表现在工程设计、建造、使用、废弃过程中的群体参与性以及工程功能的群体受益性。

任何事物都具有两面性，工程项目在带给人们物质和精神利益的同时，也产生了许多负效应。工程的负效应是人们在设计、建造、使用、废弃各项工程过程中难以避免的或没有意识到的，与预期效应相违背的，各种潜在的、不良的、有害的因素及其可能的恶果。工程的负效应主要表现在：

（1）目的的偏离

即工程功能的偏离。工程在实现其特定功能的同时，可能出现人们所不期望的功能。例如，煤矿在生产煤炭的同时，出现了瓦斯爆炸事故，这是人们不期望的。有时甚至工程本身功能还没有实现，却发生了人们所不期望的功能。例如，住宅楼还没有交付使用，就发生了整体倒塌；新机型刚刚试飞，就发生坠毁事故等。

（2）技术的危害

技术从其产生至今，对社会经济发展所起的巨大作用是毋庸置疑的，正因为如此，人们才不断开发技术和使用技术。但是，任何技术突破在带来福祉的同时也会带来负面效应。例如，化工生产技术的开发，使人们在获得更多化工产品的同时，带来更多火灾、爆炸的危险；汽车技术的发展，使人们出行更加便捷的同时，带来更多的交通事故。

（3）实体的隐患

作为实体的工程，在为人类生产、生存服务的同时，往往存在各种隐患，成为潜在的危险源。例如，三峡工程可能带来地质应力的恶化和泥沙沉积的隐患；西气东输工程可能发生天然气泄漏的危害等。

（4）群体的威胁

工程的群体性参与可能使工程的功能更快、更好地得以实现。但是，参与工程建造、使用、废弃的人员越多，工程目的偏离、技术危害、实体隐患等负效应影响的范围就越大。例如，各地纷纷开展化工园区建设工程，以促进地方经济的发展，但同时使化工事故可能性和危害程度大大提高。工程功能的群体受益性使社会成员广泛享受工程的成果，增加人们对工程的依赖。但是，正因为如此，一旦发生工程目的偏离、技术危害、实体隐患等负效应，很可能造成社会性的危害。例如，随着城市自来水工程的发展，更多的居民饮水质量得到保证，但任何供水事故也因此可能造成更大范围的恐慌。

工程及其负效应共生共存，工程技术人员在工程的设计、建造、使用、废弃等整个生命周期内都应顾及其两重性，以保证工程在实现其期望功能的同时，预防、避免、限制其负效应的发生和发展。

著名的工业工程专家 P. 希克斯（Philip E. Hicks）博士指出："工业工程的目标就是设计一个生产系统及该系统的控制方法，使它以最低的成本生产具有特定质量水平的某种或几种产品，并且这种生产必须是在保证工人和最终用户的健康和安全的条件下进行。"另一位当代工业工程专家 G. 萨尔文迪（Gavriel Salvendy）博士在他主编的 *Handbook of Industrial Engineering* 一书中，专门用了一章来阐述职业安全的问题，并且把“事故与可操作性分析”作为32种常用的工业工程技术之一。显然，安全技术与管理知识对于一个工业工程师的重要性是不言而喻的。

2. 安全工程

安全工程是指在具有人类安全需要的领域，运用的各种安全技术及其综合集成，以保障人体、设施、财产等动态安全的技术、方法、手段、措施等。安全工程的实施，为人们的生命和健康免受伤害，设备、财产免遭损失，提供直接和间接的保障。

安全工程以人类生产、生活活动中发生的各种事故为主要研究对象，综合运用自然科学、技术科学和管理科学等方面的有关知识和成就，辨识和预测生产、生活活动中存在的不安全因素，并采取有效的控制措施防止事故发生或减轻事故损失。安全工程并不等于安全技术，但含有丰富的技术内涵。

任何安全工程都具有外在实体和内在技术两个范畴，如图1—8所示。

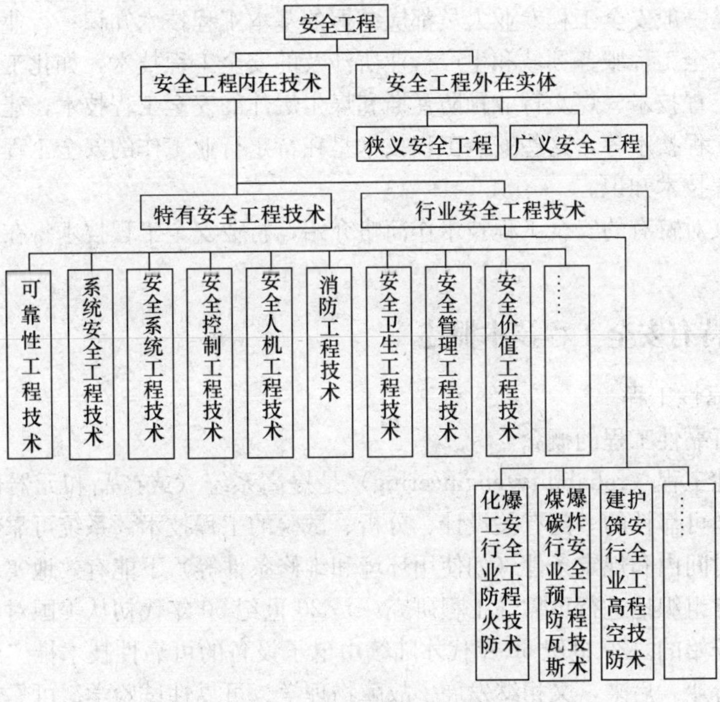

图1—8　安全工程范畴

(1) 安全工程外在实体

作为外在实体，安全工程具有狭义和广义之分。狭义的安全工程是完全依托于一般工程中的安全工程，是为限制某个特定工程的负效应及其危害而设计、建造、使用的工程。例如，建筑工程的防止坍塌的支护工程，危险化学品罐区防止溢出的围堰工程等；广义的安全工程是完全独立于一般工程的安全工程，是为限制某类工程或多项工程的工程群的负效应及其危害而设计、建造、使用的工程。如化工生产装置中独立设置的紧急停车系统（ESD——emergency shutdown system)，煤矿独立的瓦斯抽放工程等。

(2) 安全工程内在技术

作为内在技术，任何具体的安全工程项目又都具有双重的工程技术性质，即特有安全工程技术和行业安全工程技术。特有安全工程技术是指仅属于安全工程专业的工程技术，如可靠性工程、系统安全工程、安全系统工程、安全控制工程、安全人机工程、消防工程、安全卫生工程、安全管理工程、安全价值工程等，这些安全工程技术是一般安全工程专业人员都应掌握的基本工程技术知识；行业安全工程技术是指该安全工程服务领域和生产行业所涉及的安全工程技术，如化工行业防火防爆的安全工程技术、煤炭行业预防瓦斯和煤尘爆炸的安全工程技术，建筑施工中的高空防护工程技术等，这些安全工程技术是在特定行业工作的安全工程专业人员应掌握的工程技术知识。

以下仅对特有的安全工程技术作简略介绍，行业安全工程技术将在专门的著作中论及。

二、特有安全工程技术概述

1. 可靠性工程

(1) 可靠性工程的概念

可靠性工程（reliability engineering）是提高系统（或产品和元器件）在整个寿命周期内可靠性的一门有关设计、分析、试验的工程技术。系统可靠性是指在系统规定的时间内和规定条件（如使用环境和维修条件等）下能有效地实现规定功能的能力。有组织地进行可靠性工程研究，是 20 世纪 50 年代初从美国对电子设备可靠性研究开始的。20 世纪 60 年代才陆续由电子设备的可靠性技术推广到机械、建筑等各个行业。后来，又相继发展了故障物理学、可靠性试验学、可靠性管理学等分支，使可靠性工程有了比较完善的理论基础。

(2) 系统可靠性指标

常用的定量描述系统可靠性的度量指标主要有可靠度、故障率、平均无故障工作时间和平均故障修复时间等。

1）可靠度 $R(t)$。系统在规定工作时间 t 内无故障的概率。如数字电压表工作 24 h 的可靠度为 0.9，即意味着多次抽取一定数量的该产品样品，在规定条件下工作 24 h，平均有 90％的产品样品能保持全部产品性能处于有效的工作状态。相应地，系统在时间 t 内发生故障的概率用 $F(t)$ 表示，称为不可靠度，与可靠度 $R(t)$ 的关系为：

$$R(t) = 1 - F(t) \tag{1—6}$$

2）故障率 $\lambda(t)$。系统工作到 t 时刻时单位时间内发生故障的概率。系统在正常工作状况下，其故障率趋于稳定，可靠度与故障率的关系为：

$$R(t) = e^{-\lambda(t)} \tag{1—7}$$

3）平均无故障工作时间。系统在相邻两次故障间隔内有效工作时的平均时间。

4）平均故障修复时间。系统出现故障后到恢复正常工作时的平均时间。

（3）提高系统可靠性的措施

1）降低额定值。与机械部件、结构设计中的安全系数类似，可以通过降低系统额定载荷值的办法来提高它们的可靠性。

2）冗余设计。即为完成系统的某种功能而附加上一些元器件或手段，即使其中之一发生了故障，仍能实现预定的功能。常见的冗余方式有并联冗余（附加的冗余元器件与原有的元器件同时工作）、备用冗余（冗余元器件通常处于备用状态，当原有的元器件发生故障时才投入使用）、表决冗余（又可称为 n 中取 k 冗余，即当 n 个相同的元器件中有 k 个正常时，就能保证正常的工作，表决冗余常用于提高安全监控系统的可靠性）。

3）选用高质量元器件。

4）定期维修保养及更换。

（4）系统可靠性和安全性的关系

系统可靠性和安全性都对预防、避免、限制工程负效应及其危害起到重要的作用。但各有侧重。

1）系统可靠性、安全性是防止工程负效应的重要措施。具有较高可靠性的系统，必然以可靠性预计为基础，并在系统生命周期内不断保持和提高其可靠性，这样的系统其功能具有排他性，即在系统实现预定功能的同时，不会发生功能的偏离。同样地，具有较高安全性的系统，也必然以预先危险分析为前提，对于理论和实践证明可能存在的各种危险和有害因素进行预防和控制，并在系统生命周期内不断保持和提高其安全性，使工程的种种负效应得到控制。

2）系统可靠性、安全性对工程负效应的控制作用有一定的重叠性。通常情况下，系统可靠性越高，其安全性也越高。因为可靠性高意味着系统故障率低，也意味着发生各种损伤事故的概率低，提高系统的安全性往往可以通过提高系统的可靠性来实现。另外，为保证系统安全性而设计的各项系统安全设施本身也必须达到一定的可靠性，避免发生误报故障（又称为显性故障）和漏报故障（又称为隐性故障）。事实上，安全工程的许多理论、技术、分析方法（如故障树分析、故障类型和影响分析、危险与可操作性研究等）都源自可靠性工程。

3）系统可靠性、安全性对工程负效应的控制作用有一定的侧重性。一般来说，可靠性高意味着工程功能较少偏离，工程负效应的可能性得以降低。安全性高意味着工程生命期内损伤事故较少，那些可能引发人员伤亡和财产损失的工程负效应得以控制。因此，控制工程的负效应需要系统可靠性和安全性的有机配合。

4）系统可靠性、安全性对工程负效应的控制作用不可能全覆盖。某些工程的负效应是难以通过提高工程可靠性、安全性来完全避免的。如建筑工程的实施必须以农田的占用为代价，地下资源的开采必然带来地表塌陷的危险，燃油汽车效率再高也难免有尾气排放等。人们总是希望随着科学技术的不断发展和完善，系统可靠性、安全性对负效应的控制作用覆盖得更加广泛。因此，提高系统可靠性、安全性的努力需要持久、深入进行。

系统可靠性、安全性与工程负效应三者的逻辑关系如图 1—9 所示。

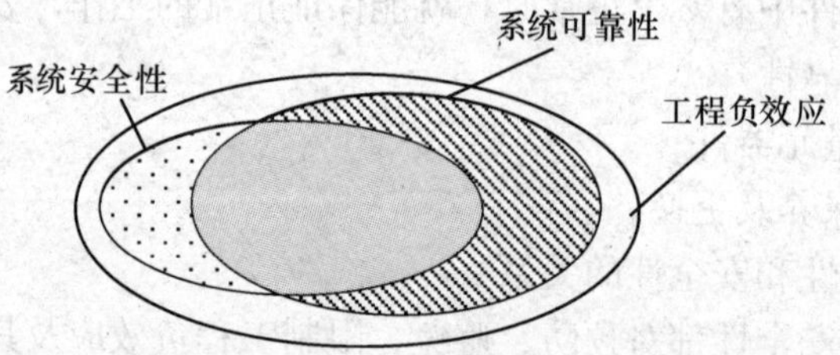

图 1—9　提高系统可靠性和安全性对控制工程负效应的关系

2. 系统安全工程

系统安全工程（system safety engineering）是 20 世纪 60 年代迅速发展和逐步完善的一门崭新的学科。系统安全工程是运用系统论、风险管理理论、可靠性理论和工程技术手段辨识系统中的危险源，评价系统的危险性，并采取控制措施使其危险性最小，从而使系统在规定的性能、时间和成本范围内达到最佳的安全程度。在国外，系统安全工程已得到广泛的应用，成为工业生产中必须采用的安全技术。在国内，系统安全工程正在受到极大的重视，系统安全工程的教育、研究和工程实践都得到长足的发展。

系统安全工程认为，任何具体的安全工作在时间维度上都包含危险源辨识、危险性评价、危险控制三项基本工作。而这三项基本活动既是一个有机的整体，又是一个循环发展的过程。通过对危险源辨识、危险性评价、危险控制三项基本工作的持续改进，实现系统安全水平的不断提升（见图 1—10）。

系统安全工程认为，任何具体的安全工作在空间维度上都应该是“人—机器（设备）—环境”系统的有机结合。以系统安全工程为基础的两类危险源理论认为，人、机、环境三个要素的各种故障是导致系统屏蔽发生失效的第二类危险源，是系统事故的必要条件，其状态决定了事故发生的可能性（见图 1—7）。为了确保系统安全，不仅要研究人、机、环境这三个要素，还要从系统的总体高度上将它们看成是一个相互作用、相互依赖的系统，运用系统工程方法，强调通过全员、全过程、全方位不断的努力，使人、机、环境均处于最佳安全状态和最佳工作状态，以防止事故的发生，控制事故的恶果。如图 1—11 所示。

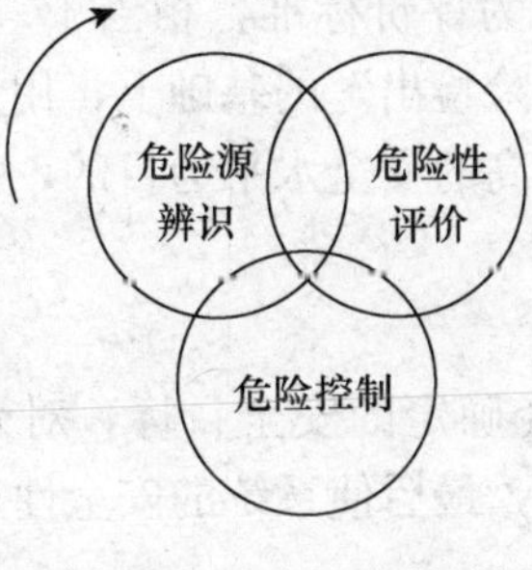

图 1—10　系统安全工程的时间维度

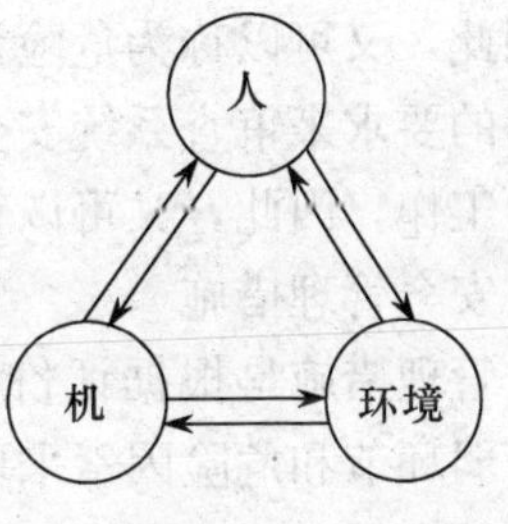

图 1—11　系统安全工程的空间维度

系统安全工程的基本方法是系统安全分析。系统安全分析就是把生产过程或作业环节作为一个完整的系统，运用定性分析或定量分析的方法，对构成系统的各个要素进行全面的分析，判明各种状况的危险特点及导致灾害性事故的因果关系，从而对系统的安全性作出预测和评价，为采取各种有效的手段、方法和行动消除危险因素创造条件。

3. 安全系统工程

安全系统工程（safety system engineering）是采用系统工程的原理和方法，识别、分析和评价系统中的危险性，为调整工艺、设备、操作、管理、生产周期和费用等因素提供依据，以使系统所存在的危险因素能得到消除或控制，使事故的发生减少到最低程度，从而达到最佳安全状态。简言之，安全系统工程就是应用系统工程的原理和方法，分析、评价及消除系统中的各种危险，实现系统安全的一整套管理程序和方法体系。安全系统工程的主要内容包括以下四个方面：

（1）系统安全分析

系统安全分析在安全系统工程中占有十分重要的地位。为了充分认识系统的危险性，就要对系统进行细致的分析。根据需要可以把分析进行到不同程度，可以是简略的或详细的，也可以是定性的或定量的。

（2）系统安全预测

在系统安全分析的基础上，运用有关理论和手段对安全生产的发展或事故发生等作出的一种预测。

（3）系统安全评价

系统安全分析的目的就是为了进行安全评价。通过评价了解到系统中的潜在危险和薄弱环节，并最终确定系统的安全状况。严格地说，安全评价分为符合型安全评价和提高型安全评价两种，前者以系统是否符合相关安全法律、法规、标准、规范等的要求为尺度，以“社会允许的安全限度”为评价标准，相当于“危险检出”工作，因此，又可以称为危险评价；后者在“危险检出”的基础上，用更加全面和更加严格的要求来审查系统安全工作，以达到更高的安全水平为目的，相当于“安全确认”工作，因此，又可以称为安全评价。

（4）安全管理措施

安全管理措施是根据评价的结果，对照已经确定的安全目标，对系统进行调整，对薄弱环节和危险因素采取有效的安全措施，最后使系统的安全性达到安全目标所要求的水平。

长期以来，人们对于系统安全工程和安全系统工程概念和内涵的认识和理解尚不明确、不统一。归纳起来，两者异同见表 1—5。

表 1—5　系统安全工程和安全系统工程的异同

		系统安全工程	安全系统工程
同	目标相同	实现系统整体安全性	
	主要技术方法相同	系统安全分析、系统安全评价	

续表

		系统安全工程	安全系统工程
异	理论基础不同	系统论、风险管理理论、可靠性理论	系统工程理论
	内涵不同	强调安全工程的逻辑性、持续性、递进性	强调安全工程的全过程、全方位、全人员性质
	侧重点不同	技术层面	管理层面

4. 安全控制工程

(1) 安全控制工程的概念

安全控制工程（safety control engineering）是应用控制论的一般原理和方法研究安全控制系统的调节与控制规律的一门学科。

安全控制系统是由各种相互制约和影响的安全要素所组成的、具有一定安全特征和功能的安全整体。与一般技术系统比较，安全控制系统有如下特点：

1）安全控制系统具有一般技术系统的全部特征。

2）安全控制系统是其他生产、社会、经济系统的保障系统。

3）安全控制系统中包括人这一最活跃的因素，因此，人的目的性和人的控制作用时刻都会影响安全控制系统的运行。

4）安全控制系统受到的随机干扰非常显著，因而研究更加复杂。

(2) 安全控制系统的工作方式

1）前馈式控制。前馈式控制是指对系统的输入进行检测，判定可能出现的非正常输入或偏差，采取相应的控制措施，以保证系统实现预定功能的控制方式（见图 1—12）。为了预防各类事故，安全控制系统应根据事故的种种征兆预见事故的可能性，在事故发生之前采取措施消灭隐患，因此，必须以前馈式控制为主。

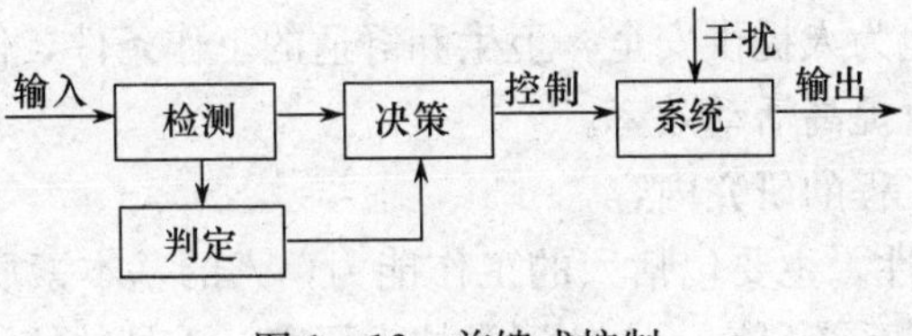

图 1—12 前馈式控制

2）反馈式控制。反馈式控制是使用最为广泛的控制方式。反馈式控制是指对系统的输出进行检测，判定其与正常输出的偏差，采取相应的控制措施，以保证系统实现预定功能的控制方式（见图 1—13）。安全科学认为，事故是一种随机事件，尽管前馈式控制是安全控制系统的首选方式，但无论其如何完备，完全消灭事故是不可能的。积极的反馈式安全控制是在偏差出现时，及时采取调控措施，改“斜”归正；在事故出现之后控制事故规模，减少事故损失；在对事故信息的判断中，获得新的知识，调整流程安全控制中的缺陷，防止同类事故再发生。

3）闭环和持续式控制。所谓“闭环”，是指控制系统中应保持畅通的信息处理和传递路线；所谓“持续”，是指控制系统应保持对受控对象整个生命周期的控制，并在此期间不断改进和提升控制效果。闭环和持续式安全控制系统不能单点、短时控制，而是全方位、全过程地对流程进行连续的在线监控，并通过积极的反馈式控制实现系统的持续改进。

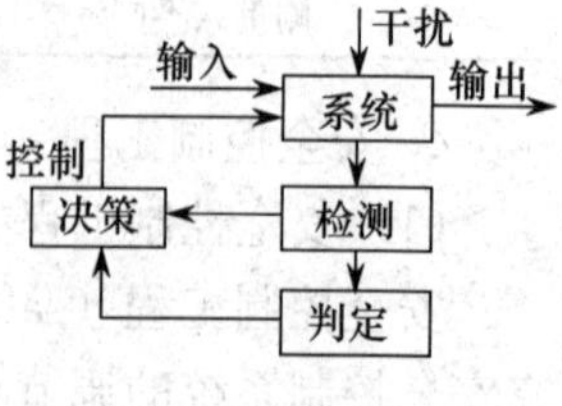

图 1—13　反馈式控制

5. 安全人机工程

（1）安全人机工程的概念

安全人机工程是安全人机环境工程的简称。作为一门综合性边缘学科，是人机工程学（又称为人类工效学）与安全工程结合并在实际应用的基础上产生和发展起来的。安全人机工程从安全的角度，运用人机工程学的原理和方法解决人机结合面的安全问题。研究人、机、环境三者之间的相互关系，探讨如何使机、环境符合人的形态学、生理学、心理学方面的特征，使人、机、环境相互协调，以求达到人的能力与作业活动要求相适应，创造舒适、高效、安全的劳动条件。其主要研究内容是人机系统中人的各种特性、人机功能合理分配、各种人机界面、作业方法与作业负荷、作业空间的分析、事故及其预防等。安全人机工程学可以对人机系统建立合理的方案，更好地在人机之间合理地分配功能，使人和机有机结合，有效地发挥人的作用，最大限度地为人提供安全、卫生和舒适的工作条件，保障人的健康、舒适和愉快地活动，同时提高活动效率。

（2）安全人机工程的研究内容

1）人的安全特性。主要包括人的工作能力，人的基本素质测试与评价，人的生理子系统和心理子系统研究，人的测量技术研究，人员的培训研究等。其中，生理子系统包括呼吸、消化、循环、内分泌、神经及运动等一系列生理因素；心理子系统包括工作态度、动机水平、情绪状态、知识水平、意志品质等一系列心理因素。

2）机的安全特性。一个技术系统（机器、工具等）一般由动力、传动、工作、操纵等子系统组成，所以，机的安全特性主要研究被控对象的动力学模型、机器的防错设计、机器特性对系统性能的影响等。

3）环境的安全特性。环境是人和机共同存在的空间条件，一般有自然环境、人造环境、社会环境等。主要涉及环境的监测技术、环境的控制技术等。

4）人机环境系统的综合安全特性

①人机安全关系。主要包括静态人机安全关系（如作业区域的布局和设计等）、动态人机安全关系（如人、机功能比较，人、机功能分配，人工智能和人机界面设计及评价技术等）和多媒体技术在人机安全关系中的应用等。

②人环安全关系。主要包括环境对人的影响，个体防护措施等。

③机环安全关系。主要包括环境因素对机器性能的影响，机器对环境的影响。

④人机环安全关系。主要包括人机环境系统整体安全性能分析、设计和评价，人机环境系统的安全分析数学模型和物理模拟技术，虚拟现实（virtual reality）技术在人—机—环境系统整体安全中的应用等。

6. 消防工程

（1）消防工程的概念

消防工程（fire protection engineering）是消火、防火工程的简称。随着生产技术的发展和工业与民用建筑工程的进步，消防工程的含义变得高度复杂而广泛。

1998 年，欧洲标准委员会（CEN）、国际标准化组织（ISO）以及消防工程师协会（SFPE）初步提出的定义是：消防工程是在对火灾现象、火灾影响、人们在火灾中的行为和反应的分析认识的基础上，运用科学和工程原理、规范以及专家判断，保护人员、财产和环境免受火灾危害的工程和技术措施。

（2）消防工程的内容

英国工程理事会（ECD）认为，消防工程涉及 14 个科学和工程领域，即火灾科学（消防化学）、火灾科学（消防动力学）、防火工程（主动）、防火工程（被动）、烟气控制、火灾及人之间的相互影响（如逃生手段）、火场灭火活动、火灾调查、火灾风险评价及估量（包括火灾保险）、消费项目及能源的消防安全、消防安全设计及建筑物管理、消防安全设计及工业过程管理、消防安全设计及运输活动管理、消防安全设计及城市和社区管理。

为了实现消防工程的预定目标，完整的消防工程应包括以下具体工作：

1）对火灾危险、风险及其影响进行评估。

2）通过正确的设计、建设、布置，采用合适的材料、结构、工业流程、运输系统等，减轻潜在的火灾危害。

3）对限制火灾后果所必需的最佳预防和保护措施作出恰当的评估。

4）对与火灾探测、火灾控制和火灾通信相关系统的装备进行设计、安装、维护、更新。

5）在灭火和救援行动中制定正确合理的应急指挥和事故控制方案。

6）火灾发生后的调查分析、评估反馈。

7. 安全卫生工程

（1）安全卫生工程的概念

职业安全卫生工程（job safety and hygiene engineering）就是研究劳动条件对人身健康可能产生的影响，从质和量两个方面阐明职业性危害因素与劳动者健康水平的关系，从技术上改善劳动条件，防止职业病，保护劳动者的安全和健康，提高劳动者作业能力，促进生产的发展和劳动生产率的提高。

（2）安全卫生工程的内容

安全卫生工程的工作内容是运用各种专业技术和仪器对劳动者的作业强度、作业条件、作业环境进行检测、分析，确定存在的职业性危害因素，对照现行的相关法规和标准所规定的劳动卫生标准阈值，确定对该有害因素采取回避、防护、治理、急救等技术措施。

1）职业性危害因素及其检测。职业性危害因素包括生产性有害因素和职业性损伤。

生产性有害因素有：①生产过程中的环境有害因素。如化学性有害因素（各类生产性毒物和粉尘等）、物理性有害因素（气象条件、电磁辐射、电离辐射、噪声、振动等）、生物性有害因素（主要指生产过程中那些使人致病的微生物或寄生虫等）。②劳动过程中的有害因素。如劳动强度过大、脑力过度紧张、长期处于不良体位或使用不合格工具致使个别器官损伤等。③生产性场所卫生设施不良所致的有害因素。如通风、照明不良，缺乏防尘、防毒、防暑降温等设施和安全设备等。

职业性损伤主要有：职业性视力损伤、听力损伤、皮肤损伤、颅脑损伤、脏器损伤等。

职业性危害因素的检测一般应由国家指定的劳动卫生检测部门进行，提出作业条件是否符合劳动卫生标准的检测和评价报告。企业在检测合格后方可获得劳动生产许可，应在生产过程中始终保持合格状态，并努力提升劳动卫生条件。

2）劳动卫生标准。劳动卫生标准由国家各级立法部门制定，分为最高容许浓度标准和阈限值标准。

最高容许浓度标准（简称 MAC）是指工作地点空气中有害物质在长期多次有

代表性的采样测定中均不应超过的浓度限度。我国目前以每天 8 h，每周 40 h，反复接触有害物的情况下，不致引起急性中毒和慢性影响为最高容许浓度，共列出了 111 种有毒物质和 9 种工业性粉尘浓度标准。

阈限值标准（简称 TLV）是指每周 40 h 内所接触的时间加权平均浓度限值。该值可允许在一定限度内波动，主要强调对大多数员工不发生有害作用。对于具体危害因素，阈限值标准又可分为时间加权平均浓度（简称 TLV—TWA）、短期接触限值（简称 TLV—STEL）、极限值（简称 TLV—C）三种。

3）职业性危害防治技术。职业性危害防治技术包括：建立职业性危害防治管理体系和管理制度，执行劳动卫生标准和安全卫生责任制，对机械设备、厂房建筑、作业环境等采取安全卫生措施，防止尘毒及物理因素对人体影响和伤害的措施，保持工作环境的清洁卫生和合理的照明、通风措施，实施安全卫生监督检查和教育培训，对各类劳动卫生性事故和事件进行调查、登记、统计、报告和处理等。

8. 安全管理工程

（1）安全管理工程的概念

安全管理工程是为实现安全目标，运用管理工程学的理论和方法对安全生产及其所涉及的人力、物力、财力、信息等安全资源进行的计划、组织、指挥、协调和控制的一系列技术、组织和管理活动。安全管理工程是在人类社会的生产实践中产生的，并随着生产技术水平和企业管理水平的发展特别是安全科学技术及管理科学的发展而不断发展。安全管理工程的主要任务是在国家安全生产方针的指导下分析和研究生产过程中存在的各种不安全因素，从技术上、组织上和管理上采取有效措施，消除或控制人的不安全行为、物的不安全状态和环境的不安全因素，以防止事故的发生，从而保障生活或生产的顺利进行，保障人的生命安全和健康，保护国家、集体的财产不受损失。

（2）安全管理工程的基本原理

一般来说，管理工程的基本要素包括人、财、物、信息、时间、机构和制度等，其中前五项是管理的内容，后两项是管理的手段。管理工程的基本原理就是研究如何正确而有效地处理上述要素及其相互关系，以达到管理的基本目标。安全管理工程作为管理工程的重要分支，遵循管理工程的普遍规律，服从管理工程的基本原理。

安全管理工程的基本原理框架如图 1—14 所示。其中，系统安全原理和人本安全原理是一级管理，其他原理都是隶属于它们的二级管理。

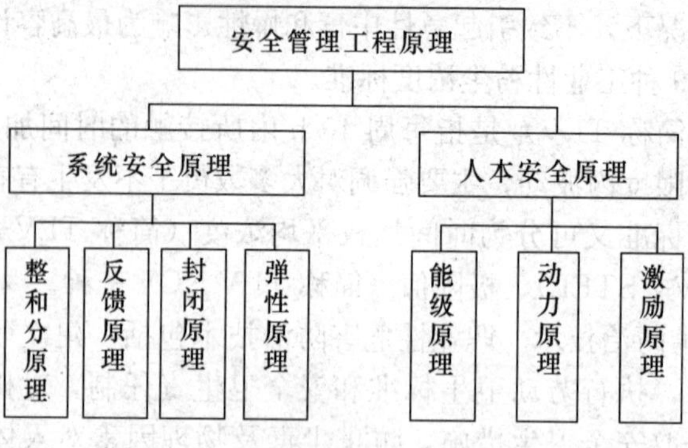

图 1—14　安全管理工程的基本原理

系统安全原理即为了达到预定的安全目标，运用系统理论，进行系统安全分析；整和分原理即以安全分析为基础，在整体规划下进行有效分工，确定安全工作重点；反馈原理是运用安全检查、隐患整改、事故调查和统计分析、安全考核等手段掌握系统中尚存的隐患和安全工作的不足，持续改进安全工作；封闭原理即通过建立安全责任制，使安全管理手段和管理过程构成一个连续密闭的回路，独立于生产系统之外行使安全管理；弹性原理是指安全管理要有很强的适应性和灵活性，以适应安全管理所面临的错综复杂的环境和条件，实现全面、全员、全过程的安全管理。

人本安全原理强调安全工作以人为本，以保障人的安全和健康为根本；能级原理是指在建立安全管理体制过程中注重管理结构中人才的稳定性、人才及其能级的一致性、责权利的对等性；动力原理主张正确地运用物质动力、精神动力、信息动力，使安全管理运动持续有效地进行下去；激励原理是以科学的手段激发人的内在潜力，充分发挥其安全工作的积极性和创造性。

9. 安全价值工程

(1) 安全价值工程的概念

价值工程（value engineering，简称 VE）起源于美国。价值工程是通过分析系统的功能与成本的相互关系，寻求系统整体最优化途径的一项技术经济方法。

价值工程中的“价值”是指“评价事物（产品或劳务）有益程度的尺度”。价值工程中“价值”的有益程度是从事物的效用和取得这种效用时投入资源的比值来评价的，即：

$$V = F/C \quad (1\text{—}8)$$

式中　V——价值；

F——功能；

C——成本。

由（1—8）式可以看出，提高系统价值 V 的途径有以下五种：

1）$F\rightarrow/C\downarrow=V\uparrow$。即在系统功能不变的情况下，可以通过降低成本，提高系统价值。

2）$F\uparrow/C\rightarrow=V\uparrow$。即在成本不变的情况下，可以通过提高功能，提高系统价值。

3）$F\uparrow/C\downarrow=V\uparrow\uparrow$。既提高产品功能，又使成本下降。可以大大提高系统价值。这是比较理想的途径，是价值工程的主攻目标。

4）$F\uparrow\uparrow/C\uparrow=V\uparrow$。即成本略有提高，而系统功能大幅度提高，可以提高系统的价值。

5）$F\downarrow/C\downarrow\downarrow=V\uparrow$。即系统功能略有下降，而成本大幅度下降，从而使系统价值有所提高。

可见，价值工程包括降低成本和改善系统功能两个方面。

安全价值工程是运用价值工程的理论和方法，依靠集体智慧和有组织的活动，通过对某措施进行安全功能分析，力图用最低安全寿命周期投资，实现必要的安全功能，从而提高安全价值的安全技术经济方法，着眼于降低安全寿命周期投资。其特点是：以安全功能分析为核心，以充分、可靠地实现必要安全功能为日的，以依靠群众、集体的智慧和组织的活动为手段。主要用于新安全措施的研究设计及对现有安全措施的分析和改进。

安全价值是安全功能与安全投入的比值：

安全价值（V）＝安全功能（F）/安全投入（C）

其中，安全功能是指一项安全措施在某系统中所起的作用，如交通护栏的安全功能是阻隔人与机动车的接触，安全教育的功能是增加职工的安全知识和增强安全意识等；安全投入是为提高安全生产的能力，保障人身和财产的安全进行的活劳动投入（即安全人员的配置）和资金投入的总和。

（2）安全价值工程的任务

1）实现最佳安全投资策略。安全活动应着眼于降低安全寿命周期投资。任何一项安全措施，总要经过构思、设计、实施、使用，直到基本上丧失了必要安全功能而需进行新的投资为止，这就是一个安全寿命周期，而在这一周期的每一个阶段所需费用就构成了安全寿命周期投资。安全寿命周期投资与安全功能的关系如图 1—15 所示。图中，C_{min} 为安全寿命周期投资最低点，相应的 F_0 为最适宜安全功能。显然，在图中存在着一个安全功能可以提高或改善的幅度 $F' \sim F_0$。安全价值工程就是要使安全寿命周期投资到 C_{min}，使功能达到最适宜水平 F_0。

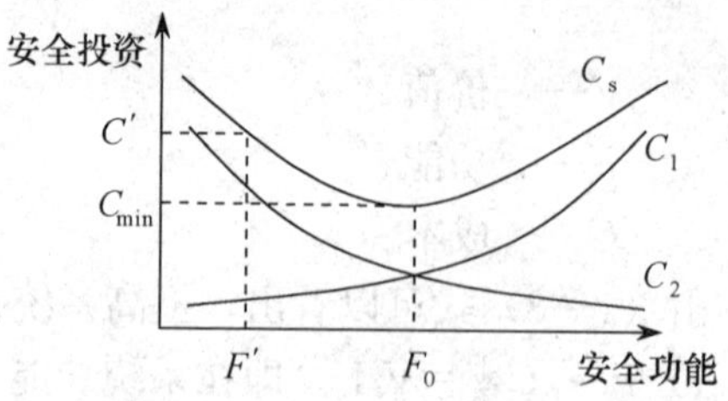

图 1—15　安全寿命周期投资与安全功能的关系

C_s—安全寿命周期投资，$C_s=C_1+C_2$　C_1—设计制造投资　C_2—使用投资　F′—目前安全功能　C′—目前投资

2）追求安全功能与安全投入的最佳匹配。根据价值工程的原理，要提高安全价值并不是单纯追求降低安全投入或片面追求提高安全功能，而是要求改善两者之间的比值。如果由于降低安全投入而引起安全功能的大幅度下降，就违背了安全投资的初衷。同理，片面追求安全功能，以致使安全投资大幅度上升，则国家、企业和个人均难以接受。

本章小结

本章在介绍安全、安全工程、事故基本概念的基础上，分析了能量、危险源与事故的关系。

安全是相对性的、是客观存在和主观认识的统一。危险是安全的对立状态。危险性是衡量系统危险程度的客观量。风险也是安全的对立状态。风险是系统危险性的客观量，风险数量 R 的大小，可以用不幸事件发生的概率 P 和事件后果的严重程度 C 两个客观量的逻辑乘积来评价。事故是指在生产活动中，由于人们受到科学知识和技术力量的限制，或者由于认识上的局限，当前还不能防止，或能防止但未有效控制而发生的违背人们意愿的事件序列。事故由事故隐患、事故、事故后果等一系列互为因果的事件构成。事故具有因果性、随机性、潜伏性。各种能量的意外释放是事故的根本原因。两类危险源的发展变化和相互作用，使能量发生了意外释放。第一类危险源在事故时释放出的能量是导致人员伤害或财物损坏的能量主体，决定事故后果的严重程度；第二类危险源出现的难易程度决定事故发生的可能性的大小。安全工程是指在具有人类安全需要的领域，运用的各种安全技术及其综合集成，以保障人体、设施、财产等动态安全的技术、方法、手段、措施等。

复习思考题

1. 简述安全、安全工程、事故的基本概念。

2. 说明安全是相对的、是客观存在和主观认识的统一的含义。

3. 在实践中如何定量描述风险。

4. 说明特有安全工程的主要内容。

5. 如何理解“事故由事故隐患、事故、事故后果等一系列互为因果的事件构成”。

6. 举例说明事故的因果性、随机性、潜伏性。

7. 简述能量意外释放理论的主要内容。

8. 简述两类危险源及其在事故发生、发展中的作用。

9. 举例说明工程的负效应。

10. 结合实际说明行业安全工程的主要内容。

11. 结合实例说明系统可靠性和安全性的关系。

第二章　系统安全工程基础

本章学习目标

1. 掌握系统安全和系统安全工程的概念、系统安全工程的基本内容、HSE 管理体系的基础知识，熟悉并能够初步运用系统安全分析的基本方法。

2. 了解 HSE 管理体系的基本理念和构建程序，理解企业 HSE 管理体系的基本内容，掌握宣传和贯彻 HSE 管理体系的基本技能。

第一节　系统与系统安全工程

一、系统安全

系统安全是指在系统生命周期内应用系统安全工程和系统安全管理方法，辨识系统中的危险源，并采取有效的控制措施使其危险性最小，从而使系统在规定的性能、时间和成本范围内达到最佳的安全程度。系统安全是人们为解决复杂系统的安全性问题而开发、研究出来的安全理论、方法体系。

1947 年 9 月，美国航空科学院发表了一篇题为“安全工程”的论文，文中写道：“正如飞机性能、稳定性和结构完整性一样，必须进行安全设计，并使之成为飞机不可分割的一部分。安全组也要像应力组、空气动力系组和荷载组一样，必须成为制造厂的重要组织机构之一。”这是最早提出系统安全概念的一篇论文。

系统安全的基本思想是人们在研制、开发、使用和维护大规模复杂系统的过程中逐渐萌发的。20 世纪 50 年代以后，科学技术进步的一个显著特征是设备、工艺及产品越来越复杂。战略武器研制、宇宙开发及核电站建设等使得作为现代科学技术标志的大规模复杂系统相继问世。这些大规模复杂系统往往由数以千万计的元素组成，元素之间以非常复杂的关系相连接，在被研究制造或使用过程中往往涉及高能量，系统中微小的差错就会导致灾难性的事故。大规模复杂系统安全性问题受到了人们的关注，于是，出现了系统安全理论和方法。

系统安全思想主要体现在三个方面。

1. 安全是相对的

系统安全摒弃了人们长期以来一直把安全和危险看做截然不同的、相对立的错误认识，系统安全的思想认为，世界上没有绝对安全的事物，任何事物中都包含有不安全的因素，具有一定的危险性。安全是通过对系统的危险性和允许接受的限度相比较而确定，安全是主观认识对客观存在的反映，这一过程如图2—1 所示。

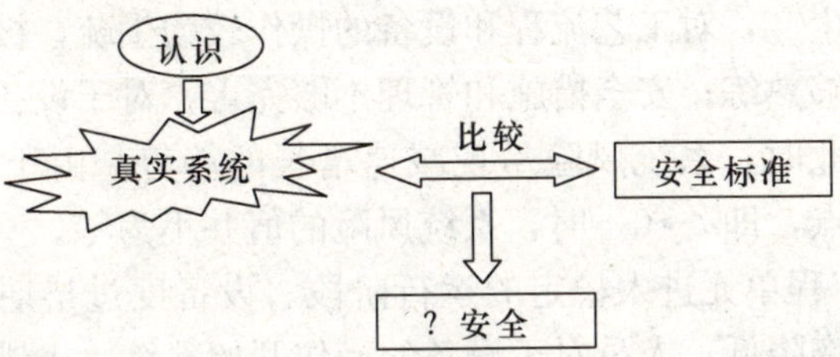

图 2—1 安全的认识过程

因此，安全工作的首要任务就是在主观认识能够真实地反映客观存在的前提下，在允许的安全限度内，判断系统危险性的程度。在这 过程中要注意，认识的客观真实性和安全标准的科学合理性是至关重要的。安全伴随着人们的活动过程。它是一种与时空相联系的状态。

2. 安全伴随着系统生命周期

系统安全强调安全工程不能是一项孤立和静止的工作，系统的生命周期从系统的构思开始，经过可行性论证、设计、建造、试运转、运转、维修直至系统报废(完成一个生命周期)，系统安全需要考虑和解决各个环节存在的不同的安全问题，制定并执行安全工作规划（系统安全活动），并且把系统安全活动贯穿于整个系统生命周期，直到系统报废为止。

系统生命周期中的安全问题如图 2—2 所示［图的纵坐标 H 为系统的风险，横坐标 t 为时间，R-M 为 Rheology-Mutation 的简称］。

以化工企业为例对图 2—2 加以说明。AB 阶段表示某工艺单元刚刚建立运行，设备刚刚投入使用，处于浴盆曲线中的早期失效期，可靠性较低，极易发生故障；

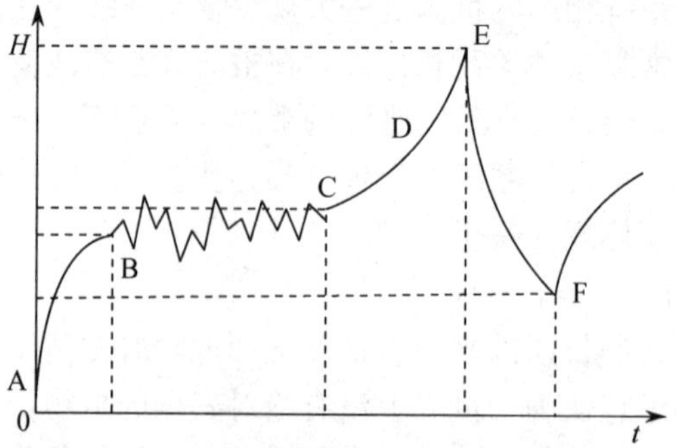

图 2—2　系统生命周期中的"R-M"曲线

人员由于刚刚开始生产，对工艺流程和设备的操作较为生疏，极易操作失误，且对设备故障的处理不够熟练；安全措施和管理不够完善，对于设备的维护和人员操作培训的管理不够。此时，系统风险呈现减速增长的趋势。由于系统的风险一直存在，因此，在初始点，即 $t\rightarrow0+$时，系统风险的值并不为零。

BC 阶段表示工程单元进入稳定的运行阶段。设备度过早期失效期，运行较为稳定，故障的发生率降低；人员对于设备的操作开始熟练，出错较少，即使设备有意外情况发生，操作人员也可以根据经验采取及时有效的处理措施；安全措施逐渐到位，管理条款也愈加严密，防范措施成熟，此时系统风险以极低的速度增长。BC 阶段中的波动，描述的是危险的发生与抑制的过程，该阶段会出现一些故障或误操作，可以通过正确的方法加以消除。虽然灾场风险存在波动，但是灾害没有发生，从本质上来讲，还是比较安全的。当然，如果 BC 阶段中任意一次波动处理不当，都会导致 BC 阶段结束，提前进入 CD 阶段。因此，加强设备维护，提高员工安全操作水平，建立危机防范制度，有助于 BC 阶段的延长。

随着工作时间的推移，工艺单元中的设备出现磨损，发生事故的概率增加；人员由于长期从事相同的工作，由于对工艺过于熟悉，容易产生麻痹大意的心理，导致操作失误增加，危机处理也不能完全按照规定达到准确有效的控制灾害的发生。此时，系统风险进入 CD 阶段，呈现加速增长的趋势。

当系统在这样的危险状态下维持一段时间，潜在的能量不断集聚，最终突破系统的约束向外释放引发事故，人员和财产就会有伤亡和损失，即 DE 阶段。

此后，工艺瘫痪，设备无法运行，需经过 EF 阶段对整体的工艺加以恢复和调整。在 F 点，新的工艺单元建立，新的系统形成新的风险，即存在新的初始风险值，成为另一次"流变—突变"过程的起点。

系统安全特别重视系统生命周期中两个方面的安全问题：

（1）本质化安全问题

本质安全是系统安全的根本保证，从系统的构思、设计开始就融入系统，使系统含有内在的能够从根本上防止发生事故的功能。系统的本质化安全追求两个基本的目标：一是系统在正常运行条件下本身是安全的，即系统在其生命周期中不依赖保护与修正的安全设施也能安全运行；二是系统的故障安全，也就是当系统处于内外故障或操作失误时，不会导致事故发生或能够自动阻止误操作，系统仍能保持稳定状态。

（2）工程化安全问题

工程化安全思想是对本质安全的补充，其主导思想就是应用工程化的安全保护设备进一步加强系统在其生命周期中的安全性，同时必须确保工程安全设备在系统出现问题时不产生故障。

本质安全和工程化安全构成了系统生命周期安全的思想。

3. 系统中的危险源是事故根源

按照系统安全的观点，危险源是可能导致事故的潜在危险因素，包括物的故障、人的失误、不良的环境因素等。危险源造成人员伤害或物质损失的可能性称为危险性，它可以用危险度来度量。任何系统都不可避免地存在某些危险源，而这些危险源只有在触发事件的触发下才会产生事故。

系统安全强调通过改善物（硬件）的可靠性来提高系统的安全性，从而改变了以往人们只注重操作人员的不安全行为而忽略硬件故障在事故致因中作用的传统观念。系统安全将人作为系统元素看待，人的不可靠性表现为人失误。人失误不仅包括工人的不安全行为，而且涉及设计人员、管理人员等各类人员的失误，因而对人的因素的研究也较以前更深入了。

系统安全认为，已经建成并正在运行的系统，管理方面的疏忽和失误是导致事故的主要原因。约翰逊（W. C. Johnson）等人创立了系统安全管理的理论和方法体系 MORT（management oversight and risk tree），MORT 包括了工业安全中许多行之有效的管理方法，如事故判定技术、标准化作业、职业安全分析等，同时又把能量意外释放理论和变化的观点引入安全管理中。它的基本思想和方法对现代工业安全管理产生了深刻的影响。

为了预防和控制因危险源引发的事故，系统安全在时间维度上强调任何具体的安全工作都应该包含对系统中的危险源进行辨识、评价和控制三项基本内容。强调这三项基本活动既是一个有机的整体，又是一个循环发展的过程，强调通过全员、全过程、全方位的不断努力，实现系统安全水平的不断提升；系统安全在空间维度上强调“人—机器（设备）—环境”系统的有机结合。为了确保系统安全的最佳状态，就必须综合考虑这三个要素，消除导致事故的原因，使系统达到最佳安全状态。

二、系统安全工程

系统安全工程是在传统安全的基础上发展起来的，以系统安全思想为基础的一种综合性的技术方法。系统安全工程不仅要应用系统论、风险管理理论、可靠性理论，而且还要熟悉所要研究的系统或生产过程及应采取的安全技术等。

1. 系统安全工程的特点

（1）预测性

预测和预防事故的发生，是现代安全管理的中心任务。运用系统安全分析方法，打破传统安全中单一的、凭经验的那种相互独立、自我封闭的界限，识别系统中存在的薄弱环节和可能导致事故发生的条件。而且通过定量分析，预测事故发生的可能性和事故后果的严重性，从而采取相应的措施，预防事故发生。

（2）系统性

现代工业的特点是大规模化、连续化和自动化，其生产关系日趋复杂，各个环节和工序之间相互联系、相互制约。系统安全工程是通过系统分析，全面地、系统地、彼此联系地以及预防性地处理生产系统中的安全性，而不是孤立地、就事论事地解决生产系统中安全性问题。

（3）层次性

对安全进行定量分析、评价和优化，可以避免传统安全中对事故的“浅层”分析，从人机关系、人和环境的关系、人和物的关系等关系中寻找真正的事故原因，查出未想到的原因。根据分析、评价和优化，可以选择出最佳方案，使各子系统之间达到最佳配合，用最少投资得到最佳的安全效果，大幅度地减少人身伤亡和设备损坏事故。

（4）标准性

系统安全工程要作出定性和定量的安全评价，就需要有各种标准和数据。如许可安全值、故障率、人机工程标准以及安全设计标准等。因此，系统安全工程可以促进各项标准的制定和有关可靠性数据的收集。

（5）技术与管理融合性

系统安全工程的方法不仅适用于工程，而且适用于管理，并且能用来指导产品的设计、制造、使用维修和检验。目前已初步形成系统安全工程和系统安全管理两大分支。

(6) 实用性

通过系统安全工程的开发和应用，可以迅速提高安全技术人员、操作人员和管理人员的业务水平和系统分析能力，同时为培养新人提供一套完整的参考资料。

2. 系统安全工程的方法论

(1) 研究方法上的整体化

系统安全工程的研究方法是从整体观念出发的，它不仅把研究对象视为一个整体，而且把系统分解为若干个子系统，每个子系统的安全性要求要与整个系统的安全性指标相符合。对于评价过程中子系统之间或者系统与系统之间的矛盾，都要根据总体协调的需求来选择解决方案。因此，系统安全要贯穿到规划、设计、制造、使用、维护等各个阶段。

在系统的各要素中，除了材料、能量、信息三大要素以外，应格外重视人。我国和日本的有关事故统计资料表明，包含人的不安全行为造成灾害的次数，一般在90%以上。因此，在研究、分析、评价系统安全时，不能忽视人在系统中所起的作用，而是必须从整体出发，全面考虑系统中的各种因素。

(2) 技术应用上的综合化

系统安全工程综合应用多种技术，使之相互配合，实现系统安全化，即系统工程的最优化。

在研究综合运用各学科和各项技术过程中，人们从全面的系统观点出发，采用逻辑、概率论、数理统计、模型和模拟技术、最优化技术等，并用计算机进行处理和分析计算，把系统内部要素间的关系和不安全状态，用简明的语言、数据、曲线、图表清楚地描述出来，或把所研究的问题在定性的基础上数量化表示，显示出那些不易直观觉察的各种要素间的相互关系，使人们能深刻、全面地了解和掌握所研究的对象，做出最优决策，保证整个系统能按预定计划达到安全目标。

(3) 安全管理科学化

安全工作中的规划、组织、控制和决策等统称为安全管理。安全管理工作对实现系统安全、提高经济效益等具有重要意义。

安全管理科学化的基本工作方法是 PDCA 循环方法。该方法是由美国质量管理专家戴明（W. E. Deming）首先提出并运用到质量管理工作上的，所以又称为戴明循环或戴明管理模式。戴明管理模式包括四个阶段八个步骤。

1) 四个阶段。即策划（planning)、实施（do)、监测（cheek)、评审（ac-

tion)。第一阶段是策划阶段，即P阶段。通过调查、设计和试验制定技术经济指标、质量目标、管理目标以及达到这些目标的具体措施和方法；第二阶段是实施阶段，即D阶段。按照所制订的计划和措施付诸实施；第三阶段是检查阶段，即C阶段。对照计划，检查执行情况和效果，及时发现计划实施过程中的经验和问题；第四阶段是处置或改进阶段，即A阶段。根据检查的结果采取措施，把成功的经验加以肯定，形成标准。对于失败的教训，也要认真地总结，以防日后再出现。对于一次循环中解决不好或者还没有解决的问题，要转到下一个PDCA循环中去继续解决。PDCA循环像一个车轮，不停地向前转动，同时不断地解决产品质量中存在的各种问题，从而使产品质量不断得到提高（见图2—3）。

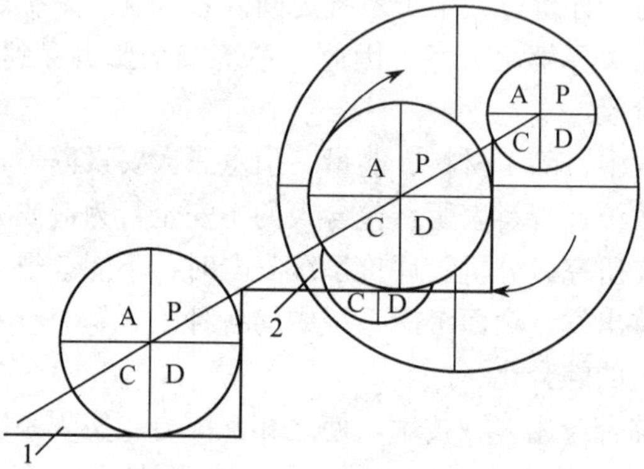

图2—3　PDCA循环上升

1—原有水平　2—新的水平

2）八个步骤。是四个阶段中主要内容的具体化。第一步，调查现状；第二步，分析原因；第三步，找出主要原因；第四步，制订计划和活动措施；第五步，即实施（D）阶段，按预定的计划认真执行；第六步，即检查（C）阶段，调查了解采取对策后的实际效果；第七步，根据检查的结果进行总结；第八步，把本次循环没有解决的遗留问题，转入下一次PDCA循环中去。

PDCA循环的四个阶段不仅在质量管理工作中可以运用，同样也适合于安全、环境、健康等其他各项管理工作。目前在国内外企业有将质量（quality）、健康（health）、安全（safety）、环境（environment）管理整合的趋势，设立HSE（或QHSE）管理部门，遵照ISO 9000质量标准、ISO 14000环境标准以及OSHAS 18000安全管理标准构建标准化管理体系，其核心就是根据戴明管理模式构建管理体系，贯彻和实施全面的、持续改进的科学化管理。

第二节　系统安全工程的基本内容

一、系统安全工程的时间维度

系统安全工程的三项基本工作，即危险源辨识、危险性评价、危险控制，前后关联，循环发展，在时间维度上是递进的。系统安全工程在时间维度上的具体内容和相互关系结构如图 2—4 所示。

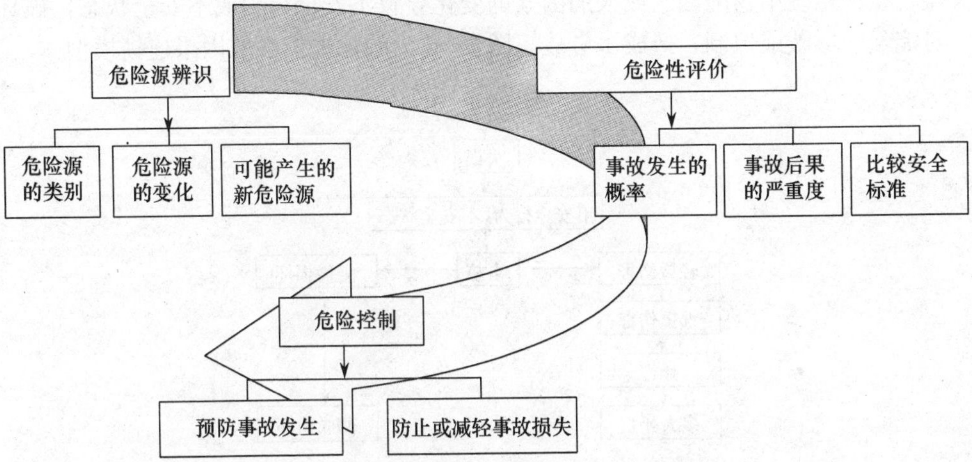

图 2—4　系统安全工程的时序结构

1. 危险源辨识

危险源辨识是发现、识别系统中危险源的工作。这是一件非常重要的工作，是危险源控制的基础，只有辨识了危险源之后才能有的放矢地采取措施控制危险源。危险源辨识包括：

（1）危险源的类别

除了根据危险源在事故发生、发展中的作用可以分为两类危险源之外，危险源还有多种分类方式：

1）根据引发事故的能量和危险物质，可将危险源分为火灾危险源、爆炸危险源、毒性危险源、粉尘危险源、机械危险源、电气危险源、放射危险源、热媒危险源、冷媒危险源、噪声危险源等。

2）根据引发事故的大小，可将危险源分为一般危险源、重大危险源、特大危险源等。我国对于储罐区（储罐）、库区（库）、生产场所、压力管道、锅炉、压力容器、煤矿（井工开采）、金属与非金属矿山（井工开采）、尾矿库等分别制定了区别危险源大小的标准。国家标准《危险化学品重大危险源辨识》（GB 18218—2009）还专门规定了判定危险化学品重大危险源的标准。

（2）危险源的变化

任何系统都是动态的，系统中的危险源也是动态变化的。约翰逊（Johnson）很早就注意到危险源变化在事故发生、发展中的作用，认为人失误和物的故障的发生都与系统的变化有关，能量的意外释放是由于管理者的计划错误或操作者的行为失误，生产系统中物的因素或人的因素的变化导致不安全行为或不安全状态，破坏了对能量的屏蔽或控制，造成了事故。图 2—5 为约翰逊的事故因果连锁模型。

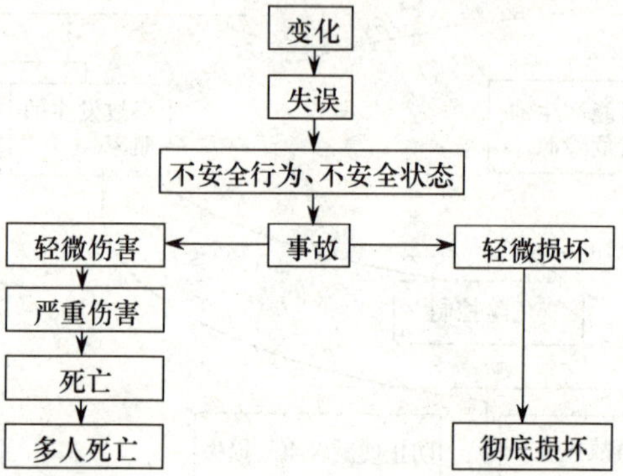

图 2—5　约翰逊的事故因果连锁模型

危险源的变化包括数量的变化、类型的变化、位置的变化、传递方式的变化等，危险源辨识必须认真分析和识别这些变化。在安全管理工作中，危险源变化被看做是一种潜在的事故致因，应该尽早地发现危险源变化并采取相应的措施。

（3）可能产生的新危险源

系统在运行过程中，其状态、载荷、功能、目标、环境等可能发生变化，因此，可能出现新的危险因素和危险源。危险源辨识必须认真分析和识别这些新的危险源。

2. 危险性评价

危险性评价是评价危险源导致事故的类别、事故的可能性、事故造成损失的危险程度，判断系统的危险性是否超出了“可接受危险水平”，以决定是否应采取危险控制措施以及采取何种控制措施的工作。

危险性评价包括：

(1) 事故发生概率的确定

事故发生概率指所研究的系统在单位时间内发生事故的次数。事故发生概率通常根据不同行业、不同企业事故的统计或生产工艺安全分析得到，在事故样本缺乏的情况下，也可以通过模糊数学的方法推断。对于人员伤亡事故，国家标准《企业职工伤亡事故分类标准》(GB 6441—86) 规定以千人死亡率、千人重伤率、伤害频率计算事故频率。

(2) 事故后果严重度的确定

事故后果严重度指事故造成损失的大小，包括经济损失和非经济损失两部分。由于后者通常难以确定，因此事故后果严重度一般仅考虑经济损失。经济损失是可以用货币折算的损失，是人员伤亡和财产损失的总和，包括直接经济损失和间接经济损失。研究表明，间接经济损失一般是直接经济损失的 5～10 倍。对于人员伤亡事故，国家标准《企业职工伤亡事故分类标准》规定以轻伤、重伤、死亡定性地表示其严重度，用伤亡人数、损失工作日数定量表示其严重度。

(3) 与安全标准的比较

安全标准又称为风险标准，是社会公众允许的、可以接受的危险度。由于安全标准因时、因地、因人而异，因此需要通过具体的风险分析来确定。

在确定安全标准时，通常遵循的原则是：

1) 重大危害对员工个人或公众成员造成的风险不应显著高于人们在日常生活中接触到的其他风险；

2) 只要合理可行任何重大危害的风险都应努力降低；

3) 在有重大危害风险的地方具有危害性的开发项目不应对现有的风险造成显著的增加；

4) 如果一个事件可能造成较严重的后果，那么应努力降低此事件发生的频率，也就是要努力降低社会风险。

当系统危险性低于可以接受的安全标准时，就需要采取控制措施。

3. 危险控制

系统危险控制主要是通过改善生产工艺和改进生产设备来降低系统危险性实现系统安全的。危险控制的主要理论依据是能量意外释放及其控制理论。危险控制可以划分为预防事故发生的危险控制及防止或减轻事故损失的危险控制。

(1) 预防事故发生的危险控制技术

预防事故发生的危险控制技术的基本目的是采取措施，约束、限制能量或危险物质的意外释放。按优先次序可选择的技术措施有：

1）根除危险因素。只要生产条件允许，应尽可能完全消除系统中的危险因素，从根本上防止事故的发生。

2）限制或减少危险因素。一般情况下，完全消除危险因素是不可能的。人们只能根据具体的技术条件、经济条件，限制或减少系统中的危险因素。

3）隔离、屏蔽和连锁。隔离是从时间和空间上与危险源分离，防止两种或两种以上危险物质相遇，减少能量积聚或发生反应事故的可能。屏蔽是将可能发生事故的区域控制起来，保护人或重要设备，减少事故损失。连锁是将可能引起事故后果的操作与系统故障和确认异常出现事故征兆等进行连锁设计，确保系统故障和异常不导致事故。

4）减少故障及失误。通过各种技术措施减少故障、隐患、偏差、失误等各种事故征兆，把事故抑制在萌芽阶段。

5）故障—安全措施。系统一旦出现故障，自动启动各种安全保护措施，部分或全部中断生产或使其进入低能的安全状态。故障—安全措施有三种方案：一是故障—消极方案。故障发生后，使设备、系统处于最低能量的状态，直到采取措施前不能运转；二是故障—积极方案。故障发生后，在没有采取措施前，使设备、系统处于安全能量状态之下；三是故障—正常方案。故障发生后，系统能够实现正常部件在线更换故障部分，设备、系统能够正常发挥效能。

6）安全技术标准。不少事故的发生同安全技术标准规程不完善有关。制定或落实各种安全技术标准也是预防事故发生的重要技术措施。一些发达国家如德国每年大约制定 1 500 个标准。我国在这方面比较落后，安全标准滞后于安全生产工作的需要，有些行业没有完整的安全标准，有些行业安全标准十多年没有完善补充。

（2）防止或减少事故损失的危险控制技术

防止或减少事故损失的目的，是在事故由于种种原因没能控制而发生后，减少事故严重后果。选取的技术措施优先次序为：

1）隔离。隔离措施的作用在于把被保护的人或物与意外释放的能量或危险物质隔开，具体措施包括远离、封闭、缓冲。远离是位置上处于与意外释放的能量或危险物质不能到达的地方；封闭是空间上与意外释放的能量或危险物质割断联系；缓冲是采取措施使能量吸收或减轻能量的伤害作用。

2）薄弱环节（接受小的损失）。利用事先设计好的薄弱环节使能量或危险物质按照人们的意图释放，防止能量或危险物质作用于被保护的人或物。一般情况下，即使设备的薄弱环节被破坏了，也可以较小的代价避免较大的损失，因此，这项技术又称为“接受小的损失”。

3）个体防护。佩戴对个人人身起到保护作用的装备，从本质上说也是一种隔离措施。它把人体与危险能量或危险物质隔开。个体防护是保护人体免遭伤害的最后屏障。

4）避难和援救。当判明事态已经发展到不可控制的地步时，应迅速避难，利用救生装备，撤离危险区域。援救分为灾区内部人员的自我援救和来自外部的公共援救两种情况。尽管自我援救通常只是简单的、暂时的，但是，由于自我援救发生在事故的第一时刻和第一现场，因而是最有效的。

二、系统安全工程的空间维度

系统安全工程认为，事故预防工作的重点是系统中人、机、环境危险因素的控制问题。这是因为，对于一个具体的生产系统，作为第一类危险源的能量或危险物质在客观上已经确定，其数量和状态通常不会有大的改变，而作为第二类危险源致使系统屏蔽失效的人的失误、物的故障以及环境因素却是随时变化的。因此，为了有效地预防各类危险源引发的事故，系统安全工程在空间维度上，必须综合分析人、机、环境中存在的危险因素及其相互影响，整体控制人的失误、物的故障以及不良的环境因素。

1. 人失误致因分析与控制

在各类事故的致因因素中，人的因素占有特别重要的位置，几乎所有的事故都与人的不安全行为有关。按系统安全的观点，人是构成系统的一种元素，当人作为系统元素发挥功能时，会发生失误。人失误是指人的行为结果偏离了规定的目标或超出了可接受的界限，并产生了不良的后果。人的不安全行为可以看做是一种人失误。一般来讲，不安全行为是操作者在生产过程中直接导致事故的人失误，是人失误的特例。

（1）人失误致因分析

菲雷尔（R. Ferrell）认为，作为事故原因的人失误的发生，可以归结为三个原因：

1）超过人的能力的过负荷。

2）与外界刺激要求不一致的反应。

3）由于不知道正确方法或故意采取不恰当的行为。

皮特森在菲雷尔观点的基础上进一步指出，事故原因包括人失误和管理缺陷两方面，而过负荷、人机学方面的问题和决策错误是造成人失误的原因（如图 2—6 所示）。

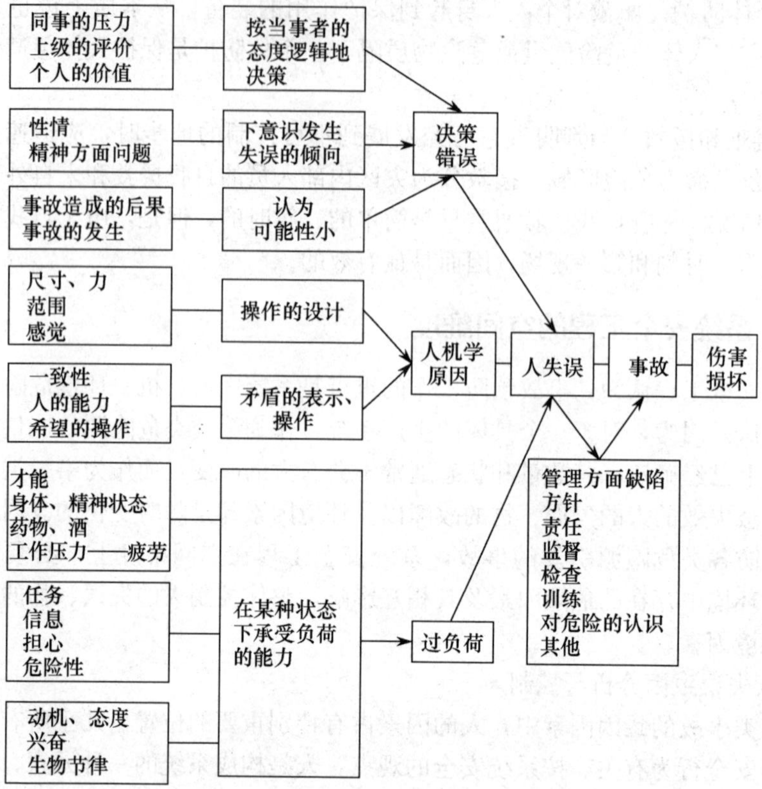

图 2—6 皮特森的人失误模型

(2) 防止人失误的技术措施

从预防事故角度，可以从三个阶段采取技术措施防止人失误，即控制、减少可能引起人失误的各种因素，防止出现人失误；在发生人失误的场合，使人失误无害化，不至于引起事故；在人失误引起事故的情况下，限制事故的发展，减少事故的损失。具体技术措施包括：

1）用机器代替人。机器的故障率一般在 10^{-4}～10^{-6}，而人的故障率在 10^{-2}～10^{-3}，机器的故障率远远小于人的故障率。因此，在人容易失误的地方用机器代替人操作，可以有效地防止人失误。

2）冗余系统。冗余系统是把若干元素附加于系统基本元素上来提高系统可靠性的方法，附加上去的元素称为冗余元素，含有冗余元素的系统称为冗余系统。其方法主要有：两人操作，人机并行，审查。

3）耐失误设计。耐失误设计是通过精心的设计使人员不能发生失误或者发生了失误也不会带来事故等严重后果的设计。即利用不同的形状或尺寸防止安装、连接操作失误，利用联锁装置防止人失误，采用紧急停车装置，采取强制措施使人员不能发生操作失误，采取联锁装置使人失误无害化。

4）警告。在生产操作过程中，人们需要经常注意到危险因素的存在，以及一些必须注意的问题。警告是提醒人们注意的主要方法。警告包括视觉警告（如亮度、颜色、信号灯、旗帜、标记、标志、书面警告等）、听觉警告（如喇叭、电铃、蜂鸣器或闹钟等）、气味警告（如在易燃易爆气体里加入气味剂、根据燃烧产生的气味判断火的存在、在紧急情况下向人员不能迅速到达的地方利用芳香气体发出警报等）、触觉警告（如公路上的振动带等）等。

（3）防止人失误的管理措施

1）职业适合性。职业适合性是指人员从事某种职业应具备的基本条件，它侧重于职业对人员的能力要求。包括：

①职业适合分析。即分析确定职业的特性，如工作条件、工作空间、物理环境、使用工具、操作特点、训练时间、判断难度、安全状况、作业姿势、体力消耗等。人员职业适合分析在职业特性分析的基础上确定从事该职业人员应该具备的条件，人员应具备的基本条件包括所负责任、知识水平、技术水平、创造性、灵活性、体力消耗、训练和经验等。

②职业适合性测试。职业适合性测试即在确定了适合职业后，测试人员的能力是否符合该职业的要求。

③职业适合性人员的选择。选择能力过高或过低的人员都不利于事故的预防。一个人的能力低于操作要求，可能由于其没有能力正确处理操作中出现的各种信息而不能胜任工作，还可能发生人失误；反之，当一个人的能力高于操作要求的水平时，不仅浪费人力资源，而且工作中会由于心理紧张度过低，产生厌倦情绪而发生人失误。

2）安全教育与技能训练。安全教育与技能训练是防止职工不安全行为，防止人失误的重要途径。安全教育、技能训练能提高企业领导和广大职工搞好事故预防工作的责任感和自觉性。安全技术知识的普及和安全技能的提高，能使广大职工掌握工伤事故发生发展的客观规律，提高安全操作水平，掌握安全检测技术水平和控制技术，搞好事故预防，保护自身和他人的安全健康。

安全教育包括三个阶段：

①安全知识教育。使人员掌握有关事故预防的基本知识。

②安全技能教育。通过培训受教育者及反复的实际操作训练，使受教育者逐渐

掌握安全技能。

③安全态度教育。目的是使操作者尽可能自觉地施展安全技能，搞好安全生产。

3）其他管理措施。主要包括合理安排工作任务，防止发生疲劳和使人员的心理处于最优状态；树立良好的企业风气，建立和谐的人际关系，调动职工的安全生产积极性；持证上岗，作业审批等。

2. 物的故障分析与控制

（1）物的故障分析

由于物的故障即物所具有的能量或危险物质可能释放引起事故的状态，因此，又称为物的不安全状态。通常把生产过程中发挥一定作用的机械、物料、生产对象以及其他生产要素统称为物。物都具有不同形式、性质的能量，有出现能量意外释放引发事故的可能性。这是从能量与人的伤害间的联系所给出的定义。从发生事故的角度，也可把物的不安全状态看做是曾引起或可能引起事故的物的状态。

在生产过程中，物的不安全状态极易出现。物的不安全状态都与人的不安全行为或人的操作、管理失误有关。往往在物的不安全状态背后，隐藏着人的不安全行为或人失误。物的不安全状态既反映了物的自身特性，又反映了人的素质和人的决策水平。

物的不安全状态的运动轨迹，一旦与人的不安全行为的运动轨迹交叉，就是发生事故的时间与空间。所以，物的不安全状态是发生事故的直接原因。因此，正确判断物的具体不安全状态，控制其发展，对预防、消除事故有直接的现实意义。

（2）物的故障控制

针对生产中物的不安全状态的形成与发展，在进行施工设计、工艺安排、施工组织与具体操作时，应采取有效的控制措施，把物的不安全状态消除在生产活动进行之前，或引发为事故之前，这是安全管理的重要任务之一。

根据能量意外释放的事故致因理论，消除生产活动中物的不安全状态，主要应做到：

1）减少和限制能量的积聚。例如，用安全能源代替不安全能源，限制能量的规模，防止能量蓄积，缓释能量等。

2）防止能量的意外释放。例如，控制能量的非正常流动或转换，防止能量的载体和约束的故障等。

3）防止人意外地进入能量正常流动与转换渠道而致伤害。例如，采取物理屏蔽和信息屏蔽措施，阻止人与能量或危险物质运动轨迹交叉等。

3. 环境危险因素分析与控制

生产作业环境中，不适度的、超过人的不能接受的环境条件，如温度、湿度、照明、振动、噪声、粉尘、有毒有害物质等，不但会影响人在作业中的工作情绪，还会导致人的职业性伤害。良好的作业环境的基本条件包括：

（1）照明必须满足作业的需要

强光线也叫眩光，使人眼出现疲劳与目眩。昏暗或过暗光，不但使人眼出现疲劳，还可能导致操作失误，甚至发生事故。因此，要消除强光线或过暗光线。

（2）噪声、振动的强度必须低于人的生理、心理承受能力

噪声、振动会损伤人的听觉，影响人的神经系统和心脏功能，有损人的健康，降低工作效率，从而导致各类事故发生。

（3）有毒、有害物质的浓度必须控制在允许的作业标准以下

有毒、有害物质对人直接产生危害，长期在有毒、有害物质的环境中，能发生人的慢性中毒、职业病。出现急性中毒时会迅速造成死亡。

4. 人机环境系统的综合安全分析

任何生产系统都是由人、机、环境构成的有机整体。人机环境系统的综合安全分析，就是建立在系统安全工程的基础上，以实现系统整体的安全性、高效性与经济性作为目标，着重研究人、机与环境及三者与系统整体的安全关系。许多事实表明，要解决安全上的技术问题，决不能撇开人的特性，更不能不考虑人机环境关系。人机环境系统综合安全分析是以人、机器（设备）、环境三个要素的各自特性为基础，认真进行总体分析。即在明确系统总体要求的前提下，拟出若干个安全措施方案，并相应建立有关模型和进行模拟试验，着重分析和研究人、机器（设备）、环境三个要素对系统总体性能的影响和应具备的各自功能及相互关系，不断修正和完善“人—机器（设备）—环境系统”的结构方式，最终确保最优组合方案的实现。

人机环境系统的综合安全分析的基本要素如图 2—7 所示。

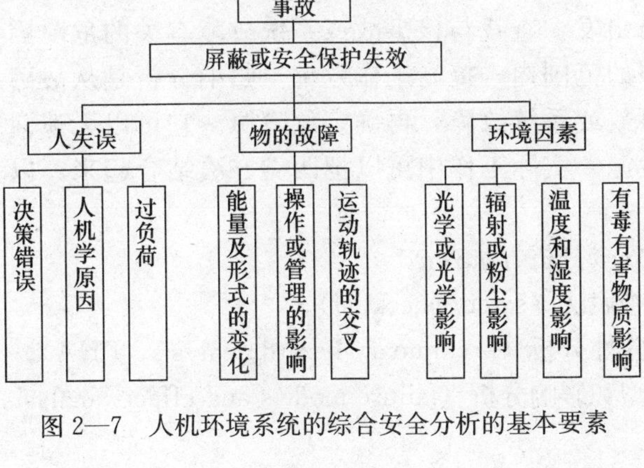

图 2—7　人机环境系统的综合安全分析的基本要素

第三节　系统安全分析的基本方法

一、系统安全分析方法概述

系统安全分析，就是把生产过程或作业环节作为一个完整的系统，对构成系统的各个要素进行全面的分析，判明各种状况的危险特点及导致灾害性事故的因果关系，从而对系统的安全性作出预测和评价，为采取各种有效的手段、方法和行动消除危险因素创造条件。

系统安全分析方法是对生产系统（包括生产装置、工艺过程、作业环境以及人员等）的安全性进行检查诊断及危险预测的方法。对危险进行分析和预测的目的是对各种方案进行评价，确定所提出的方案是否能满足系统安全性的要求，找出系统的薄弱环节，以便加以改进，作为制定消除危险、防止灾害对策的依据。

因此，系统安全分析方法是实施系统安全工程中危险源辨识、危险性评价两项基本工作的重要手段。

1. 系统安全分析方法的种类

系统安全分析方法有许多种，可适用于不同的系统安全分析过程。这些方法可以按分析过程的相对时间进行分类，也可按分析的对象、内容进行分类。按数理方法，可分为定性分析和定量分析；按逻辑方法，可分为归纳分析和演绎分析。

归纳分析是从原因推论结果的方法，演绎分析是从结果推论原因的方法。这两种方法在系统安全分析中都有应用。从危险源辨识的角度，演绎分析是从事故或系统故障出发，查找与该事故或系统故障有关的危险因素。它可以把注意力集中在有限的范围内，提高工作效率。归纳分析是从故障或失误出发，探讨可能导致的事故或系统故障，再确定危险源。它可以无遗漏地考察、辨识系统中的所有危险源。实际工作中可以把两类方法结合起来，以充分发挥各类方法的优点。

常用的系统安全分析方法有：

(1) 安全检查表法（safety checklist）。

(2) 预先危险性分析（preliminary hazard analysis，PHA）。

(3) 故障类型和影响分析（failure models and effects analysis，FMEA）。

（4）危险性和可操作性研究（hazard and operability analysis，HAZOP）。

（5）事件树分析（event tree analysis，ETA）。

（6）事故树分析（fault tree analysis，FTA）等。

2. 系统安全分析方法的选择

在系统寿命周期不同阶段的危险辨识和评价中，应该选择相应的系统安全分析方法。例如，在系统的开发、设计初期，可以应用预先危险性分析方法。在系统运行阶段，可以应用危险性和可操作性研究、故障类型和影响分析等方法进行详细分析，或者应用事件树分析、事故树分析或因果分析等方法对特定的事故或系统故障进行详细分析。系统寿命周期内各阶段适用的系统安全分析方法见表2—1。

表 2—1　　系统寿命周期内不同阶段的系统安全分析方法

分析方法	开发研制	方案设计	样机	详细设计	建造投产	日常运行	改建扩建	事故调查	拆除
安全检查表		√	√	√	√	√	√		√
预先危险性分析	√	√	√	√			√		
故障类型和影响分析			√	√		√	√	√	
危险性和可操作性研究			√	√		√	√	√	
事故树分析		√	√	√		√	√	√	
事件树分析			√			√	√	√	

二、安全检查表

安全检查表是一份进行安全检查和诊断的清单。它由一些有经验的、对工艺过程、检查设备和作业情况熟悉的人员，事先对检查对象共同进行详细分析、充分讨论，列出检查项目和检查要点并编制成表。为防止遗漏，在制定安全检查表时，通常要把检查对象分割为若干子系统，按子系统的特征逐个编制安全检查表。在系统安全设计或安全检查时，按照安全检查表确定的项目和要求，逐项落实安全措施，保证系统安全。

1. 安全检查表的编制程序

（1）确定人员

要编制一个符合客观实际，能全面识别系统危险性的安全检查表，首先要建立一个编制小组，其成员包括熟悉系统的各方面人员。

（2）熟悉系统

包括系统的结构、功能、工艺流程、操作条件、布置和已有的安全卫生设施。

（3）收集资料

收集有关安全法律、法规、规程、标准、制度及本系统曾发生过的事故资料，作为编制安全检查表的依据。

（4）判别危险源

按功能或结构将系统划分为若干子系统或单元，逐个分析潜在的危险因素。

（5）列出安全检查表

根据有关规章制度、以往的事故教训以及本单位的检验，确定安全检查表的要点和内容，然后按照一定的要求列出表格。

2. 安全检查表的格式

安全检查表一般包括检查日期、检查人员、检查项目、检查内容和要求、检查结果、处理意见、整改措施等。某危险化学品生产车间安全检查表举例见表2—2。

表 2—2　　危险化学品生产车间安全检查表

序号	检查项目	依据	实际情况	检查结果	备注
1	房屋结构（顶、梁、墙）	《建筑设计防火规范》（GB 50016—2006）《石油化工企业设计防火规范》（2009）等	砖混结构	符合	
2	门、窗		门敞开，无窗	基本符合	
3	楼梯、平台、护栏		较好		
4	应急疏散通道		无		
5	通风设施（风扇、通风管等）		有风扇，敞开门窗通风		
6	照明加热设备	《化工企业设备动力管理规定》《化工企业静电安全检查规程》（HG-T 23003—92）等	普通照明	基本符合	
7	中间储槽		无		
8	压缩机或其他特种设备		有精馏塔		
9	控制室、配电室及其他设备		无		规范线路管理

续表

序号	检查项目	依据	实际情况	检查结果	备注
10	岗位记录、报表	《安全生产许可证条例》（国务院令第397号）《化工企业安全管理制度》（1991年4月14日颁布）等	有		
11	交接班记录、巡回检查记录		无		整改
12	工艺指标合格率（压力、温度、流量、液位等）		较高，无具体数据		整改
13	采用自动化控制、防爆泄压措施		有自动控制设备，无防爆措施		
14	惰性气体保护、事故槽		无		
15	报警联锁装置（停电、停水、超温、超压、毒物浓度超标、可燃气体检测等）		无		
16	设备完好程度（零部件、运转有无异常、有无跑冒滴漏、防腐、防冻、保温、地脚螺丝、基础、防护罩等）	《安全生产许可证条例》《化学工业企业设备动力管理制度》《化工企业静电安全检查规程》等	少数设备管道连接处有跑冒滴漏、腐蚀现象，其他均较好		
17	法兰、顶盖、视镜、液位计、压力表、温度计、流量计等		温度计、液位计较好		
18	安全阀、放空管、紧急停车装置		无紧急停车装置		
19	润滑情况		有对设备进行润滑，并进行年检		
20	泄漏情况		少数法兰、阀门、管道连接附近有跑漏现象，地面有泄漏液体		
21	电器、电动机、电源线（防爆、绝缘）		电灯等没有防爆装置，有电线接头处裸露		
22	防雷、防静电装置		有防雷装置，静电接地		
23	工艺管线色标		被腐蚀已不明显		
24	压力容器		常压生产		

续表

序号	检查项目	依据	实际情况	检查结果	备注
25	防护服、防护用品（作业人员）	《劳动防护用品配备标准（试行）》等	有工作服，其他不足		
26	车间防护用品（防毒面具、安全帽、应急灯）		没有应急灯		
27	洗手池、洗眼器、人身冲洗设施		只有洗手池，其他不足		
28	消火栓配置	《消防法》（主席令第6号）《建筑灭火器配置标准》等	厂区有消火栓，需共用		
29	灭火器配置		有4个，不足		
30	安全通道（应急出口）		无		
31	消防通道		不是环行，较宽		
32	车间易燃、易爆、有毒警示牌		没有毒警示牌		

三、预先危险性分析

预先危险性分析是在系统付诸实施之前，根据经验和理论推断，辨识可能出现的危险源，提出预防、改正、补救等安全技术措施，消除或控制事故的系统安全分析方法。

1. 预先危险性分析程序

(1) 准备工作

在进行分析之前，要收集对象系统的资料和其他类似系统或使用类似设备、工艺物质的系统的资料。要弄清对象系统的功能、构造，为实现其功能选用的工艺过程，使用的设备、物质、材料等。

(2) 审查

应按照预先编好的安全检查表进行审查，其中审查内容主要有以下几个方面：①危险设备、场所、物质；②有关安全的设备、物质间的交接面，如物质的相互反应，火灾、爆炸的发生及传播，控制系统等；③可能影响设备、物质的环境因素，如地震、洪水、高（低）温、潮湿、振动等；④运行、试验、维修、应急程序，如人失误后果的严重性，操作者的任务，设备布置及通道情况，人员防护等；⑤辅助设施，如物质、产品储存，试验设备，人员训练，动力供应等；⑥有关安全设备，如安全防护设施、冗余设备、灭火系统、安全监控系统、个人防护设备等。

（3）确定危险源

根据审查结果，确定系统中的主要危险源，研究其产生原因和可能导致的事故。根据导致事故原因的重要性和事故后果的严重程度，把危险源进行粗略地分类。一般地，可以把危险源划分为四级：Ⅰ级：安全的，可以忽略；Ⅱ级：临界的，有导致事故的可能性，事故后果轻微，应该注意控制；Ⅲ级：危险的，可能导致事故、造成人员伤亡或财物损失，必须采取措施控制；Ⅳ级：灾难的，可能导致事故、造成人员严重伤亡或财物巨大损失，必须设法消除。针对不同级别的危险源，有重点地采取修改设计、增加安全措施等消除或控制危险源，从而达到系统安全的目的。

（4）结果汇总

以表格的形式汇总分析结果。典型的结果汇总表包括主要的事故、产生原因、可能的后果、危险性级别、应采取的措施等。

2. 实例

为硫化氢（H_2S）输送到反应装置的设计方案进行预先危害分析。在设计的初期，分析者只知道在工艺过程中处理的物质是硫化氢，以及硫化氢有毒、可燃烧。于是，把硫化氢意外泄漏作为可能的事故，进行了预先危险性分析（见表2—3）。

表2—3　　硫化氢输送系统预先危险性分析

分析对象：硫化氢输送系统　分析者：　　分析时间：

事故	原因	后果	级别	建议的措施
毒物泄漏	储罐破裂	大量泄漏导致人员伤亡	Ⅳ	采用泄漏报警系统 最小储存量 制定巡检规程
	反应过剩	泄漏可能导致人员伤亡	Ⅲ	过剩硫化氢收集处理系统 安全监控（紧急停车）系统 制定规程保证收集处理系统先于装置运行

四、故障类型和影响分析

故障类型和影响分析是以可能发生的不同类型的故障为起点对系统的各组成部分、元素进行的系统安全分析。最初的分析只能作定性分析，后来在分析中包括了故障发生难易程度的评价或发生的概率。更进一步地，把它与危险度分析结合起来，构成故障类型和影响、危险度分析（failure models，effects and criticality analysis，FMECA)。这样，如果确定了每个元素的故障发生概率，就可以确定设备、系统或装置的故障发生概率，从而定量地描述故障的影响。

1. 故障类型和影响分析程序

(1) 确定对象系统

1) 明确作为分析对象的系统、装置或设备。

2) 确定进行分析的物理系统边界。划清对象系统、装置、设备与邻接系统、装置、设备的界线，圈定所属的元素、设备、元件。

3) 确定系统分析的边界。包括两方面的问题：一是明确分析时不需考虑的故障类型、运行结果、原因或防护装置等，如分析故障原因时不考虑飞机坠落到系统上、地震、龙卷风等；二是明确初始运行条件或设备、元件状态等，如作为初始运行条件，必须明确正常情况下阀门是开启还是关闭的。

4) 收集设备、元件的最新资料，包括功能、与其他设备或元件之间的功能关系等。

(2) 确定系统元素的故障类型

1) 如果分析对象是已有元素，则可以根据以往运行经验或试验情况确定元素的故障类型。

2) 如果分析对象是设计中的新元素，则可以参考其他类似元素的故障类型，或者对元素进行可靠性分析来确定元素的故障类型。

(3) 研究故障类型的影响

1) 该元素故障类型对相邻元素的影响。

2) 该元素故障类型对整个系统的影响。

3) 该元素故障类型对邻近系统的影响及对周围环境的影响。

(4) 故障类型和影响分析表格

根据分析的目的、要求设立必要的栏目，简捷明了地显示全部分析内容。

2. 实例

对起重机的两种主要故障（钢丝绳过卷和切断）进行的分析见表 2—4。

表 2—4　　起重机的故障类型和影响、危险度分析（部分）

项目	构成因素	故障模式	故障影响	危险度	故障发生概率	检查方法	校正措施和注意事项
防止过卷装置	电气零件	动作不可靠	误动作	大	10^{-2}	通电检查	立即修理
	机械部分	变形生锈	破损	中	10^{-4}	观察	警戒
	安装螺栓	松动	误报、失报	小	10^{-3}	观察	立即修理
钢丝绳	绳	变形、扭结	切断	中	10^{-4}	观察	立即更换
	单根钢丝	15%切断	切断	大	10^{-1}	观察	立即更换

注：危险度：大（危险），中（临界），小（安全）。

校正措施：立即停止作业，看准机会修理，注意。

发生概率：10^{-1}——非常容易发生，10^{-2}——容易发生，10^{-3}——偶尔发生，10^{-4}——不太发生；10^{-5}——几乎不发生，10^{-6}——很难发生。

五、危险性和可操作性研究

危险性和可操作性研究运用系统审查方法全面地审查工艺过程，对各个部分进行系统提问，发现可能偏离设计意图的情况，分析产生原因及其后果，并针对产生原因采取恰当的控制措施。由于通常用系统的温度、压力、流量等过程参数的偏差来判断偏离设计意图的情况，因此，危险性和可操作性研究特别适合于石化工业的系统安全分析。

危险性和可操作性研究需要由一组人而不是一人实施，这一点有别于其他系统安全分析方法。

1. 常用术语

危险性和可操作性研究中，常用的术语有：

（1）意图

希望工艺的某一部分完成的功能。可以用多种方式表达，在很多情况下用流程图描述。

（2）偏离

背离设计意图的情况。在分析中运用引导词，系统地审查工艺参数，发现偏离。

(3) 原因

引起偏离的原因。可能是物的故障、人失误、意外的工艺状态（如成分的变化）或外界破坏等。

(4) 后果

偏离设计意图所造成的后果（如有毒物质泄漏等）。

(5) 引导词

在辨识危险源的过程中引导、启发人的思维，对设计意图进行定性或定量描述的简单词语。表 2—5 为危险性和可操作性研究的引导词。

表 2—5　　危险性和可操作性研究的引导词

引导词	意义	注　释
没有或不	对意图的完全否定	意图的任何部分没有达到，也没有其他事情发生
较多、较少	量的增加或减少	原有量±增值，如流速、温度，或是对原有活动，如“加热”和“反应”的增减
也，又 部分	量的增加 量的减少	与某些附加活动一起，全部设计或操作意图达到 只是一些意图达到，一些未达到
反向	意图的逻辑反面	最适用于流动，例如，流动或化学反应的反向。也可用于物质，如“中毒”代“解毒”
不同于 非	替代 完全替代	原意图的一部分没有达到 发生了完全不同的事情

(6) 工艺参数

有关工艺的物理或化学特性，包括一般项目，如反应、混合、浓度、pH 值等，以及特殊项目，如温度、压力、相态、流量等。表 2—6 列出一般生产工艺危险性和可操作性研究中常用的工艺参数。

表 2—6　　危险性和可操作性研究的常用工艺参数

流量 压力	温度 液位	时间 成分	pH 值 速度	频率 速度	浓度 电压	混合 添加	分离 反应

表 2—7 为化工生产过程中一些工艺参数出现偏离的情况。

表 2—7　　化工生产工艺部分偏离情况

偏　离	塔	罐（容器）	管线	热交换器	泵
流量大			√		
流量小（无流量）			√		
液面高	√	√			
液面低	√	√			
接触面高		√			
接触面低		√			
压力高	√	√	√		
压力低	√	√	√		
温度高	√	√	√		
温度低	√	√	√		
浓度高	√	√			
浓度低	√	√			
流向相反（或错误）			√		
管子泄漏			√	√	
管子破裂			√	√	
泄漏	√	√	√	√	√
破裂	√	√	√	√	√

2. 工作步骤

危险性和可操作性研究的工作分为准备工作和分析过程两个步骤。

(1) 准备工作

1）确定分析的目的、对象和范围。首先必须明确进行危险性和可操作性研究的目的，确定研究的系统或装置，明确问题的边界、研究的深入程度等。

2）成立研究小组。开展危险性和可操作性研究需要利用集体的智慧和经验，成立研究小组。小组成员以 5～7 人为佳，小组成员应包括有关领域的专家、对象系统的设计者等。

3）获得必要的资料。包括各种设计图纸、流程图、工厂平面图、等比例图和装配图，以及操作指令、设备控制顺序图、逻辑图和计算机程序，有时还需要工厂或设备的操作规程和说明书等。

4）制订研究计划。首先要估计研究工作需要的时间，根据经验估计每个工艺部分或操作步骤的分析花费的时间，再估计全部研究需花费的时间，然后安排会议和每次会议研究的内容。

（2）分析过程

通过会议的形式对工艺的每个部分或每个操作步骤进行审查。会议组织者以各种形式的提问来启发大家，让大家对可能出现的偏离、偏离的原因、后果及应采取的措施发表意见。具体分析过程如图 2—8 所示。

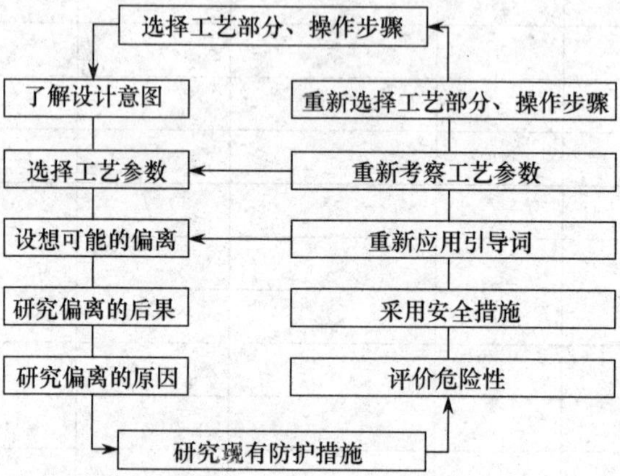

图 2—8　危险性和可操作性分析过程

3. 实例

图 2—9 为某间歇式化工工艺系统，在运行中，须“将 100 L 某物质从圆筒装入总计量罐”。该操作步骤包括两个工艺参数，即从总计量罐中“排出空气”和将一定“流量”的某物质由圆筒经喷射器装入总计量罐。分别利用 7 个引导词与这两个工艺参数相结合，设想可能出现的偏离，并研究偏离的原因和结果，得到表 2—8 和表 2—9 的结果。

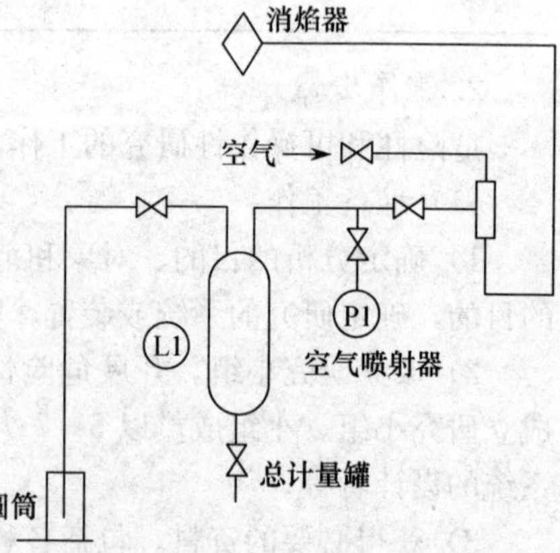

图 2—9　间歇式化工工艺系统（局部）

表 2—8　　从总计量罐中排出空气可能出现的偏离

偏离	原因	后果
不排出空气	无空气供应 喷射器故障 阀门关闭	生产过程不方便，但无危害
排出较多空气	使计量罐完全排尽	罐能承受全真空吗？
排出较少空气	输送圆筒中物质的抽力不够	生产过程不方便，但无危害
也排出空气	由抽出管路从圆筒或总计量罐中将某物质或其他物质排出	失火危险？ 静电危险？ 腐蚀危险？ 消焰器关闭？ 物质离开消焰器后是否出现危险？它们流入何处？
排出部分空气	排出的只是氧与氮，不可能	
反向排出空气	如空气喷射器关闭，压缩空气将流入计量罐	空气流入圆筒并喷洒出筒中的物质？
而不排出空气	计量罐满时开动空气喷射器	经管路流出物质并经消焰器流出，与“也排出空气”危险相同

表 2—9　　将一定数量的某物质装入总计量罐可能出现的偏离

偏离	原因	后果
不装入某物质	不得到某物质，阀门关闭	无危险
装入较多某物质	装入 100 L 以上	如果罐已装满而喷射器开动，某物质流入空气喷射器，危险；如果装入计量罐过量，如何安全地将它排出？
装入较少某物质	装入不足 100 L	此时无危险
也装入某物质	得到某物质与其他物质的混合物，列出可能发生的混合物	可能的危险混合物产生
装入一部分某物质	无意义，某物质不是几种物质的混合物	
反向装入某物质	从计量罐流入圆筒	物质溢出
而不装入某物质	与圆筒中的物质相混，列出其他物质	计量罐中可能发生的反应或腐蚀

六、事件树分析

事件树分析是一种按事故发展的时间顺序由初始事件开始推论可能的后果，从而进行危险源辨识的方法。

1. 事件树的定性分析

事件树的定性分析是通过编制事件树，研究系统中的危险源如何相继出现而最终导致事故、造成系统故障或事故。

（1）编制事件树

1）确定初始事件。初始事件可以是系统或设备的故障、人失误或工艺参数的偏离等可能导致事故的事件。

2）判定安全功能。系统中包含许多安全功能（安全系统、操作者的行为等），这些安全功能在初始事件发生时消除或减轻其影响以维持系统的安全运行。

3）发展事件树和简化事件树。从初始事件开始，自左至右发展事件树。首先考察初始事件一旦发生时应该最先起作用的安全功能，把发挥功能（又称正常或成功）的状态画在上面的分支；把不能发挥功能（又称故障或失败）的状态画在下面的分支，直到到达系统故障或事故为止。

（2）事件树定性分析

1）找出事故连锁。事件树的各分支代表初始事件发生后可能的发展途径。其中，最终导致事故的途径为事故连锁。一般地，导致系统事故的途径有很多，即有许多事故连锁。

2）找出预防事故的途径。事件树中最终达到安全的途径指导我们如何采取措施预防事故。如果能保证这些安全功能发挥作用，则可以防止事故。一般地，可以通过若干途径来防止事故发生。

2. 事件树的定量分析

事件树的定量分析的基本内容是由各事件的发生概率计算系统故障或事故发生的概率。一般地，当各事件之间相互统计独立时，定量分析比较简单。当事件之间相互统计不独立时（如共同原因故障、顺序运行等），则定量分析变得非常复杂。这里仅讨论前一种情况。

（1）各发展途径的概率

各发展途径的概率等于自初始事件开始的各事件发生概率的乘积。例如，图2—10所示事件树中各发展途径的概率计算如下：

$P[S_1]=P[A]\cdot P[B_1]\cdot P[C_1]$

$P[S_2]=P[A]\cdot P[B_1]\cdot P[C_2]\cdot P[D_1]$

$P[F_1]=P[A]\cdot P[B_1]\cdot P[C_2]\cdot P[D_2]$

$P[S_3]=P[A]\cdot P[B_2]\cdot P[D_1]$

$P[F_2]=P[A]\cdot P[B_2]\cdot P[D_2]$

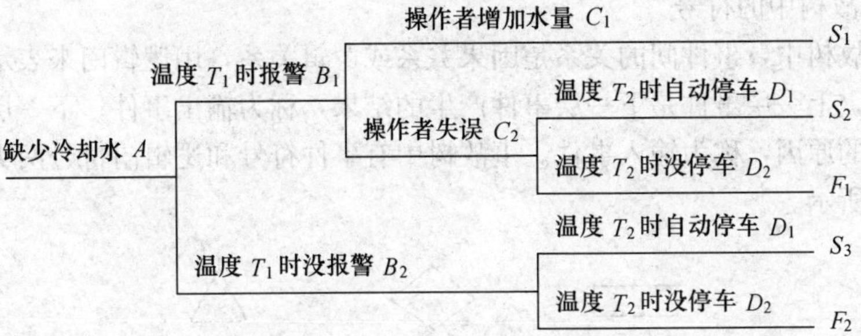

图 2—10　“缺少冷却水”事件树分析

（2）事故发生概率

在事件树定量分析中，事故发生概率等于导致事故的各发展途径的概率之和。对于图 2—10 所示的事件树，其事故发生概率为：

$$P=P[F_1]+P[F_2]$$

3. 实例

以图 2—10 所示的氧化反应釜缺少冷却水事件为初始事件，相关的安全功能有如下三种：

（1）当温度达到 T_1时高温报警器提醒操作者。

（2）操作者增加供给反应釜冷却水量。

（3）当温度达到 T_2时自动停车系统停止氧化反应。

经统计分析得：$P[A]=0.1$，$P[B_1]=0.99$，$P[C_1]=0.8$，$P[D_1]=0.99$，编制的事件树如图 2—10 所示。

该事件树中有两条事故连锁（$A—B_1—C_2—D_2$，$A—B_2—D_2$）和三条防止事故的途径（$A—B_1—C_1$、$A—B_1—C_2—D_1$、$A—B_2—D_1$）。发生事故的概率为：

$$\begin{aligned}P&=P[F_1]+P[F_2]\\&=P[A]\cdot P[B_1]\cdot P[C_2]\cdot P[D_2]+P[A]\cdot P[B_2]\cdot P[D_2]\\&=0.001\,009\end{aligned}$$

七、事故树分析

事故树分析是从特定的事故开始，利用逻辑门构成的树图考察可能引起该事件发生的各种原因事件及其相互关系的系统安全分析方法。

1. 事故树中的符号

在事故树中，事件间的关系是因果关系或逻辑关系，用逻辑门来表示。以逻辑门为中心，上一层事件是下一层事件产生的结果，称为输出事件；下一层事件是上一层事件的原因，称为输入事件。事故树中有事件符号和逻辑门符号两类符号，如图 2—11 所示。

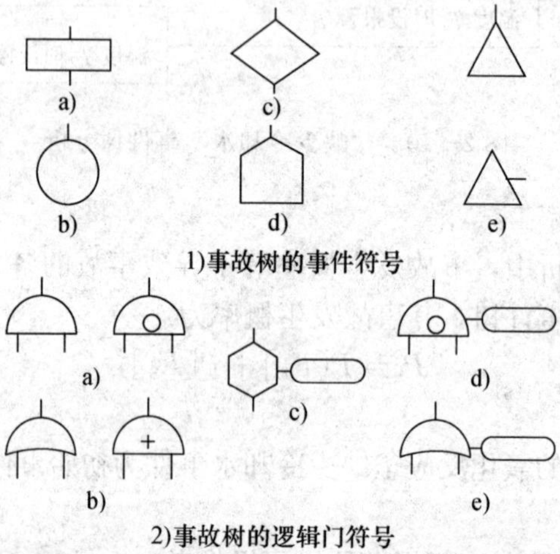

图 2—11　事故树的事件符号和逻辑门符号

（1）事件及其符号

作为被分析对象的特定事故事件被画在事故树的顶端，称为顶事件。导致事件发生的最初始的原因事件位于事故树下部的各分支的终端，称为基本事件。处于顶事件与基本事件中间的事件称为中间事件，它们是造成顶事件的原因，又是基本事件产生的结果。

在图 2—11 1）中，矩形符号 a）表示需要分析的事件，如顶事件和中间事件。事件的具体内容写在事件符号之内。

圆形符号 b）表示基本事件。

菱形符号 c）表示目前不能分析或不必要分析的事件。

房形符号 d）表示属于基本事件的正常事件、一些对输出事件的出现必不可少的事件。

转移符号 e）表示与同一事故树中的其他部分内容相同。

（2）逻辑门及其符号

在图 2—11 2）中，逻辑与门 a）表示只有全部输入事件都出现时输出事件才出现的逻辑关系。

逻辑或门 b）表示只要有一个或一个以上输入事件出现，则输出事件就出现的逻辑关系。

控制门 c）是一个逻辑上的修正，表示当满足条件时输出事件才出现。

条件门 d）是将逻辑与门或逻辑或门与控制门结合起来的逻辑门。

2. 事故树的数学表达

布尔代数是事故树的数学基础。事故树中的逻辑或门对应于布尔代数的逻辑和运算，逻辑与门对应于逻辑积运算。

例如，可按下面的步骤写出如图 2—12 所示的事故树的布尔表达式：

$$
\begin{aligned}
T &= G_1 + G_2 \\
&= x_4 \cdot G_3 + x_1 \cdot G_4 \\
&= x_4 \cdot (x_3 + G_5) + x_1 \cdot (x_3 + x_5) \\
&= x_4 \cdot (x_3 + x_2 \cdot x_5) + x_1 \cdot (x_3 + x_5) \\
&= x_3 \cdot x_4 + x_2 \cdot x_4 \cdot x_5 + x_1 \cdot x_3 + x_1 \cdot x_5
\end{aligned}
$$

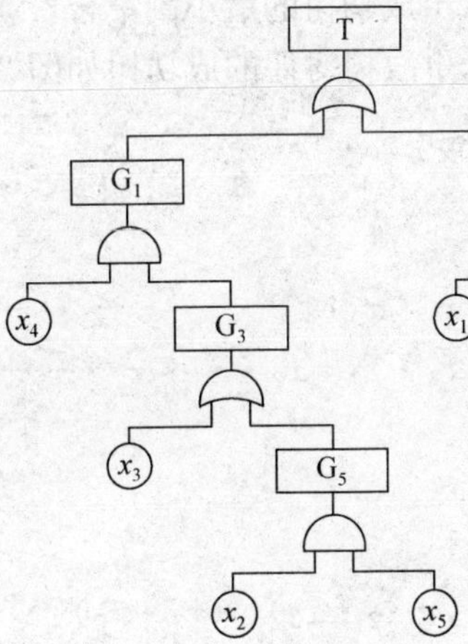

图 2—12　事故树

3. 事故树分析

(1) 求出基本事件的最小割集合与最小径集合

1）最小割集合。在事故树中，基本事件发生能使顶事件发生的基本事件集合称为割集合。最小割集合是能够引起顶事件发生的最少割集组合。最小割集合表明哪些基本事件组合可以使顶事件发生，它指明事故发生模式。

2）最小径集合。在事故树中，基本事件不发生能保证顶事件不发生的基本事件集合称为径集合。若径集合中包含的基本事件不发生对保证顶事件不发生不但充分而且必要，则该径集合称为最小径集合。最小径集合表明哪些基本事件组合可以使顶事件不发生，它指明应该采取何种措施防止事故发生。

3）最小割集合求法。利用事故树的布尔表达式可以方便地求出简单事故树的最小割集合。根据布尔代数运算法则，把布尔表达式变换成基本事件逻辑和的形式，则逻辑积项包含的基本事件构成割集合。进一步应用幂等法则和吸收法则整理，得到最小割集合。例如，对于图 2—12 所示的事故树，布尔表达式展开后化简为：

$$T=x_3\cdot x_4+x_2\cdot x_4\cdot x_5+x_1\cdot x_3+x_1\cdot x_5$$

最终得到最小割集合为：

$$(x_3\cdot x_4)\ (x_2\cdot x_4\cdot x_5)\ (x_1\cdot x_3)\ (x_1\cdot x_5)$$

4）最小径集合求法。根据布尔代数的对偶法则，把事故树中的事故事件用其对立的非事故事件代替，把逻辑与门用逻辑或门、逻辑或门用逻辑与门代替，便得到了与原来事故树对偶的成功树。求出成功树的最小割集合，就得到了原事故树的最小径集合。例如，与图 2—12 所示事故树对偶的成功树如图 2—13 所示。该成功树的最小割集合为：

$$\begin{aligned}\overline{T}&=\overline{G}_1+\overline{G}_2\\&=(\overline{x}_4+\overline{G}_3)\ (\overline{x}_1+\overline{G}_4)\\&=[\overline{x}_4+\overline{x}_3\ (\overline{x}_2+\overline{x}_5)]\ (\overline{x}_1+\overline{x}_3\cdot\overline{x}_5)\\&=\overline{x}_1\cdot\overline{x}_4+\overline{x}_3\cdot\overline{x}_4\cdot\overline{x}_5+\overline{x}_1\cdot\overline{x}_2\cdot\overline{x}_3+\overline{x}_2\cdot\overline{x}_3\cdot\overline{x}_3\cdot\overline{x}_5+\overline{x}_1\cdot\overline{x}_3\cdot\overline{x}_5+\overline{x}_3\cdot\\&\quad\overline{x}_5\cdot\overline{x}_3\cdot\overline{x}_5\\&=\overline{x}_1\cdot\overline{x}_4+\overline{x}_1\cdot\overline{x}_2\cdot\overline{x}_3+\overline{x}_3\cdot\overline{x}_5\end{aligned}$$

于是，原事故树的最小径集合为：

$$(\overline{x}_1\cdot\overline{x}_4),\ (\overline{x}_1\cdot\overline{x}_2\cdot\overline{x}_3),\ (\overline{x}_3\cdot\overline{x}_5)$$

(2) 确定基本事件对顶事件发生的重要度

在事故树分析中，用基本事件重要度来衡量某一基本事件对顶事件影响的大

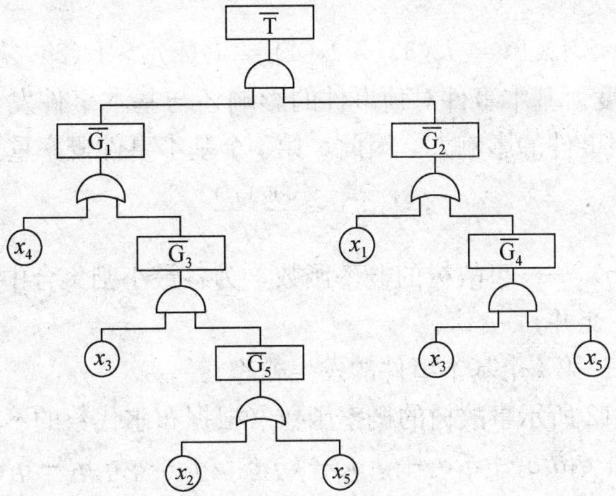

图 2—13　成功树

小。主要包括以下几个方面：

1）结构重要度。基本事件的结构重要度取决于它们在事故树结构中的位置。可以根据基本事件在事故树最小割集合（或最小径集合）中出现的情况，评价其结构重要度：

在由较少基本事件组成的最小割集合中出现的基本事件，其结构重要度较大；在不同最小割集合中出现次数多的基本事件，其结构重要度大。于是，可以按下式计算第 i 个基本事件的结构重要度：

$$I_\phi(i)=\frac{1}{k}\sum_{j=1}^{m}\frac{1}{R_j} \tag{2—1}$$

式中　k——事故树包含的最小割集合数目；

m——包含第 i 个基本事件的最小割集合数目；

R_j——包含第 i 个基本事件的第 j 个最小割集合中基本事件的数目。

例如，图 2—12 所示事故树的最小割集合为（$x_3\cdot x_4$），（$x_1\cdot x_3$），（$x_1\cdot x_5$），（$x_2\cdot x_4\cdot x_5$），按式（2—1）计算各基本事件的结构重要度如下：

$$I_\phi(1)=I_\phi(3)=\frac{1}{4}\times(\frac{1}{2}+\frac{1}{2})=\frac{1}{4}$$

$$I_\phi(2)=\frac{1}{4}\times\frac{1}{3}=\frac{1}{12}$$

$$I_\phi(4)=I_\phi(5)=\frac{1}{4}\times(\frac{1}{2}+\frac{1}{3})=\frac{5}{24}$$

所以有：

$$I_\phi(1)=I_\phi(3)>I_\phi(4)=I_\phi(5)>I_\phi(2)$$

2）概率重要度。基本事件对顶事件的影响还与基本事件发生概率有关，概率大的基本事件对顶事件的影响大。因此，第 i 个基本事件概率重要度的定义为：

$$I_g(i)=\frac{\partial g(q)}{\partial q_i} \qquad (2—2)$$

式中　$g(q)$——事故树的概率函数，为各最小割集合中基本事件发生概率的不交并；

q_i——第 i 个基本事件的发生概率。

例如，图 2—12 所示事故树的概率函数（根据布尔代数的不交并原理）为：

$$\begin{aligned}g(q)=&q_3q_4+q_2q_4q_5+q_1q_3+q_1q_5-(q_3q_4q_2q_5+q_3q_4q_1+q_1q_3q_4q_5+q_1q_2q_3q_4q_5\\&+q_1q_2q_4q_5+q_1q_3q_5)+(q_1q_2q_3q_4q_5+q_1q_2q_3q_4q_5+q_1q_2q_3q_4q_5)-\\&q_1q_2q_3q_4q_5\\=&q_1q_3+q_1q_5+q_3q_4+q_2q_4q_5-q_1q_3q_4-q_1q_3q_5-q_2q_3q_4q_5-q_1q_3q_4q_5-\\&q_1q_2q_4q_5+q_1q_2q_3q_4q_5\end{aligned}$$

假设各基本事件发生的概率为 $q_1=0.01, q_2=0.02, q_3=0.03, q_4=0.04, q_5=0.05$。根据式（2—2），基本事件 x_1 的概率重要度为：

$$I_g(1)=\frac{\partial g(q)}{\partial q_1}=q_3+q_5-q_3q_4-q_3q_5-q_3q_4q_5-q_2q_4q_5+q_2q_3q_4q_5=0.077$$

类似地，可以算出其余各基本事件的概率重要度为：

$$I_g(2)=0.020, I_g(3)=0.049, I_g(4)=0.031, I_g(5)=0.010$$

于是，各基本事件概率重要度次序为：

$$I_g(1)>I_g(3)>I_g(4)>I_g(2)>I_g(5)$$

4. 事故树分析实例

（1）化学反应失控事故

图 2—14 为一放热化学反应装置。在生产过程中随着供料速度的增加，化学反应放热量增加，当反应器的温度达到 149℃时，将发生重大破坏性反应失控事故。为了保证正常的反应温度（93℃），利用流经水冷热交换器的循环水排走热量。

该装置设有安全监控系统，其功能如下：

1）利用温度传感器 TE/TT－714 监测反应温度。

2）反应器温度升高到 107℃时发出声音警报（利用喇叭）。

3）反应器温度升高到 107℃时关闭电磁阀 SV－1，切断物料供给，使反应停

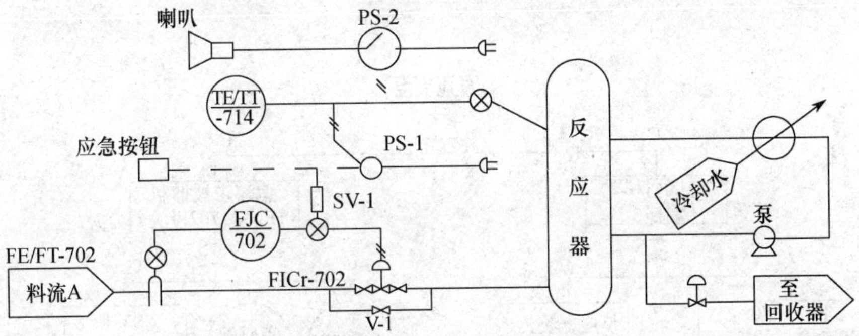

图 2—14　化学反应装置安全保护系统

止。

4）操作者听到报警后可以按下应急按钮关闭电磁阀，切断物料供应，使反应停止。

（2）编制事故树

事故树事件为“反应失控”，其发生是“温度向 149℃偏移”和“偏移未被抑制（FICV－702 没关闭）”两事件同时发生的结果，两中间事件与顶事件之间用逻辑与门连接。

分析“温度向 149℃偏移”事件，可以从供料失控、反应器冷却不好两方面探究原因。前者对应于“FICV－702 开启或卡在开位”事件，后者对应于“反应器失冷”事件。

“偏移未被抑制”事件的发生除了“阀故障”和“旁通开启”两方面原因外，主要是由于安全监控系统故障，即“SV－1 没开启”引起的，仔细地研究安全监控系统的构成和发挥功能情况，可以逐次地找出导致其事故的所有基本事件。

最终编制出如图 2—15 和图 2—16 所示的事故树。由两事故树图可以看出，该事故树共包含 19 个基本事件，其中，C_3、E_3、E_4、E_5 在事故树中重复出现，实际上有 16 个基本事件。

（3）事故树分析

该事故树共包括 14 个逻辑门，其中仅有一个逻辑与门，其余皆为逻辑或门，表明该化学反应系统安全性较差，容易发生事故。

事故树的全部最小径集合为：

$$(C_3, E_{35}, C_8, C_{10}, E_4)$$

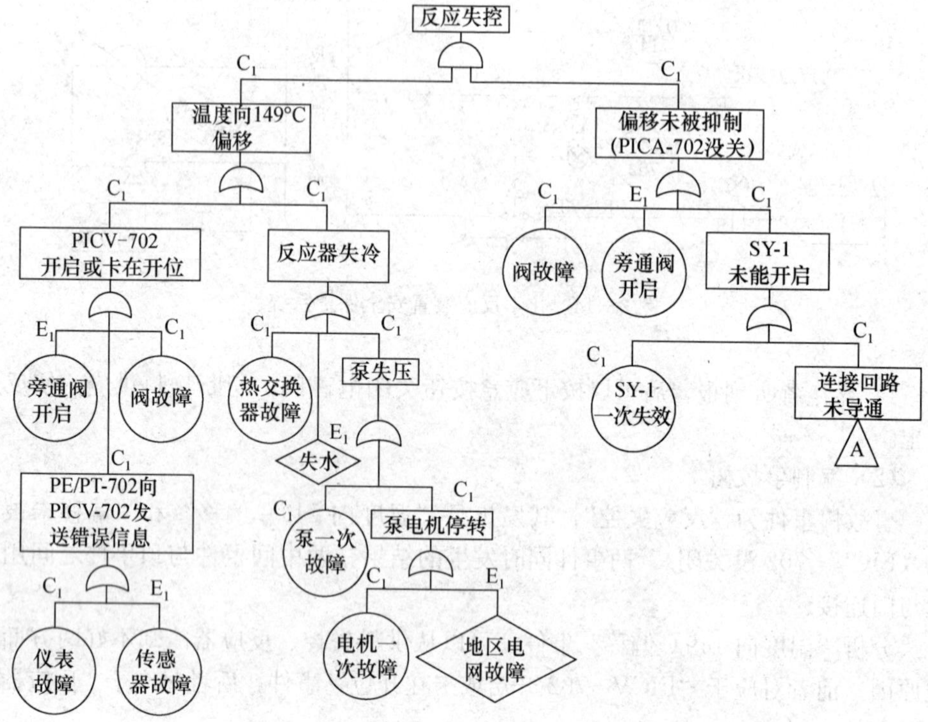

图 2—15　反应失控事故树

$$(C_3, C_4, C_5, C_6, C_7, E_1, E_2, E_3, E_4)$$

$$(C_3, E_3, E_5, C_8, E_4, C_{11}, C_{12}, C_{13}, C_{14})$$

事故树的最小割集合为：

单一事件最小割集合有 2 个：(C_3)；(E_5)。

两事件最小割集合有 15 个：

(E_3, E_4)	(E_3, C_8)	(E_3, C_{10})
(E_2, E_4)	(E_2, C_8)	(E_1, E_4)
(E_1, E_8)	(E_4, C_7)	(C_7, C_8)
(E_4, E_6)	(C_6, C_8)	(E_4, C_5)
(C_5, C_8)	(E_4, C_4)	(C_4, C_8)

三事件最小割集合有 24 个：

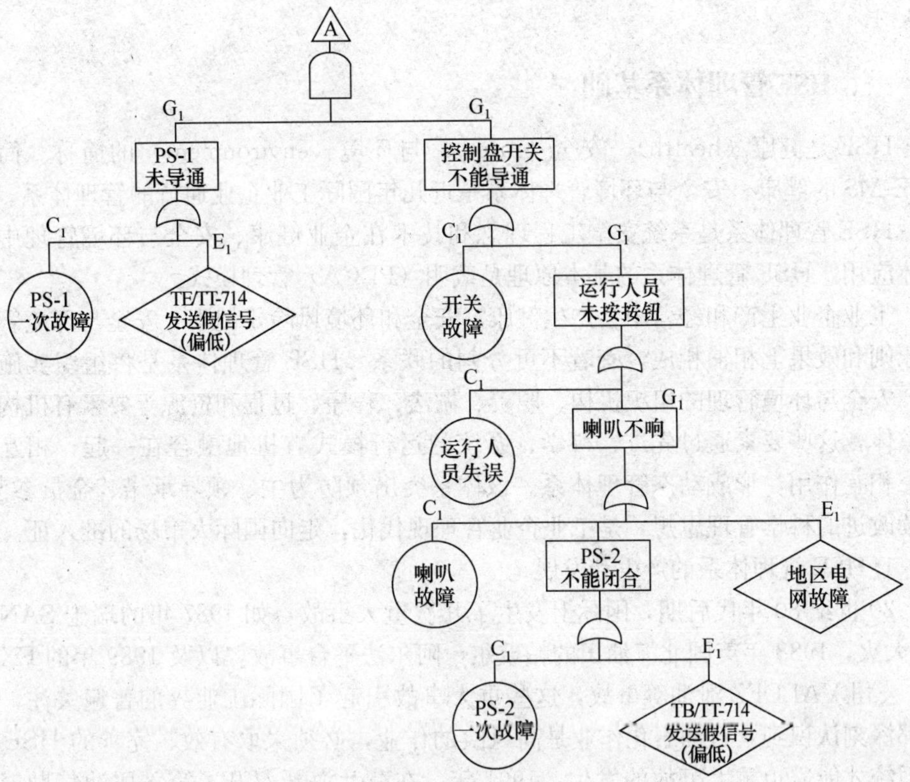

图 2—16　反应失控事故树（续）

(C_4, C_{10}, C_{11})　(C_4, C_{10}, C_{12})　(C_4, C_{10}, C_{13})

(C_4, C_{10}, C_{14})　(C_5, C_{10}, C_{11})　(C_5, C_{10}, C_{12})

(C_5, C_{10}, C_{13})　(C_5, C_{10}, C_{14})　(C_6, C_{10}, C_{11})

(C_6, C_{10}, C_{12})　(C_6, C_{10}, C_{13})　(C_6, C_{10}, C_{14})

(C_7, C_{10}, C_{11})　(C_7, C_{10}, C_{12})　(C_7, C_{10}, C_{13})

(C_7, C_{10}, C_{14})　(C_{10}, C_{11}, E_1)　(C_{10}, C_{12}, E_1)

(C_{10}, C_{13}, E_1)　(C_{10}, C_{14}, E_1)　(C_{10}, C_{11}, E_1)

(C_{10}, C_{12}, E_2)　(C_{10}, C_{13}, E_2)　(C_{10}, C_{14}, E_2)

第四节　HSE管理体系

一、HSE管理体系基础

HSE是健康（health）、安全（safety）与环境（environment）的简称。简称HSE-MS的健康、安全与环境管理体系是近几年国际工业企业通行的管理体系。

HSE管理体系是系统安全工程理念和技术在企业健康、安全与环境管理中的具体应用。HSE管理体系的基本原理是戴明（PDCA）管理模式。

工业企业生产和经营中会产生健康、安全和环境风险，健康、安全与环境管理在原则和效果上相辅相成，有着不可分割的联系。HSE管理体系是将组织实施健康、安全与环境管理的组织机构、职责、做法、程序、过程和资源等要素有机构成的整体，这些要素通过先进、科学、系统的运行模式有机地融合在一起，相互关联、相互作用，形成动态管理体系。该体系突出预防为主、领导承诺、全员参与、持续改进的科学管理思想，是工业企业管理现代化，走向国际大市场的准入证。

1. HSE管理体系的产生和发展

20世纪80年代后期，国际上发生了几次重大事故，如1987年的瑞士SANDEZ大火，1988年英国北海油田的帕玻尔·阿尔法平台事故，以及1989年的EXXON公司VALDEZ泄油等事故，这些重大事故引起了国际工业界的普遍关注，大家都深刻认识到，石油石化作业是高风险的作业，必须采取有效、完善的HSE管理系统才能避免重大事故的发生。1991年，在荷兰海牙召开了第一届油气勘探开发的健康、安全、环保国际会议，HSE作为一个完整概念逐步为大家所接受。

国内外大石油公司非常关注HSE管理体系的建立。例如，1985年，壳牌公司首次在石油勘探开发领域提出了强化安全管理（enhance safety management）的构想和方法；1986年，在强化安全管理的基础上，形成安全管理手册，HSE管理体系初现端倪；1990年，制定了自己的安全管理体系（SMS）；1991年，颁布了健康、安全与环境（HSE）方针指南；1992年，正式出版安全管理体系标准EP92—01100；1994年，正式颁布健康、安全与环境管理体系导则。

1994年，油气开发的安全、环保国际会议在印度尼西亚的雅加达召开，由于这次会议由SPE（美国石油工程师协会）发起，并得到IPICA（国际石油工业保护协会）和AAPG（美国石油地质学家协会）的支持，影响很大，全球各大石油公司和服务厂商积极参与，HSE的活动在全球范围内迅速展开。

1996 年 1 月，ISO/TC67 的 SC6 分委会发布《石油和天然气工业健康、安全与环境管理体系》(ISO/CD 14690)，成为 HSE 管理体系在国际石油业普遍推行的里程碑，HSE 管理体系在全球范围内进入了一个蓬勃发展时期。

1997 年 6 月，中国石油天然气总公司参照 ISO/CD 14690 制定了三个企业标准：《石油天然气工业健康、安全与环境管理体系》(SY/T 6276—1997)、《石油地震队健康、安全与环境管理规范》(SY/T 6280—1997) 和《石油天然气钻井健康、安全与环境管理指南》(SY/T 6283—1997)。2001 年 2 月，中国石油化工集团公司发布了 10 个 HSE 文件，形成了完整的 HSE 管理体系标准。

近年来，HSE 管理体系的发展呈现以下趋势：

(1) HSE 管理日益成为国际贸易中通往世界市场的通行证

世界各国石油石化公司 HSE 管理的重视程度普遍提高，HSE 管理成为国际企业安全管理的世界性潮流与主题，建立和持续改进 HSE 管理体系从石油行业企业向其他类型企业推广。

(2) 作为管理核心的以人为本、持续改进的思想得到充分的体现和贯彻

企业日益注重保护员工健康，并将其贯穿于各项工作的始终。

(3) HSE 管理体系的建立和审核向标准化迈进

随着企业 HSE 管理的深入开展，促进了体系的不断完善，对体系的统一化和标准化的需求日益强烈。世界各国的环境立法更加系统，环境标准更加严格。

(4) HSE 管理体系使企业管理趋于一体化

在企业管理标准化的同时，逐步将质量、环境、健康及其相关的管理内容整合，获得了节约管理和运行成本，减少烦琐的程序和层次，提高企业管理科学化水平的社会和经济效益。

2. HSE 管理体系的特点和优势

HSE 管理体系要求组织进行风险分析，确定自身活动可能发生的危害和后果，从而采取有效的防范手段和控制措施防止风险发生，以便减少可能引起的人员伤害、财产损失和环境污染。它强调预防和持续改进，具有高度自我约束、自我完善、自我激励机制，因此，HSE 管理是一种现代化的管理模式，是现代企业制度之一。

HSE 管理体系与传统管理相比，有许多特点和优势，具体表现在以下几个方面：

(1) 先进性

HSE 管理体系所宣传和贯彻始终的理念是先进的，如从员工的角度出发，注

重以人为本，注重全员参与等。目前，这一体系在职业安全卫生领域走在世界前列，易于企业结合实际应用和创新。

（2）系统性

HSE管理体系本身就是一个系统，HSE管理体系强调各要素有机组合，以一系列层次分明、相互联系的体系文件实施管理。

（3）预防性

危害辨识、风险分析与评价是HSE管理体系的精髓，实现了事故的超前预防和生产作业的全过程控制。

（4）可持续改进和长效性

HSE管理体系运用戴明管理原则，周而复始地推行“策划、实施、监测、评审”活动，形成PDCA循环，使企业健康、安全、环境的表现不断改进，呈现螺旋上升的状态。

（5）自愿性

HSE管理体系的相关标准都是推荐执行的、非强制性的标准，是企业在国内外市场的驱动下自觉自愿的行为，建立HSE管理体系也是企业管理自身生存、发展的内在要求。

3. 推行HSE管理体系给企业带来的收益

推行HSE管理体系将给企业发展带来明显的益处，具体表现在：

（1）可实现企业的可持续发展。建立和实施符合我国法律、法规和有关安全、劳动卫生、环保标准要求的HSE管理体系，将有效地规范企业的活动、产品和服务，对原材料加工、设计、施工、运输、使用到最终废弃物的处理进行全过程的健康、安全与环境控制，满足安全生产、人员健康和环境保护的要求，实现企业的可持续发展。

（2）可促进企业进入国际市场。目前国际上一些大的企业已采用HSE标准，对企业提出了HSE管理方面的要求，将未制定和执行该标准的企业限制在国际市场之外。因此，制定和执行HSE管理体系标准，就能促进企业的健康、安全与环境管理与国际接轨，树立我国企业的良好形象，并使作业队伍能顺利进入国际市场，创造客观的经济效益。

（3）可减少企业的成本，节约能源和资源。HSE管理体系摒弃了传统的事后管理与处理做法，采取积极的预防措施，将健康、安全与环境管理体系纳入企业总的管理体系之中，减少废物治理和防止职业病的开支，从而降低成本，提高企业经济效益。

（4）可帮助企业规范管理体系，提高企业健康、安全与环境管理水平。

（5）可改善企业的形象，改善企业与当地政府和居民的关系。

（6）可吸引更多的投资者。

（7）可使企业将经济效益、社会效益和环境效益有机地结合在一起，承担社会责任。

二、HSE管理体系的构建

1. HSE管理体系基本术语

HSE管理术语的标准化成为健康、安全与环境管理标准化活动中不可缺少的重要环节。HSE管理的基本术语主要有：

（1）要素

健康、安全与环境管理中的关键因素。

（2）事故（专指损伤事故）

造成死亡、职业病、伤害、财产损失或环境破坏的事件。

（3）危害

可能造成人员伤害、职业病、财产损失、作业环境破坏的根源或状态。

（4）风险

发生特定危害的可能性或发生事件结果的严重性。

（5）风险评价

依照现有的专业经验、评价标准和准则，对危害分析结果作出判断的过程。

（6）审核

判别管理活动和有关过程是否符合计划安排，这些安排是否得到有效实施，系统地验证企业实施健康、安全与环境方针和战略目标的过程。

（7）评审

高层管理者对健康、安全与环境管理体系的适应性及其执行情况进行正式评审。评审包括有关健康、安全与环境管理中存在的问题及方针、法规以及因外部条件改变而提出的新目标。

（8）资源

实施健康、安全与环境管理体系所需的人员、资金、设施、设备、技术和方法等。

（9）健康、安全与环境管理体系

指实施健康、安全与环境管理的组织机构、职责、做法、程序、过程和资源等构成的整体。

（10）不符合

任何能够直接或间接造成伤亡、职业病、财产损失、环境污染事件，违背作业标准、规程、规章的行为，与管理体系要求产生的偏差等。

（11）管理者代表

由公司最高领导者任命，在公司内代表最高领导者履行 HSE 管理职能的人员。

2. HSE 管理体系的构建

（1）领导决策和准备

首先需要最高管理者作出承诺，即遵守有关法律、法规和其他要求的承诺，以及实现持续改进的承诺。在体系建立和实施期间，最高管理者必须为此提供必要的资源保障。

建立和实施 HSE 管理体系是一个十分复杂的系统工程，最高管理者应任命 HSE 管理者代表，具体负责 HSE 管理体系的日常工作。

最高管理者还应授权管理者代表成立一个专门的工作小组，完成企业的初始状态评审以及建立 HSE 管理体系的各项任务。

（2）教育培训

HSE 管理体系标准的教育培训，是开始建立 HSE 管理体系十分重要的工作。培训工作要分层次、分阶段、循序渐进地进行，并且必须是全员培训。

（3）制订工作计划

通常情况下，建立 HSE 管理体系需要一年以上的时间，因此，需要制订总计划和详细的工作计划。制订工作计划要目标明确、控制进程、突出重点。总计划批准后，就可制订每项具体工作的分计划。同时，还要提出资源需求，报最高管理层批准。

（4）初始状态评审

初始状态评审是建立 HSE 管理体系的基础，主要目的是了解企业的 HSE 管理现状，为企业建立 HSE 管理体系收集信息并提供依据。

（5）危险辨识和风险评价

危险辨识是整个 HSE 管理体系建立的基础。主要分为危害识别、风险评价和隐患治理。

（6）体系策划与设计

主要任务是依据初始评审的结论，制定 HSE 方针、目标、指标和管理方案，并补充、完善、明确或重新划分组织机构和职责。

（7）编写体系文件

HSE 管理体系是一套文件化的管理制度和方法，因此，编写体系文件是企业建立 HSE 管理体系不可缺少的内容，是一项重要的基础工作，也是企业达到预定的 HSE 方针、评价和改进 HSE 管理体系、实现持续改进和事故预防必不可少的依据。

（8）体系的试运行和正式运行

体系文件编制完成以后，HSE 管理体系将进入试运行阶段。试运行的目的就是要在实践中检验体系的充分性、适用性和有效性。试运行阶段，企业应加大运作力度，特别是要加强体系文件的宣传贯彻力度，使全体员工了解如何按照体系文件的要求去做，并且通过体系文件的实施，及时发现问题，找出问题的根源，采取纠偏措施，及时对体系文件进行修改。

体系文件得到了进一步完善后，可以进入正式运行阶段。在正式运行阶段发现体系文件不适宜之处，就需要按照规定的程序和要求进行补充、完善以实现持续改进的目的。

（9）内部审核

内部审核是企业对其自身的 HSE 管理体系所进行的审核，是对体系是否正常运行以及是否达到预定的目标等所做的系统性的验证过程，是 HSE 管理体系的一种自我保证手段。内部审核一般是对体系全部要素进行的全面审核，可采用集中式和滚动式两种方式。应由与被审核对象无直接责任或利害关系的人员来实施，以保证审核的客观、公正和独立性。

（10）管理评审

管理评审是由企业的最高管理者定期对 HSE 管理体系进行的系统评价，一般每年进行一次，通常发生在内部审核之后和第三方审核之前。目的在于确保管理体系的持续适用性、充分性和有效性，并提出新的要求和方向，以实现 HSE 管理体系的持续改进。

三、岗位作业指导书的编制

1. HSE 管理与岗位作业指导书

在实施 HSE 管理体系过程中，文件和实施程序内容较多，不便于岗位人员学习，因此，每一个具体的工作岗位都需要一份比较系统的指导文件。岗位作业指导书就是结合传统安全管理方法和 HSE 管理方法发展而来的岗位指导文件，囊括了员工在一个岗位上应当掌握和了解的知识和操作规范。

编制岗位作业指导书，要从员工和岗位的角度出发，使员工对有关该岗位的相关知识和工作能有全面的了解，知道在该岗位上工作可能遇到的危害、风险和隐患以及应当采取的防范措施。岗位作业指导书可以提高班组的管理水平，从而提高企业的管理水平。

岗位作业指导书是员工工作的依据，也是企业管理的基础和依据。岗位作业指导书应下发到岗位的每个员工手中，以便于员工随时学习和查阅。

2. 岗位作业指导书的内容

针对不同岗位编制的岗位作业指导书，内容会有所不同。通常，岗位作业指导书的内容包括以下 12 个项目：

（1）岗位描述

岗位描述是对一个岗位的基本情况进行描述，其作用是使员工全面了解该岗位工作内容。该项目包括岗位名称、工作概述、岗位关系、特殊要求、工作权限、职业资格和工作考核七项内容。

（2）岗位工作目标和要求

描述岗位各方面的工作目标、要求和标准。使岗位员工清楚认识岗位的工作要求。

（3）安全职责

使员工清楚该岗位在安全方面应当遵守的职责和责任。

（4）岗位职责

介绍该岗位的岗位职责，岗位职责应当从实际出发，与时俱进，对其内容不断修订，增强可操作性和实效性。内容尽可能量化，避免内容空洞、界定不清、难以考核。

（5）巡回检查路线和检查标准

针对需定时巡回检查的岗位，明确规定巡回检查的路线、检查点和检查标准，便于岗位员工正确检查，掌握正常与异常的差别，并及时处理。

（6）工作规范（内容）

应使员工明确遵守什么规范，执行什么程序。此项目规定越细，越易于员工在工作中执行。

（7）隐患分析及削减措施

在危害（隐患）辨识分析的基础上，列出该岗位员工参与的工作，按照标准危害（隐患）辨识分析卡的模式逐一编制，使员工在工作实施前清楚这项工作的危害和预防措施、所需的准备工作和工作步骤、达到的具体标准等。

(8) 设备操作规程和参数

对于与设备运行管理相关的岗位，为了使员工掌握这些设备的操作规程和基本参数，保证设备的正确操作和维护，要将该岗位所有设备的操作规程和基本参数全部列出。

(9) 工艺流程图

对于负责工艺流程的岗位，员工要明晰工艺流程，否则，出现异常情况就会不知所措，不会处理。因此，要把该岗位的工艺流程图附上，并将流程的操作标准、操作步骤和方法一一列出。

(10) 管理制度

每个岗位员工都应当遵守法律法规和企业的管理制度。企业应当在员工上岗工作前，告知其应当遵守的管理制度。因此，应列出在岗位上应当遵守的制度及内容。有的企业制度比较多，可列出制度目录，具体内容查阅相关的制度汇编。

(11) 应急预案

员工在出现突发意外或紧急情况时，应能够及时、正确处置。针对岗位的实际情况，可以从企业应急预案中摘录或单独编制应对紧急情况的具体措施，并将其写入岗位作业指导书。

(12) 常用法律法规、标准目录及附录

列出该岗位员工应当遵守的法律、法规和标准，供查阅的地点或来源，以便员工学习、领会和贯彻。附录是根据岗位实际需要列出的内容，如岗位常用的安全知识等。

3. 岗位作业指导书编制和应用步骤

岗位作业指导书一般由上级主要技术人员、班组长和部分技术骨干在调查分析的基础上编制。应先收集相关资料，进行危害（隐患）辨识分析，按作业指导书的项目内容进行筛选整理，最后形成一个系统的岗位作业指导书。

编制完成后，应组织学习培训，使岗位人员全面掌握其中的内容，为今后在工作中顺利执行打下基础。新上岗的员工经培训并考核合格后，才可上岗。

培训完成后，岗位作业指导书发到员工手中，并放置在现场或岗位。岗位工作人员对岗位作业指导书内容都应了解，并在工作中切实贯彻落实，做到遵章守纪，减少事故的发生和对自己的伤害。

在实施过程中，对出现的问题或需要补充的地方，要及时补充完善。做到持续改进，保证岗位作业指导书的实效性。

四、HSE管理体系实例

1. 中国石化集团公司 HSE 管理体系

中国石化集团公司行业种类繁杂，面临的 HSE 问题非常突出：油田面广，对地层和地表植被破坏很大；滩海和海上作业易受风暴袭击；长距离的管道输送极易发生油气泄漏事故；炼化企业具有高温高压、易燃易爆、有毒有害、易发生重大事故的特点；销售企业点多面广，遍布城乡，管理上存在一定难度。因此，在集团公司内推广 HSE 管理体系不但能有效地控制重大灾害事故的发生率，降低企业成本，节约能源和资源，而且还能树立企业的健康、安全和环保形象，改善企业和所在地政府、居民的关系，吸引投资者，实现社会效益、环境效益和经济效益的协调发展。

此外，“走出去”一直都是集团公司的发展战略，而国际石油石化市场对 HSE 有着严格的要求，因此，只有在集团公司内推行 HSE 管理体系，树立起 HSE 国际形象，才能拿到进入国际市场竞争的通行证。

中国石化集团公司为在安全、环境和健康管理体系方面既符合中国石化的特色，又逐步实现与国际的接轨，做了大量的调研、宣传贯彻、起草试行标准及试点等工作。经过数年的努力，集团公司于 2001 年 2 月 8 日正式发布了 10HSE 管理体系标准（包括 1 个体系、4 个规范和 5 个指南）。

（1）1 个体系

是指《中国石化集团公司安全、环境与健康（HSE）管理体系》。HSE 管理体系标准明确了中国石化集团公司 HSE 管理的十大要素。各要素之间紧密相关，相互渗透，不能随意取舍，以确保体系的系统性、统一性和规范性（见图 2—17）

1）领导承诺、方针目标和责任。在 HSE 管理上应有明确的承诺和形成文件的方针目标，最高管理者提供强有力的领导和自上而下的承诺，是成功实施 HSE 管理体系的基础。集团公司以实际行动来表达对 HSE 的重视，努力实现不发生事故、不损害人身健康、不破坏环境的目标，这是集团公司承诺的最终目的。

2）组织机构、职责、资源和文件控制。公司和企业为了保证体系的有效运行，必须合理配置人力、物力和财力资源，广泛开展培训，以提高全体员工的意识和技能，遵章守纪，规范行为，确保员工履行自己的 HSE 职责。同时，为了给 HSE 管理提供切实可行的依据，必须有效地控制 HSE 管理文件，定期评审并在必要时进行修订，确保 HSE 文件与企业的活动相适应。

3）风险评价和隐患治理。风险评价是一个不间断的过程，是建立和实施 HSE

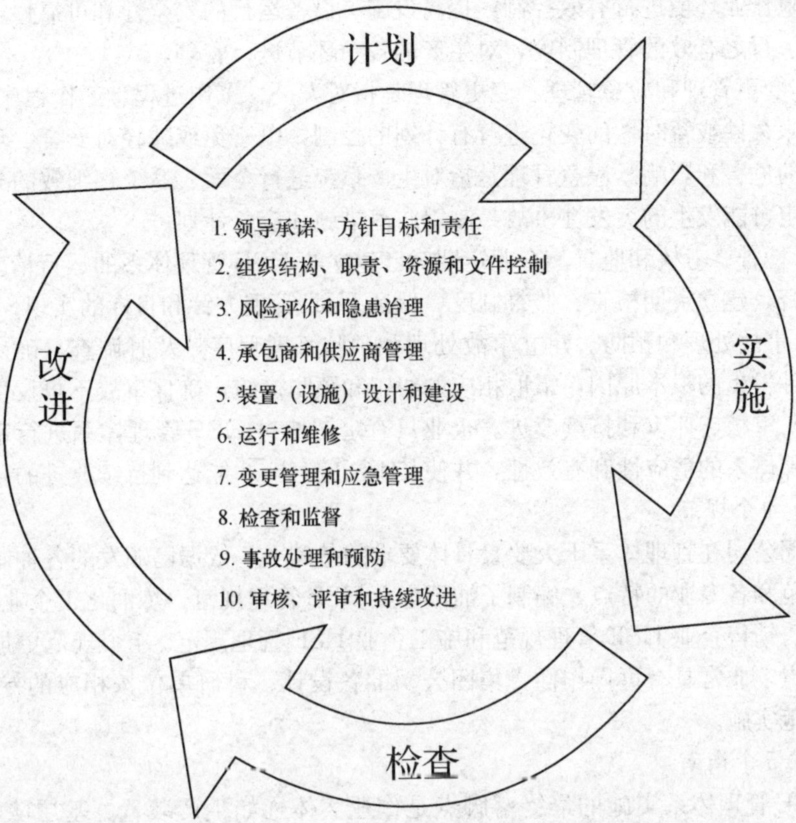

图 2—17　HSE 管理体系要素

管理体系的核心。它要求企业经常对危害、影响和隐患进行分析和评价，采取有效或适当的控制、防范措施，把风险降到最低程度。企业领导应直接负责并制定风险评价的管理程序，亲自组织隐患治理工作。

4）承包商和供应商管理。要求企业从承包商和供应商的资格预审、选择及开工前的准备、作业过程的监督、承包商和供应商的表现评价等方面对其进行管理，这一工作是当前各企业的薄弱环节，应重点加强。

5）装置（设施）设计与建设。要求新建、改建和扩建的装置（设施），必须按照“三同时”的原则和有关标准规范进行设计、设备采购、安装和试车，以确保装置（设施）保持良好的运行状态。

6）运行与维护。要求企业对生产装置、设施、设备、危险物料、特殊工艺过程和危险作业环境进行有效控制，提高设施、设备运行的安全性和可靠性，并结合现有的、行之有效的管理制度，对生产的各个环节进行管理。

7）变更管理和应急管理。变更管理是指对人员、工作过程、工作程序、技术、设施等永久性或暂时性的变化进行有计划的控制，以避免或减轻对安全、环境与健康方面的危害和影响。应急管理是指对生产系统进行全面、系统、细致的分析和研究，确定可能发生的突发性事故，制定防范措施和应急计划。

8）检查、考核和监督。企业定期对已建立的HSE管理体系的运行情况进行检查和监督，建立定期检查、监督制度，保证HSE管理方针和目标的实现。

9）事故处理和预防。建立事故处理和预防管理程序，及时调查、确认事故或未遂事件发生的根本原因，采取相应的纠正和预防措施，确保事故不再发生。

10）审核、评审和持续改进。企业只有定期地对HSE管理体系进行审核、评审，确保体系的适应性和有效性，并使其不断完善，才能达到持续改进的目的。

（2）4个规范

集团公司在管理体系十大要素具体要求的基础上，依据已颁发的各种制度、标准、规范和各专业的特点，编制了油田企业HSE管理规范、炼油化工企业HSE管理规范、销售企业HSE管理规范和施工企业HSE管理规范。4个规范更加突出了专业特点，非常具有可操作性，集团公司的各设计、科研单位按相应的专业HSE管理规范实施。

（3）5个指南

HSE管理体系实施的最终落脚点是作业实体（如生产装置、基层队等），因此，实施HSE的重点是要抓好作业实体HSE管理的实施。为此，集团公司分专业编制了HSE实施程序编制指南，即《油田企业基层队HSE实施程序编制指南》《炼油化工企业生产车间（装置）HSE实施程序编制指南》《销售企业油库、加油站HSE实施程序编制指南》《施工企业工程项目HSE实施程序编制指南》和《职能部门HSE职责实施计划编制指南》。

2. 壳牌公司的HSE管理方法

壳牌公司是世界四大石油跨国公司之一，1984年以前尽管也重视HSE管理，但效果不佳，后来该公司学习了美国杜邦公司先进的HSE管理经验，分析了以前HSE管理效果较差的原因，汲取教训，取得了非常明显的成效。目前，该公司的HSE管理水平堪称世界一流。壳牌公司先进的HSE管理方法主要表现在以下几个方面：

（1）全面实施EP95—55000勘探与生产安全手册

该手册是为其子公司及承包商制定的，体现公司的 HSE 管理的政策、方针、原则和做法。

（2）壳牌公司 HSE 管理的原则

共有 11 条原则：HSE 管理的具体保证，HSE 管理的政策，HSE 管理是部门经理的责任，有效的 HSE 培训，能胜任的 HSE 顾问，通俗易懂的 HSE 标准，监测 HSE 实施情况的技术，HSE 标准和实践的检验，现实可行的 HSE 目标管理，人员伤害和事故的彻底调查和跟踪，有效的 HSE 激励和交流。

（3）壳牌公司的 HSE 方针

壳牌公司认为，HSE 方针是 HSE 规划中必不可少的组成部分，要求其政策简明易懂，适合每个人。并强调必须有下列方针：任何事故都是可以预防的，HSE 管理是业务经理的责任，HSE 目标同其他经营目标一样具有同样的重要意义，创造一个安全和健康的工作环境，保证有效的安全、健康训练，培养每个人对 HSE 的兴趣和热情，每个职工对 HSE 都要负有责任，承诺为可持续发展作出贡献。

（4）壳牌公司的 HSE 培训

壳牌公司认为，一个能正确执行 HSE 政策的人，不仅要懂得实际的危险情况，而且要知道如何发现和消除它，还必须具有完成 HSE 任务的能力和技巧。HSE 培训的主要任务包括：最重要的 HSE 培训应该是对新的雇员和承包商进行诱导式的培训，不培训就不能进入施工区。实践证明，培训职工进行急救能使工伤事故率降低。把急救与培训结合起来所产生的效果比任何一种培训都大得多，急救培训也可以使每个人提高采取措施的主动性。应该把具体的安全培训纳入到规划之中，培训计划要安排适当，使行为方法与完成任务所需要的技术保持平衡。公司和承包商的业务经理接受 HSE 管理技能的培训十分必要。

（5）壳牌公司的 HSE 规划和目标

壳牌公司提出，HSE 规划和目标必须是合理的、可以达到的和适当的。一个好的 HSE 管理部门目标是实现和保持事故频率、严重程度和费用降低的趋势，尽量减少对环境的影响，尽量减少职业病对健康的危害。公司制定安全规划时应对生产事故、财产损失和停工损失等有明确的目标，实现这些目标的方法应尽可能用数字表示。制定落实 HSE 规划的详细方法，每个部门都应编写一份书面的时间表，各部门的 HSE 规划与公司的 HSE 总体规划相一致。

（6）建立 HSE 规划的内部审查制度

壳牌公司认为，要提高 HSE 规划的效果，就必须配备检测设备和人员，而且应制定一套审查程序，以便能够及时监督 HSE 建议的执行情况，指定一个行动小组来协调和贯彻执行这些建议。管理人员在检查施工作业时，应注意检查员工的不安全行为和原因，检查施工人员在做什么和如何去做，检查防护用品的穿戴和工具使用情况，检查设备和一般的施工现场等。

（7）壳牌公司的 HSE 管理组织

壳牌公司考虑到技术、商业风险和法律责任三个主要因素而采取 HSE 措施，提出必须舍得花费人力和财力来预防事故的发生。为了做到行之有效的 HSE 管理，必须制订一个明确的计划和建立一个必不可少的管理机构，应把其看成是承担法律责任，也是技术上不可缺少的条件。这个组织机构的管理任务包括：通过察看工作现场发现风险，医疗和职业保健评价，环境评价和审查，事故和事故报告，HSE 检查报告，安全会议报告，地方病类型统计报告等。通过 HSE 委员会制定管理层的正确措施和政策，这个委员会应包括壳牌公司和承包商的高级管理人员，指定一个协调员来执行委员会的决议和建议。通过协调员与有关部门共同执行行动计划，这些计划包括发展或更新工艺过程、供应或更换个人防护品、制订和改进培训计划等。对事故或事件进行审查，根据统计数据分析发展趋势，派安全管理小组进行全面的现场检查。

本章小结

本章说明了系统安全工程的基本概念，简述了系统安全分析的基本方法，介绍了 HSE 管理体系。

系统安全思想包括：安全是相对的、安全伴随着系统生命周期、系统中的危险源是事故根源。系统安全工程强调研究方法上的整体化、技术应用上的综合化、安全管理科学化。系统安全工程在时间维度上强调危险源辨识、危险性评价、危险控制三项基本工作，前后关联，循环发展。系统安全工程在空间维度上强调综合分析、整体控制系统中人、机、环境存在并相互作用的危险因素。在系统寿命周期不同阶段的危险辨识和评价中，应该选择相应的系统安全分析方法。HSE 管理体系的基本原理是戴明（PDCA）管理模式。HSE 管理体系要求组织进行风险分析，确定自身活动可能发生的危害和后果，从而采取有效的防范手段和控制措施防止风险发生，以便减少可能引起的人员伤害、财产损失和环境污染。

复习思考题

1. 简述系统安全、系统安全工程的基本概念。

2. 结合实际说明安全工作必须伴随系统生命周期。

3. 说明系统安全工程三项基本工作的逻辑联系。

4. 结合实际说明系统中人、机、环境存在的危险因素及其相互影响。

5. 简述预防系统事故发生的技术措施和减少事故损失的技术措施。

6. 结合实际说明防止人失误的技术措施和管理措施。

7. 针对所在实验室的实验内容或设备实际，进行预先危险性分析、故障类型影响分析、危险性和可操作性研究。

8. 编制宿舍火灾事故树并进行定性分析和定量分析。

9. 结合戴明管理模式，说明 HSE 管理体系的管理学原理。

10. 收集某企业的 HSE 管理体系文件和方法，并与中国石化集团公司、壳牌公司进行比较。

11. 结合日常工作（如实验室操作、企业实践工作等）编写岗位作业指导书。

第三章 化工安全工程

本章学习目标

1. 了解化学能释放引起火灾、爆炸和毒害事故的机理。
2. 了解化学品物质的危险性。
3. 掌握一般化工火灾爆炸事故分析方法，并能提出相应的防范措施。
4. 掌握化工火灾爆炸事故、化学物质毒害事故预防和控制方法。

第一节 化学能释放机理

化学工业在国民经济中具有举足轻重的地位，发展化学工业在促进工农业生产、巩固国防和改善人民生活等方面都有重要的作用。但是，化工生产涉及高温、高压、易燃、易爆、腐蚀、剧毒等危险状态和工艺条件。与矿山、建筑、交通等事故多发行业相比，化学能意外释放引发的化工事故往往因波及空间广、危害时间长、造成的经济损失巨大，而极易引起人们的恐慌，影响社会的稳定。

一、化工生产和装备的特点

1. 化工生产的特点

（1）化工生产使用的原料、半成品和成品种类繁多

绝大部分是易燃、易爆、有毒害、有腐蚀性的危险化学品。化工生产中的原材料、燃料、中间产品、成品的储存和运输都必须满足特殊的安全要求。

（2）化工生产要求的工艺条件苛刻

有些化学反应在高温、高压下进行，有些化学反应在低温、高真空度下进行。温度、压力、流量、物料配比、投料顺序等化工反应和单元操作的各项工艺参数的

任何偏差和波动都可能引起事故。

(3) 生产规模大型化

近20多年来，世界各国都积极发展大型化工生产装置。生产规模大型化在降低单位产品的建设投资和生产成本、提高劳动生产能力、降低能耗的同时，也大大强化了生产系统潜在危险性。

(4) 生产方式的高度自动化与连续化

化工生产从落后的手工操作、间断生产转变为高度自动化、连续化生产，生产设备由敞开式变为密闭式，生产装置从室内走向露天，生产操作由分散控制变为集中控制。同时，也由人工手动操作变为仪表自动操作，进而又发展为计算机控制。连续化与自动生产是大型化的必然结果，但控制设备也有一定的故障率。控制系统发生故障而造成的事故比例上升。

2. 化工装备的特点

(1) 化工装备的种类繁多

如原料容器，有储存化工原料、中间体及成品的各种罐、槽、池等，有反应塔、反应釜、反应锅等；又如加热器，按加热方式有直接用火加热、热水蒸气加热、电加热、油加热、红外线加热等。此外，还有干燥设备、自控设备、物料输送设备及各种管道等。

(2) 化工装备的构造材质不同

设备材质根据对设备耐压、耐温以及耐腐蚀的不同要求，由钢质、陶瓷、搪瓷、玻璃等不同材质制成，钢质容器温度达到1 000℃以上时，9～15 min即能发生坍塌。玻璃、陶瓷容器温度达到100℃以上时，骤遇直流水会发生爆裂。

(3) 化工装备安装形式不同

各种设备根据用途和生产工艺的要求不同，其安装位置也不同，一般分为空间、地面、地下（半地下），有挂式、立式、坐式、卧式等形式。空间设备发生火灾时比地面、地下设备发生火灾难于扑救。设备之间的间距小、密度大，阀门、仪表多，管道纵横交错。由于设备密集，在火焰或热辐射、热对流、热传导的作用下，易发生链锁式持续延烧，给扑救带来困难。

(4) 化工防火防爆设置特殊

根据化工火灾具有易燃易爆的特点，许多化工设备安装有防爆装置，如设备安全液封、阻火器、单向阀门等，防爆泄压装置如安全阀、自动泄压阀等。了解和掌握这些装置，做到熟练使用，对于判断火势发展、堵截火势蔓延有重要作用。

二、化学能释放的危险性

化学能是指物体发生化学反应时所释放的能量，是一种很隐蔽的能量，它不能直接用来做功，只有在发生化学变化时才释放出来，变成热能或者其他形式的能量，像石油和煤的燃烧、炸药爆炸以及食物在人体内发生化学变化释放的能量，都属于化学能。

化工生产过程是通过运用各种化学反应和工艺手段改变物质的化学、物理性质的生产过程。化学能的转化、吸收、释放是化工生产过程的核心，保证生产过程的稳定和受控，防止化学能的意外释放是化工安全技术的关键。

化学能的释放具有火灾、爆炸和毒害的危险性。

1. 化学能释放可能引起火灾和爆炸

化学能释放造成的火灾和爆炸都是由活性化学品引起的，活性化学品的化学反应能力很强，可以释放大量的反应能量（如反应热、燃烧热等形式的能量），而分解（或燃烧）反应是活性化学品的主要危险，如果其释放出的热量不能即时移除，就会造成热量积聚，从而引起爆炸和火灾。在危险化学品类别中，爆炸品、氧化剂和有机过氧化物都属于活性化学品。

活性化学品一般具有可以释放出较大能量的原子基团，且大多具有较弱的化学键，因此，在较低的温度下就开始反应，释放出大量的热而使温度上升，导致着火和爆炸，故也称这些物质为不稳定物质。不稳定物质有单质和化合物，也有两种以上的物质混合而具有更大能量危险的配伍。这种配伍又称为不相容配伍，混合时立刻发火的现象称为混触发火。不稳定物质与氧化剂、酸、碱等活性强的化学品发生作用时能引起混触发火。混合危险配伍的最明显的例子，就是氧化剂和可燃物的配伍。但混合时有立刻发火和不立刻发火之分。

活性化学品在化学反应中放出大量的能量（反应热、燃烧热），可以根据反应热、氧平衡值（OB）的大小，在一定程度上预测该物质的爆炸或发火的危险性。

2. 化学能释放可能引起人体毒害

化学能释放造成的毒害是指化学品进入人体后，累计到一定的量，与体液和组织发生生物化学作用，释放出化学能，扰乱或破坏人体的正常生理功能，引起暂时性或持久性的病理改变，甚至危及生命。

化合物的毒性与其成分、结构和性质密切相关。例如，卤素原子引入有机分子几乎总是伴随着有机物毒性的增加，多键的引入也会增加物质的毒性作用。硝基、亚硝基或氨基官能团引入分子会剧烈改变化合物的毒性，而羟基的存在或乙酰化则会降低化合物的毒性。

3. 化学能释放可能引起装备腐蚀和损坏

化学能释放造成的各种设备腐蚀是由于某些化学物质具有腐蚀性，设备和设施与这类化学品接触，就会发生腐蚀性的化学反应，导致设备和设施某些部件功能失效、损坏，甚至发生设备报废事故。腐蚀还可能造成储罐、管系、反应设备等装置内物质的泄漏，进而引起火灾、爆炸、毒害等重大事故。

三、火灾事故机理

1. 燃烧

燃烧是可燃物质与助燃物质（氧或其他助燃物质）发生的一种发光发热的氧化反应。氧化反应并不限于物质与氧的反应。例如，氢在氯中燃烧生成氯化氢。类似地，金属钠在氯气中燃烧，炽热的铁在氯气中燃烧，都是激烈的氧化反应，并伴有光和热的发生。金属和酸反应生成盐也是氧化反应，但没有同时发光发热，所以不能称为燃烧。只有同时发光发热的氧化反应才被界定为燃烧。

燃烧的物质可以是固体、液体或气体，但是，燃烧一般发生在气相，在燃烧发生之前，液体挥发为蒸气，固体分解放出蒸气。

2. 燃烧的必要和充分条件

（1）燃烧的必要条件

可燃物、助燃物和点火源是燃烧的三个基本要素，是发生燃烧的必要条件。三个要素中缺少任何一个，燃烧便不会发生。对于正在进行的燃烧，只要充分控制三个要素中的任何一个，燃烧就会终止。

1）可燃物。凡是能与空气、氧气和其他氧化剂发生剧烈氧化反应的物质，称为可燃物。可燃物种类繁多，按其状态不同，可分为气态、液态和固态三类。如气体有乙炔、丙烷、一氧化碳、氢气等，液体有汽油、丙酮、醚、戊烷、苯等，固体有塑料、木柴粉末、纤维、金属颗粒等。按其组成不同，可分为无机可燃物和有机可燃物两类。无机可燃物如氢气、一氧化碳等，有机可燃物如甲烷、乙烷、丙酮等。

2）助燃物。凡是具有较强氧化性能，能与可燃物发生化学反应并引起燃烧的物质称为助燃物或氧化剂。气体有氧气、氟气、氯气等，液体有过氧化氢、硝酸、高氯酸等，固体有金属过氧化物、亚硝酸铵等。

3）点火源。具有一定温度和热量的能源，或能引起可燃物着火的能源称为点火源。常见的点火源有明火、电火花、静电高温物体等。

以上条件只是燃烧的必要条件，要使燃烧发生和延续，还必须满足燃烧的充分条件。

(2) 燃烧的充分条件

近代燃烧理论用连锁反应解释物质燃烧的本质，认为燃烧是一种自由基的连锁反应，并由此提出了燃烧四面体学说。燃烧四面体学说指出，燃烧除了具备三个必要条件外，还必须使连锁反应不受抑制，自由基反应能够继续下去。因此，燃烧时可燃物与助燃物要达到一定的比例，点火能量要足够。当没有可燃物或可燃物的量不足，或没有助燃物或助燃物的量不足，或没有点火能量或点火能量不足时，燃烧都难以发生和延续。

燃烧的必要条件和充分条件，为灭火技术奠定了理论基础。

3. 燃烧的形式

可燃物和助燃物存在的相态、混合程度和燃烧过程不尽相同，因此，燃烧形式是多种多样的。

(1) 均相燃烧和非均相燃烧

按照可燃物和助燃物相态的异同，可分为均相燃烧和非均相燃烧。均相燃烧是指可燃物和助燃物间的燃烧反应在同一相中进行，如氢气在氧气中的燃烧，煤气在空气中的燃烧。非均相燃烧是指可燃物和助燃物并非同相，如石油（液相）、木材（固相）在空气（气相）中的燃烧。与均相燃烧比较，非均相燃烧比较复杂，需要考虑可燃液体或固体的加热，以及由此产生的相变化。

(2) 混合燃烧和扩散燃烧

可燃气体与助燃气体燃烧反应有混合燃烧和扩散燃烧两种形式。可燃气体与助燃气体预先混合而后进行的燃烧，称为混合燃烧。可燃气体由容器或管道中喷出，与周围的空气（或氧气）互相接触扩散而产生的燃烧，称为扩散燃烧。混合燃烧速度快、温度高，一般爆炸反应属于这种形式。在扩散燃烧中，由于与可燃气体接触的氧气量偏低，通常会产生不完全燃烧的炭黑。

(3) 蒸发燃烧、分解燃烧和表面燃烧

可燃固体或液体的燃烧反应有蒸发燃烧、分解燃烧和表面燃烧三种形式。

蒸发燃烧是指可燃液体蒸发出的可燃蒸气的燃烧。通常液体本身并不燃烧，只是由液体蒸发出的蒸气进行燃烧。很多固体或不挥发性液体经热分解产生的可燃气体的燃烧，称为分解燃烧。如木材和煤大都是由热分解产生的可燃气体进行燃烧。而硫黄和萘这类可燃固体是先熔融、蒸发，而后进行燃烧，也可视为蒸发燃烧。

可燃固体和液体的蒸发燃烧和分解燃烧，均有火焰产生，属火焰型燃烧。当可燃固体燃烧至分解不出可燃气体时，便没有火焰，燃烧继续在所剩固体的表面进行，称为表面燃烧。金属燃烧即属表面燃烧，无气化过程，无须吸收蒸发热，燃烧温度较高。

（4）完全燃烧和不完全燃烧

根据燃烧产物或燃烧进行的程度，还可分为完全燃烧和不完全燃烧。完全燃烧是燃料燃烧后全部变成不可燃烧物的过程；不完全燃烧是燃料在燃烧中生成部分可燃烧物的过程。

4. 火灾及其分类

火灾是在空间或时间上超出人们的预定或控制范围的、违背人们意愿的燃烧。例如，气焊时或烧火做饭时，将周围的可燃物（油棉丝、汽油、木材等）引燃，进而烧毁设备、家具和建筑物，烧伤人员等，这就超出了气焊和做饭的有效范围，构成了火灾。

火灾事故中的高温可能导致人员灼伤和财物烧毁，有毒气体可能导致人员窒息，燃烧引起的物体倒毁可能导致人员伤亡和设施破坏等一系列灾害性后果。

国家标准《火灾分类》（GB 4968—2008）中，根据可燃物的类型和燃烧特性，将火灾分为六个基本类别。

A类火灾：固体物质火灾。这种物质通常具有有机物性质，一般在燃烧时能产生灼热的余烬。

B类火灾：液体或可熔化的固体火灾。

C类火灾：气体火灾。

D类火灾：金属火灾。

E类火灾：带点火灾。物体带点燃烧的火灾。

F类火灾：烹饪器具内的烹饪物（如动植物油脂）火灾。

5. 预防火灾事故的基本原则

防止燃烧的三个基本条件的同时存在，或者避免它们的相互作用，是防止火灾的基本原则。

（1）消除着火源

火灾预防的关键是消除着火源。人们不管是在自己家中或办公室里还是在生产线上，都经常处在各种或多或少的可燃物包围之中，而这些物质又是存在于人们生活所必不可少的空气中。因此，引起火灾的上述燃烧基本条件中的两个条件是随处可见的。只要消除着火源，就能够在绝大多数情况下防止火灾。

(2) 控制可燃物

在人们生产生活的空间，可燃物随处可见，通常难以根除。因此，采取替代和减量的方法控制可燃物就显得尤其重要。替代是用阻燃或不燃的材料来替换可燃材料以降低火灾事故发生的可能性；减量就是在一定的空间内尽量减少可燃物的总量，以控制火灾事故的规模。

控制可燃物的措施主要有：在生活和生产中的可能条件下，用水泥代替木材建筑房屋；降低可燃物（可燃气体、蒸气和粉尘）在空气中的浓度，如在车间或库房采取全面通风或局部排风，使可燃物不易积聚，从而不会超过最高允许浓度，防止可燃物的跑、冒、滴、漏。对于那些相互作用能产生可燃气体或蒸气的物品应加以隔离，分开存放，如电石与水接触会相互作用产生乙炔气体，所以，必须采取防潮措施，禁止自来水管道、热水管道通过电石库等。

(3) 隔离空气

隔离空气就是控制可能发生火灾场所的助燃物。在必要时可以使生产置于真空条件下进行，在设备容器中充装惰性介质保护。如水入电石式乙炔发生器在加料后，应采取惰性介质氮气吹扫；燃料容器在检修焊补（动火）前，用惰性介质置换等。也可将可燃物隔离空气储存，如钠存于煤油中，磷存于水中，二硫化碳用水封存放等。

(4) 防止形成新的燃烧条件

设置阻火装置，如在乙炔发生器上设置水封回火防止器或水下气割时在割炬与胶管之间设置阻火器。一旦发生回火，可阻止火焰进入乙炔罐内或阻止火焰在管道里蔓延；在车间或仓库里筑防火墙或在建筑物之间留防火间距，一旦发生火灾，使之不能形成新的燃烧条件，从而防止扩大火灾范围。

四、爆炸事故机理

1. 爆炸及其特点

爆炸是物质发生急剧的物理、化学变化，由一种状态迅速转变为另一种状态，在瞬间释放出巨大能量（光能、热能和机械能）并伴有巨大声音的现象。爆炸的主要特征是物质的状态或成分瞬间发生变化，能量突然释放，温度和压力骤然升高，产生强烈的冲击波并发出巨大的响声。

人们借助机械能和化学能，在生产和生活过程中提升自身的能力，获得种种效益。如在采矿、修筑铁路、水库等时，开山放炮，用来移山填海，大大地加快了工程的进度；将气态物质在高压下变为液态储存，大大减少了储存和运输成本；利用气体和液体的压力做功，使得用手工和一般工具难以完成的任务得以实现等。

一般说来，爆炸现象具有以下特点：

（1）爆炸过程进行得很快。

（2）爆炸点附近压力急剧升高，产生冲击波。

（3）发出或大或小的响声。

（4）周围介质发生振动或邻近物质发生破裂。

2. 爆炸的分类

（1）按爆炸的性质分类

1）物理爆炸。物理爆炸是指物质的物理状态发生急剧变化而引起的爆炸。例如，蒸汽锅炉、压缩气体、液化气体过压等引起的爆炸，都属于物理爆炸。物质的化学成分和化学性质在物理爆炸后均不发生变化。

2）化学爆炸。化学爆炸是指物质发生急剧化学反应，产生高温高压而引起的爆炸。物质的化学成分和化学性质在化学爆炸后均发生了质的变化。化学爆炸又可以进一步分为爆炸物分解爆炸、爆炸物与空气的混合爆炸两种类型。

爆炸物分解爆炸是爆炸物在爆炸时分解为较小的分子或其组成元素。爆炸物的组成元素中如果没有氧元素，爆炸时则不会有燃烧反应发生，爆炸所需要的热量由爆炸物本身分解产生。属于这一类物质的有叠氮铅、乙炔银、乙炔铜、碘化氮、氯化氮等。爆炸物中如果含有氧元素，爆炸时则往往伴有燃烧现象发生。氮或氯的各种氧化物、苦味酸即属于这一类型。爆炸性气体、蒸气或粉尘与空气的混合物爆炸，需要一定的条件，如爆炸性物质的含量或氧气含量以及激发能源等。因此，其危险性较分解爆炸低，但这类爆炸更普遍，所造成的危害也较大。

3）核爆炸。核爆炸是非受控的核反应瞬间释放出巨大能量而发生的爆炸。原子弹爆炸是原子核的裂变爆炸，氢弹爆炸是原子核的聚变爆炸。

（2）按爆炸的速度分类

1）轻爆。爆炸时的冲击波传播速度在每秒零点几米至数米之间的爆炸过程。

2）爆炸。爆炸时的冲击波传播速度在每秒十米至数百米之间的爆炸过程。

3）爆轰。爆炸时的冲击波传播速度在每秒 1 千米至数千米以上的爆炸过程。

有时燃烧过程中氧化反应比较剧烈，也会伴随爆炸现象。当此时的爆炸冲击波传播速度处于亚音速（低于 340 m/s）时，称为爆燃。

（3）按爆炸反应物质分类

1）纯组元可燃气体热分解爆炸。纯组元气体由于分解反应产生大量的热而引起的爆炸。

2）可燃气体混合物爆炸。可燃气体或可燃液体蒸气与助燃气体，如空气按一定比例混合，在引火源的作用下引起的爆炸。

3）可燃粉尘爆炸。可燃固体的微细粉尘以一定浓度呈悬浮状态分散在空气等助燃气体中，在引火源作用下引起的爆炸。

4）可燃液体雾滴爆炸。可燃液体在空气中被喷成雾状剧烈燃烧时引起的爆炸。

5）可燃蒸气云爆炸。可燃蒸气云产生于设备蒸气泄漏喷出后所形成的滞留状态。密度比空气小的气体浮于上方，反之，则沉于地面，滞留于低洼处。气体随风漂移形成连续气流，与空气混合达到其爆炸极限时，在引火源作用下即可引起爆炸。

爆炸在化学工业中一般是以突发或偶发事件的形式出现的，而且往往伴随火灾发生。爆炸所形成的危害性严重，损失也较大。

3. 爆炸事故

这种由于人为、环境或管理上的原因而发生的和造成的财产损失、物破坏或人身伤亡的，伴有强烈的冲击波、高温高压和地震效应的事故称为爆炸事故。在化工生产中，爆炸事故一般是以突发或偶发事件的形式出现的，而且往往伴随火灾发生。

爆炸事故有以下几种常见类型：

(1) 形成蒸气云团的可燃混合气体遇火源突然燃烧，是在无限空间中的气体爆炸；

(2) 受限空间内可燃混合气体的爆炸；

(3) 由于化学反应失控或工艺异常造成的压力容器爆炸；

(4) 不稳定的固体或液体的爆炸；

(5) 不涉及化学反应的压力容器爆炸。

上述前 4 种爆炸都会释放出大量的化学能，且影响范围较大；第 5 种属于物理爆炸，仅释放出机械能，且影响范围相对较小。

爆炸源于能量的迅速释放。能量的释放必须非常迅速，在爆炸中心引起能量的局部聚集，然后该能量通过多种途径消散掉，包括压力波的形成、抛射物、热辐射和声能。爆炸所产生的破坏是由能量的消散引起的。

压力波是爆炸事故的主要危害因素。在发生爆炸时，能量使气体迅速膨胀，压迫周围气体，并促使压力波由爆炸源迅速向外围移动。在压力波后面是强烈的风。如果压力波前具有突然压力变化，就会产生冲击波或激震前沿。自爆炸性非常强烈的物质（如 TNT）以及压力容器的突然破裂都能够产生冲击波。爆炸区超出周围压力的最大压力称为最大超压。最大超压越大，对人体和设施的破坏也越大。

抛射物伤害是爆炸事故的另一重要危害因素。发生在受限容器或结构内的爆炸能使容器或建筑物破裂，导致碎片抛射，并覆盖很宽的范围。碎片或抛射物能引起较严重的人员受伤、建筑物和过程设备受损。非受限爆炸由于冲击波作用和随后的建筑物移动也能产生抛射物。抛射物通常意味着事故在整个工厂内传播。工厂内某一区域的局部爆炸将碎片抛射到整个工厂，这些碎片打击储罐、过程设备和管线，导致二次火灾或爆炸。

五、中毒机理

化工生产过程中存在着多种危害劳动者身体健康的因素，这些危害因素在一定条件下会对人体健康造成不良影响，导致职业病，甚至危及生命安全，这种现象称为中毒。

1. 毒物对人体的影响

（1）毒物侵入人体的途径

1）食入，通过嘴进入胃部。

2）吸入，通过嘴或鼻子进入肺部。

3）注射，通过伤口进入皮肤。

4）皮肤吸收，通过皮肤隔膜。

毒物通过上述途径侵入人体进入血流，最后被消除，或被输送到目标器官。损害在目标器官处表现出来。对于腐蚀性化学物质，即使不被吸收或通过血液输送，也能对人体造成损害。

毒物侵入途径和相关控制技术方法见表 3—1。

表 3—1　　毒物侵入途径和控制方法

侵入途径	侵入器官	控制方法
食入	嘴或胃	执行吃饭、喝水和吸烟的规章制度
吸入	嘴或鼻子	使用通风、呼吸器、通风橱及其他个人防护设备
注射	皮肤伤口	正确穿着防护服
皮肤吸收	皮肤	正确穿着防护服

（2）毒物对人体的影响

一些毒物对人体的影响见表 3—2。不同的个体对相同剂量的毒物有不同的反应。这些差异是由年龄、性别、体重、饮食、健康及其他因素造成的。例如，刺激性蒸气对人眼睛的影响，相同剂量的蒸气，有些人几乎觉察不到刺激性（弱的或低度的反应），而另外一些人将受到严重的刺激（高度反应）。

表 3—2　　毒物对人体的影响

不可恢复的影响	可能或不可能恢复的影响
致癌物质引发癌症、诱导有机体突变的物质引发染色体损害、生殖危害引发生殖系统损害	对皮肤有害的物质影响皮肤、血毒素影响血液、肝毒素影响肝脏、对肾脏有害的物质影响肾脏、毒害神经的物质影响神经系统
致畸剂引发出生缺陷	对呼吸系统有害的物质影响肺

2. 毒性指标及分级

毒性是指某种毒物引起人体损伤的能力。毒性大小一般以毒物引起实验动物某种毒性反应所需的剂量表示。所需剂量越小，其毒性越大。

（1）常用的毒性指标

1）绝对致死量或浓度（LD_{100} 或 LC_{100}）。染毒动物全部死亡的最小剂量或浓度。

2）半数致死量或浓度（LD_{50} 或 LC_{50}）。染毒动物半数死亡的剂量或浓度。来源于动物染毒实验的统计数据。

3）最小致死量或浓度（MLD 或 MLC）。染毒动物中个别动物死亡的剂量或浓度。

4）最大耐受量或浓度（LD_0 或 LC_0）。染毒动物全部存活的最大剂量或浓度。

5）阈剂量（浓度）。引起机体发生某种有害作用的最小剂量（浓度）。不同的反应指标有不同的阈剂量或浓度，如麻醉阈剂量、嗅觉阈浓度等。最小致死量也是阈剂量的一种。

上述各种剂量常用毒物毫克数与动物的每千克体重之比（mg/kg）表示。而浓度常用质量浓度 ρ、1 m^3 空气中的毒物毫克数（mg/m^3）或体积分数 φ 表示。

（2）毒物的急性毒性分级

为便于区分毒物的毒性程度，而采取相应的防护措施，毒物的急性毒性可按 LD_{50} 或 LC_{50} 的数值划分为剧毒、高毒、中等毒、低毒、微毒五类，见表 3—3。

表 3—3　**毒物的急性毒性分级**

毒性分级	小鼠一次经口 $LD_{50}/mg\cdot kg^{-1}$	小鼠吸入 2 h 的 $LC_{50}/mg\cdot m^{-3}$	兔经皮吸收 $LD_{50}/mg\cdot kg^{-1}$
剧毒	<10	<50	<10
高毒	11～100	50～500	11～50
中等毒	101～1 000	501～5 000	51～500
低毒	1 001～10 000	5 001～50 000	501～5 000
微毒	>10 000	>50 000	>5 000

化学物质的吸入毒性不仅取决于其固有毒性，而且与其挥发性密切相关。沸点和闪点低、蒸气压大表明该物质容易挥发、蒸发，在空气中易形成高浓度。如果其固有毒性较大，吸入中毒危险必定很大。即使其固有毒性较小，人处于因该物质大量挥发形成的高浓度环境中，发生中毒的危险性也很大。因此，蒸气压和半数致死浓度是决定化学物质吸入中毒危险性的两个最重要因素。毒理学上以潜在吸入毒性指数 IPIT（index of potential inhalation toxicity）——20℃时饱和蒸气浓度与半数致死浓度的比值来划分吸入中毒危险性。根据 IPIT 指数，可将吸入中毒危险性划分为四个等级，见表 3—4。

表 3—4　**IPIT 数值对应的毒物吸入中毒危险等级和危险程度**

IPIT	危险等级	危险程度	常见化学品举例
<3	4	低度	甲苯二异氰酸酯（TDI）
<30	3	中度	硫酸二甲酯
<300	2	高度	氨、二氯乙烷
>300	1	极度	光气、氯气、一氧化碳、硫化氢、二氧化硫、二氧化氮、氰化氢、砷化氢、氟化氢、三氯化磷、异甲胺、氯甲烷、环氧乙烷、异氰酸甲酯、丙烯腈等

（3）最高容许浓度与阈限值

1）最高容许浓度。最高容许浓度（maximum allowable concentration，MAC）

是指人的工作地点中有害物质在长期多次有代表性的采样测定中，均不应超过的数值，以保证人在经常生产劳动中，不致发生急性和慢性职业危害。

2）阈限值。阈限值（threshold limit value，TLV）是指化学物质在空气中的浓度限值，在该浓度条件下，每日反复暴露的几乎所有工人不致受到有害影响。

（4）职业接触毒物危害程度分级

国家标准《职业性接触毒物危害程度分级》（GB 5044—1985）以急性毒性、急性中毒发病状况、慢性中毒患病状况、慢性中毒后果、致癌性、最高容许浓度六项指标为基础，依据六项指标全面衡量，以多数指标的归属确定危害程度的级别，见表 3—5。

表 3—5　职业性接触毒物危害程度分级

指标		分级			
		Ⅰ	Ⅱ	Ⅲ	Ⅳ
		极度危害	高度危害	中度危害	轻度危害
急性毒性	吸入 $LC_{50}/mg\cdot m^{-3}$	＜200	200～2 000	2 000～20 000	＞20 000
	经皮 $LD_{50}/mg\cdot kg^{-1}$	＜100	100～500	500～2 500	＞2 500
	经口 $LD_{50}/mg\cdot kg^{-1}$	＜25	25～500	500～5 000	＞5 000
急性中毒发病状况		生产中易发生中毒，后果严重	生产中可发生中毒，愈后良好	偶可发生中毒	迄今未见急性中毒，但有急性影响
慢性中毒患病状况		患病率高（＞5%）	患病率较高（＜5%）或症状发生率较高（＞20%）	偶有中毒病例发生或症状发生率较高（＞10%）	无慢性中毒而有慢性影响
慢性中毒后果		脱离接触后，继续进展或不能治愈	脱离接触后，可基本治愈	脱离接触后，可恢复，不致产生严重后果	脱离接触后，自行恢复，无不良后果
致癌性		人体致癌物	可疑人体致癌物	实验动物致癌物	无致癌性
最高容许浓度 $/mg\cdot m^{-3}$		＜0.1	0.1—	1.0—	＞10

第二节　化学品物质及其危险性

用两类危险源理论解释，危险化学品就是系统中存在的、可能发生意外释放的、具有能量或毒性的危险物质，是系统中存在的第一类危险源。

一、危险化学品及其分类

化工生产过程涉及的危险物质（包括原料、辅料、中间体、产品、催化剂等）包含经国家或国际组织认定和尚未认定的危险化学品。危险化学品的认定总是滞后于化学物质的研发，因此危险化学品是化学危险物质的一部分。

我国《危险化学品安全管理条例》（国务院令第 344 号）规定，国家安全生产监督管理局公布的《危险化学品名录（2008 版）》中的化学品是危险化学品。除了已公认不是危险化学品的物质（如纯净食品、水、食盐等）之外，《危险化学品名录（2008 版）》中未列的化学品一般应经实验加以鉴别认定。目前，我国已公布的常用化学品有 4 000 多种。

根据国家标准《化学品分类和危险性公示通则》（GB 13690—2009），危险化学品分为爆炸品、压缩气体和液化气体、易燃液体、易燃固体和自燃物品及遇湿易燃物品、氧化剂和有机过氧化物、有害物品和有毒感染性物品、放射性物品、腐蚀品等八大类。

1. 爆炸品

爆炸品是指在受热、撞击等外界作用下，能发生剧烈化学反应，瞬时产生大量气体和热量，使周围压力急剧上升而发生爆炸的物品；还包括无整体爆炸危险，但具有燃烧、抛射及较小爆炸危险的物品；以及仅产生热、光、音响、烟雾等一种或几种作用的烟火物品。爆炸品按其危险性分为以下五类：

（1）具有整体爆炸危险的物质和物品。

（2）具有抛射危险但无整体爆炸危险的物质和物品。

（3）具有燃烧危险和较小爆炸或较小抛射危险，或两种危险兼有但无整体爆炸危险的物质和物品。

（4）无重大危险的爆炸物质和物品。

（5）非常不敏感的爆炸物质和物品。

2. 压缩气体和液化气体

压缩气体和液化气体是指压缩、液化或加压溶解的气体，其状态条件符合下列两种情况之一者：

（1）临界温度低于或等于 50℃，而蒸气压大于 294 kPa 的压缩或液化气体。

（2）温度在 21.1℃和 54.4℃，压力分别大于 275 kPa 和 715 kPa 的压缩气体，或温度在 37.8℃，蒸气压大于 275 kPa 的液化气体或加压溶解气体。

压缩气体和液化气体按其物理性能可分为易燃气体、不燃气体、有毒气体三类。

3. 易燃液体

易燃液体是指易燃的液体、液体混合物或含有固体物质的液体，但不包括由于其危险特性已列入其他类别的液体。易燃液体按其闪点分为三类：

（1）闪点低于－18℃的低闪点液体。

（2）闪点在－18～23℃之间的中闪点液体。

（3）闪点在 23～61℃之间的高闪点液体。

4. 易燃固体和自燃物品及遇湿易燃物品

（1）易燃固体是指燃点低，对热、撞击、摩擦敏感，易被外部火源点燃、燃烧迅速并能散发出有毒烟雾或有毒气体的固体，但不包括已列入爆炸品的固体。

（2）自燃物品是指自燃点低、在空气中易被氧化、能释放出热量自行燃烧的物品。

（3）遇湿易燃物品是指遇水或受潮时发生剧烈化学反应，释放出大量易燃气体和热量的物品，有些不需要火源即能燃烧或爆炸。

5. 氧化剂和有机过氧化物

（1）氧化剂是指处于高氧化态、具有强氧化性、易分解并释放出氧和热量的物质，氧化剂还包括无机过氧化物。氧化剂本身不燃烧，但由于富氧可以助燃，能够强化可燃物的燃烧。

（2）有机过氧化物是指分子中含有过氧基的有机物，本身易燃、易爆、易分解，对热、振动或摩擦极为敏感。

6. 有害物品和有毒感染性物品

有害物品和有毒感染性物品是指进入人体并累积到一定量后能与体液或器官组织发生生物化学或生物物理作用，扰乱或破坏肌体的正常生理功能，引起器官和系统暂时性或持久性病变，甚至危及生命的物品。

7. 放射性物品

放射性物品是指放射性比活度大于 74 000 Bq/kg 的物品。

8. 腐蚀品

腐蚀品是指能灼伤人体组织、对金属等物品亦能造成损坏的固体或液体，即与皮肤接触在 4 h 内出现可见坏死现象，或温度在 55℃时，对 20 号钢的表面年平均腐蚀速率超过 6.25 mm 的固体或液体。腐蚀品按化学性质可分为酸性腐蚀品、碱性腐蚀品及其他腐蚀品三类。

二、化学物质的危险性

化学物质的危险性参考前欧共体危险品分类可划分为物理危险、生物危险和环境危险。

1. 物理危险

（1）爆炸性危险

爆炸性是指物质或制剂在明火影响下或是比二硝基苯对振动或摩擦更敏感会产生爆炸。该定义取自危险物品运输的国际标准，用二硝基苯作为标准参考基础。迅速而又缺乏控制的能量释放会产生爆炸。释放的能量形式一般是热、光、声和机械振动等。化工爆炸的能源最常见的是化学反应，但是，机械能或原子核能的释放也会引起爆炸。

任何易燃的粉尘、蒸气或气体与空气或其他助燃剂混合，在适当条件下点火都会产生爆炸。能引起爆炸的可燃物质有可燃固体（包括一些金属的粉尘）、易燃液体的蒸气、易燃气体。可燃物质爆炸的三个要素是可燃物质、空气或任何其他助燃剂、火源或高于着火点的温度。

（2）氧化性危险

氧化性是指物质或制剂与其他物质，特别是易燃物质接触产生强放热反应。氧化性物质依据其作用可分为中性的（如臭氧、氧化铅、硝基甲苯等）、碱性的（如高锰酸钾、氧等）、酸性的（如氯酸、硝酸、硫酸等）三种类别。

绝大多数氧化剂都是高毒性化合物。按照其生物作用，有些可称为刺激性气体，如硫酸、氯酸烟雾和过氧化氢等，甚至是窒息性气体，如硝酸烟雾、氯气等。所有刺激性气体，尽管其物理和化学性质不同，直接接触一般都能引起细胞组织表层的炎症。其中一些刺激性气体如硫酸、硝酸和氟气等，可以造成皮肤和黏膜的灼伤。另外一些刺激性气体如过氧化氢，可以引起皮炎。含有铬、锰和铅的氧化性化合物具有特殊的危险，例如，铬（Ⅵ）化合物长期吸入会导致肺癌，锰化合物可以引起中枢神经系统和肺部的严重疾患。

作为氧源的氧化性物质具有助燃作用，而且会增加燃烧强度。由于氧化反应的放热特征，反应热会使接触物质过热，而且各种反应副产物往往比氧化剂本身更具毒性。

(3) 易燃性危险

易燃性危险可以细分为极度易燃性、高度易燃性和易燃性三个危险类别。

1) 极度易燃性。是指闪点低于0℃、沸点低于或等于35℃的物质或制剂具有的特征。例如，乙醚、甲酸乙酯、乙醛就属于这个类别。能满足上述界定的还有其他许多物质，如氢气、甲烷、乙烷、乙烯、丙烯、一氧化碳、环氧乙烷、液化石油气，以及在环境温度下为气态、可形成较宽爆炸极限范围的气体——空气混合物的石油化工产品。

2) 高度易燃性。是指无须能量，与常温空气接触就能变热起火的物质或制剂具有的特征。这个危险类别包括与火源短暂接触就能起火，火源移去后仍能继续燃烧的固体物质或制剂；闪点低于21℃的液体物质或制剂；通常压力下空气中的易燃气体。氢化合物、烷基铝、磷以及多种溶剂都属于这个类别。

3) 易燃性。是指闪点在21～55℃的液体物质或制剂具有的特征。这个类别包括大多数溶剂和许多石油馏分。

2. 生物危险

(1) 毒性危险

毒性危险可造成急性或慢性中毒甚至致死，用试验动物的半致死剂量表征。毒性反应的大小很大程度上取决于物质与生物系统接受部位反应生成的化学键类型。对毒性反应起重要作用的化学键的基本类型是共价键、离子键和氢键，还有范德华(van der Waals) 力。

(2) 腐蚀性和刺激性危险

腐蚀性物质既不代表有共同的结构、化学或反应特征的化学物质的特定种类，也不代表有共同用途的一类物质，而是能够严重损伤活性细胞组织的一类物质。一般腐蚀性物质除具有生物危险外，还能损伤金属、木材等其他物质。

在化工中最具代表性的腐蚀性物质有：酸和酸酐；碱；卤素和含卤盐；卤代烃、卤代有机酸、酯和盐；其他腐蚀性物质，如多硫化氢、2-氯-苯甲醛、肼和过氧化氢等。

刺激性是指物质和制剂与皮肤或黏膜直接、长期或重复接触会引起炎症。刺激性的作用对象不包括无生物。

虽然腐蚀性作用常引起深层损伤结果，而刺激性一般只有浅表特征，但两者之间并没有明确的界线。

(3) 致癌性和致变性危险

致癌性是指一些物质或制剂通过呼吸、饮食或皮肤注射进入人体会诱发癌症或增加癌变危险。1978 年国际癌症研究机构制定的一份文件宣布，有 26 种物质被确认具有致癌性质。随后又有 22 种物质经动物试验被确认能诱发癌变。

在致癌物质领域，由于目前人们对癌变的机理还不甚了解，还不足以建立起符合科学论证的管理网络。但是，对于物质的总毒性，却可以测出一个浓度水平，在此浓度水平之下，物质不再显示出致癌作用。对于有些致癌物质，已经有了剂量—反应的曲线图。这意味着对于所有致癌物质，都有一个足够低但是非零的浓度水平，在此浓度水平之下，有机体的防护机制不允许致癌物质发挥作用。另外，动物试验结果与对人体作用之间的换算目前在科学上还未解决。

致变性是指一些物质或制剂可以诱发生物活性。对于具体物质诱发的生物活性的类型，如细胞的、细菌的、酵母的或更复杂有机体的生物活性，目前还无法确定。致变性又称变异性。受其影响的如果是人或动物的生殖细胞，受害个体的正常功能会有不同程度的变化；如果是躯体细胞，则会诱发癌变。前者称为生物变异，可传至后代；后者称为躯体变异，只影响受害个体的一生。

3. 环境危险

化学物质的环境危险主要是水质污染和空气污染，是指物质或制剂在水和空气中的浓度超过正常量，进而危害人或动物的健康以及植物的生长。

环境危险是一个不易确定的综合概念。环境危险往往是物理化学危险和生物危险的聚结，并通过生物和非生物降解达到平衡。为了评价化学物质对环境的危险，必须进行全面评估，考虑化学物质的固有危险及其处理量、化学物质的最终去向及其散落入环境的程度、化学物质分解产物的性质及其所具有的新陈代谢功能等。

第三节　化工生产过程的安全

化工生产过程就是通过可控的化工反应或物理加工改变物质的化学物理性质的过程。典型的化工生产过程可以分为原料预处理、化学反应、产物分离三个部分（见图 3—1）。一方面，化工生产过程本身存在着危险性；另一方面，化工生产过程生成的新物质又出现了新的危险性。因此，只有确定化工生产的危险等级，认识各种化工生产过程中化工反应和单元操作的危险性质，才能有针对性地采取安全对策措施。

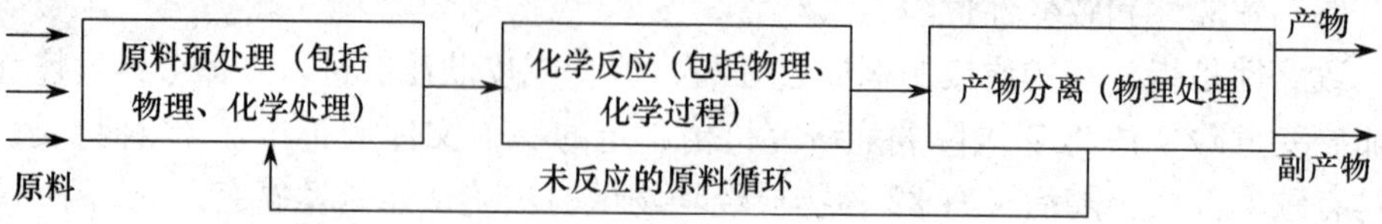

图 3—1　典型的化工生产过程

一、化工生产危险等级

1. 生产场所危险等级

《建筑设计防火规范》根据生产中使用或产生的物质性质及其数量等因素，将生产场所危险等级分为甲、乙、丙、丁、戊五类（见表 3—6）。

表 3—6　　生产场所火灾危险等级

危险等级	火灾危险性的特征
甲	1. 闪点＜28℃的易燃液体 2. 爆炸下限＜10%的可燃液体 3. 常温下能自行分解或在空气中氧化即能导致迅速自燃或爆炸的物质 4. 常温下受到水或空气中水蒸气的作用，能产生可燃气体并引起燃烧或爆炸的物质 5. 遇酸、受热、撞击、摩擦以及遇有机物或硫黄等易燃的无机物，极易引起燃烧或爆炸的强氧化剂 6. 受撞击、摩擦或与氧化剂、有机物接触时能引起燃烧或爆炸的物质 7. 在压力容器内物质本身温度超过自燃点的生产
乙	1. 闪点为 28～60℃的易燃、可燃液体 2. 爆炸下限≥10%的可燃气体 3. 助燃气体和不属于甲类的氧化剂 4. 不属于甲类的化学易燃危险固体 5. 生产中排出浮游状态的可燃纤维或粉尘，并能与空气形成爆炸性混合物
丙	1. 闪点≥60℃的可燃液体 2. 可燃固体

续表

危险等级	火灾危险性的特征
丁	1. 对非燃物质进行加工，并在高热或熔化状态下经常产生辐射热、火花或火焰的生产 2. 利用气体、液体、固体作为燃料，或将气体、液体进行燃烧作其他用的各种生产 3. 常温下使用或加工难燃烧物质的生产
戊	常温下使用或加工非燃物质的生产

2. 储存场所危险等级

《建筑设计防火规范》根据储存物品的性质和储存物品中的可燃物数量等因素，将储存场所危险等级分为甲、乙、丙、丁、戊五类（见表 3—7）。

表 3—7　储存物品的火灾危险性分类

危险等级	储存物品的火灾危险性特征
甲	1. 闪点低于 28℃的液体 2. 爆炸下限小于 10%的气体，以及受到水或空气中水蒸气的作用，能产生爆炸下限小于 10%气体的固体物质 3. 常温下能自行分解或在空气中氧化即能导致迅速自燃或爆炸的物质 4. 常温下受到水或空气中水蒸气的作用能产生可燃气体并引起燃烧或爆炸的物质 5. 遇酸、受热、撞击、摩擦以及遇有机物或硫黄等易燃的无机物，极易引起燃烧或爆炸的强氧化剂 6. 受撞击、摩擦或与氧化剂、有机物接触时能引起燃烧或爆炸的物质
乙	1. 闪点≥28℃，但低于 60℃的液体 2. 爆炸下限≥10%的气体 3. 不属于甲类的氧化剂 4. 不属于甲类的易燃危险固体 5. 助燃气体 6. 常温下与空气接触能缓慢氧化，积热不散引起自燃的物品
丙	1. 闪点≥60℃的液体 2. 可燃固体
丁	难燃烧物品
戊	不燃烧物品

3. 爆炸和火灾危险场所危险等级

为防止电气设备和线路引起火灾爆炸事故，国家标准《爆炸和火灾危险场所电力装置设计规范（试行）》(GBJ 58—83)（已废止）根据事故的可能性和后果，按照危险程度及物质状态的不同，将爆炸和火灾危险场所分为3类8级，替代的国家标准《爆炸和火灾危险环境电力装置设计规范》(GB 50058—92) 仍然保留了这样的分级标准，见表3—8。

1987年12月16日，国家颁布的《中华人民共和国爆炸危险场所电气安全规程（试行）》中规定的爆炸危险场所分为五类：

表3—8　　爆炸和火灾危险场所等级和类别

类别	等级	特　征
有气体或蒸气爆炸性混合物的爆炸危险场所	Q—1级	在正常情况下能形成爆炸性混合物的场所
	Q—2级	在正常情况下不能形成，而仅在不正常情况下（装置或设备的事故损坏、误操作、维护不当等）能形成爆炸性混合物的场所
	Q—3级	在正常情况下整个空间形成爆炸性混合物可能性较小的场所，该场所内爆炸危险物质的量较小，爆炸性混合物的比重轻，很难于积聚，爆炸下限高并有强烈气味而易于发现等
有粉尘或纤维爆炸性混合物的爆炸危险场所	G—1级	在正常情况下能形成爆炸性混合物的场所
	G—2级	在正常情况下不能形成，而仅在不正常情况下能形成爆炸性混合物的场所
火灾危险场所	H—1级	在生产过程中产生、使用、加工、储存或转运闪点高于场所环境温度的可燃液体，其数量和配置上能引起火灾危险的场所
	H—2级	在生产过程中出现的悬浮状、堆积状可燃粉尘或可燃纤维，它们虽然不会形成爆炸性混合物，但在数量和配置上能引起火灾危险的场所
	H—3级	有固体可燃物质并在数量和配置上引起火灾危险的场所

0 级区域（简称 0 区）：在正常情况下，爆炸性气体混合物连续地、短时间频繁出现或长时间存在的场所。

1 级区域（简称 1 区）：在正常情况下，爆炸性气体混合物有可能出现的场所。

2 级区域（简称 2 区）：在正常情况下，爆炸性气体混合物不能出现，仅在不正常情况下偶尔短时间出现的场所。

10 级区域：在正常情况下，爆炸性粉尘或可燃纤维与空气的混合物可能连续地、短时间频繁地出现或长时间存在的场所。

11 级区域：在正常情况下，爆炸性粉尘或可燃纤维与空气的混合物不能出现，仅在正常情况下偶尔短时间出现的场所。

各类危险场所的“正常情况”包括正常的开车、停车、运转（如敞开装料、卸料等），也包括设备和管线正常允许的泄漏情况。“不正常情况”则包括装置损坏、误操作、维护不当及装置的拆卸、检修等。

二、化工反应危险及其安全措施

1. 化工反应类别

不同的化工反应，具有不同的原料、产品、工艺流程、控制参数，其危险性也呈现不同的水平。对危险反应过程的识别，不仅应考虑主反应，还需考虑可能发生的副反应、杂质或杂质积累所引起的反应，以及对构造材料腐蚀产生的腐蚀产物引起的反应等。在化工生产过程中，比较危险的化工反应主要有燃烧、氧化、加氢、还原、聚合、卤化、硝化、烷基化、胺化、芳化、缩合、重氮化、电解、催化裂化、氯化、磺化、酯化、中和、闭环、酰化、酸化、盐析、脱溶、水解、耦合等。

化工反应按其热反应的危险程度增加的次序可分为四类：

（1）第一类化工反应

1）加氢。将氢原子加到双键或三键的两侧。

2）水解。化合物和水反应，如用硫或磷的氧化物生产硫酸或磷酸。

3）异构化。在一个有机物分子中原子重新排列，如直链分子变为支链分子。

4）磺化。通过与硫酸反应将 SO_3H 根导入有机物分子。

5）中和。酸与碱反应生成盐和水。

（2）第二类化工反应

1）烷基化（烃化）。将一个烷基原子团加到一个化合物上形成各种有机化合物。

2）酯化。酸与醇或不饱和烃反应，当酸是强活性物料时，危险性增加。

3）氧化。某些物质与氧化合，反应控制在不生成CO_2及H_2O的阶段，采用强氧化剂如氯酸盐、酸、次氯酸及其盐时，危险性较大。

4）聚合。分子连接在一起形成链或其他连接方式。

5）缩聚。连接两种或更多的有机物分子，析出水、HCl或其他化合物。

（3）第三类化工反应

卤化等。将卤族原子（氟、氯、溴或碘）引入有机分子。

（4）第四类化工反应

硝化等。用硝基取代有机化合物中的氢原子。

2. 典型化工反应的安全措施

（1）氧化反应

1）氧化反应的主要危险性

①氧化反应需要加热，同时绝大多数反应又是放热反应，因此，反应热如不及时移去，将会造成反应失控，甚至发生爆炸。

②氧化反应中被氧化的物质大部分是易燃、易爆物质，例如，在乙烯氧化制取环氧乙烷、甲醇氧化制取甲醛、甲苯氧化制取苯甲酸的氧化反应中，乙烯是可燃气体，甲苯和甲醇是易燃液体。

③氧化反应中的有些氧化剂本身是强氧化剂，如高锰酸钾、氯酸钾、过氧化氢、过氧化苯甲酰等，具有很大的危险性，如受高温、撞击、摩擦或与有机物、酸类接触，易引起燃烧或爆炸。

④许多氧化反应是易燃、易爆物质与空气或氧气反应，反应投料比接近爆炸极限，如果物料配比或反应温度控制不当，极易发生燃烧爆炸。

⑤氧化反应的产品也具有燃烧、爆炸危险性。如环氧乙烷、36.7%的甲醛水溶液等。

⑥某些氧化反应能生成过氧化物副产物，它们的稳定性差，遇高温或受撞击、摩擦易分解，造成燃烧或爆炸。如乙醛氧化制取醋酸过程中生成过醋酸。

2）氧化反应过程的安全措施

①在氧化反应中，一定要严格控制氧化剂的投料比，当以空气或氧气为氧化剂时，反应投料比应严格控制在爆炸范围以外。

②氧化剂的加料速度不宜过快，防止多加、错加。反应过程应有良好的搅拌和冷却装置，严格控制反应温度、流量，防止超温、超压。

③防止因设备、物料含有杂质而为氧化剂提供催化剂。例如，有些氧化剂遇金属杂质会引起分解。空气进入反应器前一定要净化，除掉灰尘、水分、油污等杂

质，减少着火和爆炸的危险。

④反应器和管道上应安装阻火器，以阻止火焰蔓延，防止回火。接触器应有泄压装置，并尽可能采用自动控制、报警联锁装置。

(2) 还原反应

1) 还原反应的主要危险性

①许多还原反应都是在氢气存在条件下，并在高温、高压下进行，如果因操作失误或设备缺陷发生氢气泄漏，极易发生爆炸。

②还原反应中使用的催化剂，如雷内镍、钯碳等，在空气中吸湿后有自燃危险，在没有点火源存在的条件下，也能使氢气和空气的混合物引燃。

③还原反应中使用的固体还原剂，如保险粉、氢化铝锂、硼氢化钾等，都是遇湿易燃危险品。

④还原反应的中间体，特别是硝基化合物还原反应的中间体，也有一定的火灾危险。例如，邻硝基苯甲醚还原为邻氨基苯甲醚过程中，产生150℃下可自燃的氧化偶氮苯甲醚。苯胺在生产过程中如果反应条件控制不好，可生成爆炸危险性很大的环己胺。

⑤高温、高压下的氢对金属有渗碳作用，易造成氢腐蚀。

2) 还原反应过程的安全措施

①操作过程中一定要严格控制温度、压力、流量等各种反应参数和反应条件。

②注意催化剂的正确使用和处置。雷内镍、钯碳等催化剂平时不能暴露在空气中，要浸在酒精里。反应前必须用氮气置换反应器内的全部空气，经测定确认氧含量符合要求后，方可通入氢气。反应结束后，应先用氮气把氢气置换掉，才可出料，以免空气与反应器内的氢气混合，在催化剂自燃的情况下发生爆炸。

③注意还原剂的正确使用和处置。例如，氢化铝锂应浸没在煤油中储存。使用时应先用氮气置换干净，在氮气保护下投料和反应。

④设备和管道的选材要符合要求，并定期检测，以防止因氢腐蚀造成事故。

⑤车间内的电气设备必须符合防爆要求，厂房通风要好，且应采用轻质屋顶，设置天窗或风帽，使氢气易于逸出，尾气排放管要高出屋脊2 m以上并设阻火器。

(3) 硝化反应

有机化合物分子中引入硝基取代氢原子而生成硝基化合物的反应，称为硝化。用硝酸根取代有机化合物中的羟基的化学反应，则是另一种类型的硝化反应，产物称为硝酸酯。硝化反应是生产染料、药物及某些炸药的重要反应。

硝化反应过程常用的硝化剂是浓硝酸或浓硝酸与浓硫酸配制的混合酸。此外，硝酸盐和氧化氮也可做硝化剂。一般的硝化反应是先把硝酸和硫酸配制成混酸，然后在严格控制温度的条件下将混酸滴入反应器，进行硝化反应。

1）硝化反应的主要危险性

①硝化反应是放热反应，温度越高，硝化反应的速度越快，放出的热量越多，极易造成温度失控而爆炸。

②被硝化的物质大多为易燃物质，有的兼具毒性，如苯、甲苯、脱脂棉等，使用或储存不当时，易造成火灾。

③混酸具有强烈的氧化性和腐蚀性，与有机物特别是不饱和有机物接触即能引起燃烧。硝化反应的腐蚀性很强，会导致设备的强烈腐蚀。混酸在制备时，若温度过高或落入少量水，会促使硝酸的大量分解，引起突沸冲料或爆炸。

④硝化产品大都具有火灾、爆炸危险性，尤其是多硝基化合物和硝酸酯，受热、摩擦、撞击或接触点火源，极易爆炸或着火。

2）硝化反应过程的安全措施

①制备混酸时，应严格控制温度和酸的配比，并保证充分搅拌和冷却条件，严防因温度猛升而造成冲料或爆炸。不能把未经稀释的浓硫酸与硝酸混合。稀释浓硫酸时，不可将水注入硫酸中。

②必须严格防止混酸与纸、棉、布、稻草等有机物接触，避免因强烈氧化而发生燃烧爆炸。

③应仔细配制反应混合物并除去其中易氧化的组分，不得有油类、酐类、甘油、醇类等有机物杂质，含水也不能过高。否则，此类杂质与酸作用易引发爆炸事故。

④硝化反应过程应严格控制加料速度，控制硝化反应温度。硝化反应器应有良好的搅拌和冷却装置，不得中途停水断电及搅拌系统发生故障。硝化器应安装严格的温度自动调节、报警及自动联锁装置，当出现超温或搅拌故障时，能自动报警并停止加料。硝化器应设有泄爆管和紧急排放系统，一旦温度失控，紧急排放到安全地点。

⑤处理硝化产物时，应格外小心，避免摩擦、撞击、高温、日晒，不能接触明火、酸、碱等。管道堵塞时，应用蒸汽加温疏通，不得用金属棒敲打或明火加热。

⑥要注意设备和管道的防腐，确保严密不漏。

（4）聚合反应

由低分子单体合成聚合物的反应称为聚合反应。聚合反应的类型很多，按聚合物单体元素组成和结构的不同，分为加成聚合和缩合聚合两大类。聚合反应在工业上的应用十分广泛，如聚氯乙烯、聚乙烯、聚丙烯等塑料，聚丁二烯、顺丁、丁腈等橡胶以及尼龙纤维等，都是通过小分子单体聚合的方法得到的。

1）聚合反应的主要危险性

①聚合反应中使用的单体、溶剂、引发剂、催化剂等大多是易燃、易爆物质，使用或储存不当时，易造成火灾、爆炸。如聚乙烯的单体乙烯是可燃气体，顺丁橡胶生产中的溶剂苯是易燃液体，引发剂金属钠是遇湿易燃危险品。

②许多聚合反应在高压条件下进行，单体在压缩过程中或在高压系统中易泄漏，发生火灾、爆炸。例如，乙烯在 130～300 MPa 的压力下聚合合成聚乙烯。

③聚合反应中加入的引发剂都是化学活性很强的过氧化物，一旦配料比控制不当，容易引起爆聚，反应器压力骤增易引起爆炸。

④聚合物分子量高，黏度大，聚合反应热不易导出，一旦遇到停水、停电、搅拌故障时，容易挂壁和堵塞，造成局部过热或反应釜飞温，发生爆炸。

2）聚合反应过程的安全措施

①应设置可燃气体检测报警器，一旦发现设备、管道有可燃气体泄漏，将自动停车。

②反应釜的搅拌和温度应有检测和联锁装置，发现异常能自动停止进料。

③高压分离系统应设置爆破片、导爆管，并有良好的静电接地系统，一旦出现异常，及时泄压。

④要加强对催化剂、引发剂等储存、运输、调配、注入等工序的严格管理。

⑤注意防止爆聚现象。

⑥注意防止粘壁和堵塞现象。

（5）裂化反应

裂化有时又称为裂解，是指有机化合物在高温下分子发生分解的反应过程。例如，石油产品的裂化主要是以重油为原料，在加热、加压或催化剂作用下，分子量较大的烃类发生分解反应生成分子量较小的烃类，再经分馏而得到裂化气、汽油、煤油和残油等产品。裂化反应可分为热裂化、催化裂化、加氢裂化三种类型。

1）热裂化。热裂化在加热和加压下进行，根据所用压力的不同分为高压热裂化和低压热裂化。产品有裂化气体、汽油、煤油、残油和石油焦。热裂化装置的主要设备有管式加热炉、分馏塔、反应塔等。

①热裂化反应的主要危险性。热裂化反应在高温、高压下进行，装置内的油品温度一般超过其自燃点，漏出会立即着火。热裂化反应过程产生大量的裂化气，如泄漏会形成爆炸性气体混合物，遇加热炉等明火，会发生爆炸。

②热裂化反应过程的安全措施

a. 要严格遵守操作规程，严格控制温度和压力。

b. 由于热裂化的管式炉经常在高温下运转，要采用高镍铬合金钢制造。裂解炉炉体应设有防爆门，备有蒸汽吹扫管线和其他灭火管线，以防炉体爆炸和用于应急灭火。设置紧急放空管和放空罐，以防止因阀门不严或设备漏气造成事故。

c. 设备系统应有完善的消除静电和避雷措施。高压容器、分离塔等设备均应安装安全阀和事故放空装置。低压系统和高压系统之间应有止逆阀。配备固定的氮气装置、蒸汽灭火装置。

d. 应备有双路电源和水源，保证高温裂解气直接喷水急冷时的用水用电，防止烧坏设备。发现停水或气压大于水压时，要紧急放空。

e. 应注意检查、维修、除焦，避免炉管结焦，使加热炉效率下降，出现局部过热，甚至烧穿。

2）催化裂化。催化裂化在高温和催化剂的作用下进行，用于由重油生产轻油的工艺。催化裂解装置主要由反应再生系统、分馏系统、吸收稳定系统组成。

①催化裂化反应的主要危险性。催化裂化反应在160～520℃的高温和0.1～0.2 MPa的压力下进行，火灾、爆炸的危险性也较大。操作不当时，再生器内的空气和火焰可进入反应器引起恶性爆炸事故。U形管上的小设备和阀门较多，易漏油着火。裂化反应过程中会产生易燃的裂化气。活化催化剂不正常时，可能出现可燃的一氧化碳气体。

②催化裂化反应过程的安全措施

a. 保持反应器与再生器压差的稳定，是催化裂化反应中最重要的安全问题。

b. 分馏系统要保持塔底油浆经常循环，防止催化剂从油气管线进入分馏塔，造成塔盘堵塞。要防止回流过多或太少造成的憋压和冲塔现象。

c. 再生器应防止稀相层发生二次燃烧，损坏设备。

d. 应备有单独的供水系统。降温循环水应充足，同时应注意防止冷却水量突然增大，因急冷损坏设备。

e. 关键设备应备有两路以上的供电。

3）加氢裂化。加氢裂化是在催化剂及氢存在条件下，使重质油发生催化裂化反应，同时伴有烃类加氢、异构化等反应，从而转化为质量较好的汽油、煤油和柴油等轻质油的过程。加氢裂化是20世纪60年代发展起来的新工艺。加氢裂化装置类型很多，按反应器中催化剂放置方式的不同，可分为固定床、沸腾床等。

①加氢裂化反应的主要危险性。加氢裂化反应在高温、高压下进行，且需要大量氢气，一旦油品和氢气泄漏，极易发生火灾或爆炸。加氢是强烈的放热反应。氢气在高压下与钢接触，钢材内的碳易被氢气夺走，强度降低，产生氢脆。

②加氢裂化反应过程的安全措施

a. 要加强对设备的检查，定期更换管道、设备，防止氢脆造成事故。

b. 加热炉要平稳操作，防止局部过热，防止炉管烧穿。

c. 反应器必须通冷氢以控制温度。

三、单元操作危险及其安全措施

化工单元操作是在化工生产中具有共同的物理变化特点的基本操作，是由各种化工生产操作概括得来的。化工单元操作主要有：流体流动过程，包括流体输送、过滤，固体流态化等；传热过程，包括热传导、蒸发、冷凝等；传质过程，即物质的传递，包括气体吸收、蒸馏、萃取、吸附、干燥等；热力过程，即温度和压力变化的过程，包括液化、冷冻等；机械过程，包括固体输送、粉碎、筛分等。化工单元操作涉及泵、换热器、反应器、搅拌器、蒸发器以及存储容器等一系列设备。

1. 常见的化工单元操作的危险性

化工单元操作的危险性主要由所处理物料的危险性所决定。其中，处理易燃物料或含有不稳定物质物料的单元操作的危险性最大。在进行危险单元操作时，除了要根据物料理化性质采取必要的安全措施外，还要特别注意以下情况的产生：

（1）防止易燃气体物料形成爆炸性混合体系

处理易燃气体物料时要防止与空气或其他氧化剂形成爆炸性混合体系。特别是负压状态下的操作，要防止空气进入系统而形成系统内爆炸性混合体系。同时，也要注意在正压状态下易燃气体物料泄漏与环境空气混合，形成系统外爆炸性混合体系。

（2）防止易燃固体或可燃固体物料形成爆炸性粉尘混合体系

在处理易燃固体或可燃固体物料时，要防止形成爆炸性粉尘混合体系。

（3）防止不稳定物质的积聚或浓缩

处理含有不稳定物质的物料时，要防止不稳定物质的积聚或浓缩。在蒸馏、过滤、蒸发、过筛、萃取、结晶、再循环、旋转、回流、凝结、搅拌、升温等单元操作过程中，有可能使不稳定物质发生积聚或浓缩，进而产生危险。

1）不稳定物质减压蒸馏时，若温度超过某一极限值，有可能发生分解爆炸。

2）粉末过筛时容易产生静电，而干燥的不稳定物质过筛时，微细粉末飞扬，可能在某些地区积聚而发生危险。

3）反应物料循环使用时，可能造成不稳定物质的积聚而使危险性增大。

4）反应液静置中，以不稳定物质为主的相，可能分离而形成分层积聚。不分层时，所含不稳定的物质也有可能在局部地点相对集中。在搅拌含有有机过氧化物等不稳定物质的反应混合物时，如果搅拌停止而处于静置状态，那么，所含不稳定物质的溶液就黏附在壁上，若溶剂蒸发了，不稳定物质就会被浓缩，从而能引起自燃。

5）在大型设备里进行反应，如果含有回流操作，危险物在回流操作中有可能被浓缩。

6）在不稳定物质的合成反应中，搅拌是个重要因素。在采用间歇式的反应操作过程中，化学反应速度很快。大多数情况下，加料速度与设备的冷却能力是相适应的，这时反应是扩散控制，应使加入的物料马上反应掉。如果搅拌能力差，反应速度慢，加进的原料过剩，未反应的部分就会积蓄在反应系统中，若再强力搅拌，所积存的物料一齐反应，就会使体系的温度上升，从而造成反应无法控制。一般的原则是搅拌停止时应停止加料。

7）在对含不稳定物质的物料升温时，控制不当有可能引起突发性反应或热爆炸。如果在低温下将两种能发生放热反应的液体混合，然后再升温引起反应将是特别危险的。在生产过程中，一般将一种液体保持在能起反应的温度下，边搅拌边加入另一种物料。

2. 典型单元操作的安全措施

（1）非均相分离

化工生产中的原料、半成品、排放的废物等大多为混合物，为了进行加工，得到纯度较高的产品以及环保的需要等，常常要对混合物进行分离。混合物可分为均相（混合）物系和非均相（混合）物系。非均相物系中，有一相处于分散状态，称为分散相，如雾中的小水滴、烟尘中的尘粒、悬浮液中的固体颗粒、乳浊液中分散成小液滴的液相；另一相处于连续状态，称为连续相（或分散介质），如雾和烟尘中的气相、悬浮液中的液相、乳浊液中处于连续状态的液相。从有毒有害物质处理的角度，非均相分离过程就是这些物质的净化过程、吸收过程或浓缩分离过程。工业生产中多采用机械方法对两相进行分离，常见的有沉降分离、过滤分离、静电分离和湿洗分离等。此外，还有音波除尘和热除尘等方法。这里重点强调过滤分离的安全措施。

过滤分离的安全措施是：

1）若加压过滤时能散发易燃、易爆、有害气体，则应采用密闭过滤机，并应用压缩空气或惰性气体保持压力。取滤渣时，应先释放压力。

2）在存在火灾、爆炸危险的工艺中，不宜采用离心过滤机，宜采用转鼓式或带式真空过滤机。如必须采用离心过滤机，应严格控制电动机安装质量，安装限速装置，不要选择临界速度操作。

3）离心过滤机应注意选材和焊接质量，转鼓、外壳、盖子及底座等应采用韧性金属制造。

（2）加热

加热在化工生产过程中的应用主要有创造并维持化学反应需要的温度条件、创造并维持单元操作过程需要的温度条件、热能综合和回收、隔热与限热等。

加热过程危险性较大。加热方法一般有蒸汽或热水加热、载热体加热以及电加热等。

加热过程的安全措施是：

1）采用水蒸气或热水加热时，应定期检查蒸汽夹套和管道的耐压强度，并应装设压力计和安全阀。与水会发生反应的物料，不宜采用水蒸气或热水加热。

2）采用充油夹套加热时，需将加热炉门与反应设备用砖墙隔绝，或将加热炉设于车间外面。油循环系统应严格密闭，防止热油泄漏。

3）为了提高电感加热设备的安全可靠程度，可采用较大截面的导线，以防过负荷；采用防潮、防腐蚀、耐高温的绝缘，增加绝缘层厚度，添加绝缘保护层等措施。电感应线圈应密封起来，防止与可燃物接触。

4）电加热器的电炉丝与被加热设备的器壁之间应有良好的绝缘，以防短路引起电火花，将器壁击穿，使设备内的易燃物质或漏出的气体和蒸气发生燃烧或爆炸。在加热或烘干易燃物质，以及受热能挥发可燃气体或蒸气的物质，应采用封闭式电加热器。电加热器不能安放在易燃物质附近。导线的负荷能力应能满足加热器的要求，应采用插头向插座上连接方式。工业上用的电加热器，在任何情况下都要设置单独的电路，并要安装合适的熔断器。

5）在采用直接用火加热工艺时，加热炉门与加热设备间应用砖墙完全隔离，避免厂房内存在明火。加热锅内残渣应经常清除，以免局部过热引起锅底破裂。以煤粉为燃料时，料斗应保持一定存量，不许倒空，避免空气进入，防止煤粉爆炸；制粉系统应安装爆破片。以气体、液体为燃料时，点火前应吹扫炉膛，排除积存的爆炸性混合气体，防止点火时发生爆炸。当加热温度接近或超过物料的自燃点时，应采用惰性气体保护。

（3）蒸馏

化工生产中常常要将混合物进行分离，以实现产品的提纯和回收或原料的精制。对于均相液体混合物，最常用的分离方法是蒸馏。实现混合液的高纯度分离的蒸馏操作，又称为精馏。

蒸馏过程的安全措施是：

在常压蒸馏中应注意易燃液体的蒸馏热源不能采用明火，而采用水蒸气或过热水蒸气加热较安全。蒸馏腐蚀性液体，应防止塔壁、塔盘腐蚀，造成易燃液体或蒸气逸出，遇明火或灼热的炉壁而产生燃烧。蒸馏自燃点很低的液体，应注意蒸馏系统的密闭，防止因高温泄漏遇空气自燃。对于高温的蒸馏系统，应防止冷却水突然漏入塔内，这将会使水迅速汽化，塔内压力突然增高而将物料冲出或发生爆炸。启动前应将塔内和蒸汽管道内的冷凝水放空，然后使用。在常压蒸馏过程中，还应注意防止管道、阀门被凝固点较高的物质凝结堵塞，导致塔内压力升高而引起爆炸。在用直接火加热蒸馏高沸点物料时（如苯二甲酸酐），应防止产生自燃点很低的树脂油状物遇空气而自燃。同时，应防止蒸干，使残渣焦化结垢，引起局部过热而着火爆炸。油焦和残渣应经常清除。冷凝系统的冷却水或冷冻盐水不能中断，否则未冷凝的易燃蒸气逸出使局部吸收系统温度增高，或窜出遇明火而引燃。

真空蒸馏（减压蒸馏）是一种比较安全的蒸馏方法。对于沸点较高、在高温下蒸馏时能引起分解、爆炸和聚合的物质，采用真空蒸馏较为合适。如硝基甲苯在高温下分解爆炸、苯乙烯在高温下易聚合，类似这类物质的蒸馏必须采用真空蒸馏的方法，以降低流体的沸点，降低蒸馏的温度，确保其安全。

（4）气体吸收与解吸

气体吸收按溶质与溶剂是否发生显著的化学反应，可分为物理吸收和化学吸收；按被吸收组分的不同，可分为单组分吸收和多组分吸收；按吸收体系（主要是液相）的温度是否显著变化，可分为等温吸收和非等温吸收。在选择吸收剂时，应注意溶解度、选择性、挥发度、黏度。工业生产中使用的吸收塔的主要类型有板式塔、填料塔、湍球塔、喷洒塔和喷射式吸收器等。

解吸又称脱吸，是脱除吸收剂中已被吸收的溶质，而使溶质从液相逸出到气相的过程。在生产中解吸过程用来获得所需较纯的气体溶质，使溶剂得以再生，返回吸收塔循环使用。工业上常采用的解吸方法有加热解吸、减压解吸、在惰性气体中解吸、精馏方法等。

气体吸收与解吸时，应根据吸收剂的溶解度、选择性、挥发度、黏度，恰当选择吸收剂，保证吸收与解吸的效果，防止设备堵塞、腐蚀以及有害气体的泄漏。

（5）干燥

干燥按其热量供给湿物料的方式，可分为传导干燥、对流干燥、辐射干燥和介电加热干燥；按操作压强可分为常压干燥和减压干燥；按操作方式可分为间歇式干燥与连续式干燥。常用的干燥设备有箱式干燥器、转筒干燥器、气流干燥器、沸腾床干燥器、喷雾干燥器等。

干燥过程的安全措施是：

1）当干燥物料中含有自燃点很低或含有其他有害杂质时，必须在烘干前彻底清除掉，干燥室内也不得放置容易自燃的物质。

2）干燥室与生产车间应用防火墙隔绝，并安装良好的通风设备，电气设备应防爆或将开关安装在室外。在干燥室或干燥箱内操作时，应防止可燃的干燥物直接接触热源，以免引起燃烧。

3）干燥易燃易爆物质，应采用蒸汽加热的真空干燥箱，当烘干结束后，去除真空时，一定要等到温度降低后才能放进空气；对易燃易爆物质采用流速较大的热空气干燥时，排气用的设备和电动机应采用防爆装置；在用电烘箱烘烤能够蒸发易燃蒸气的物质时，电炉丝应完全封闭，箱上应加防爆门；利用烟道气直接加热可燃物时，在滚筒或干燥器上应安装防爆片，以防烟道气混入一氧化碳而引起爆炸。

4）间歇式干燥，物料大部分靠人力输送，热源采用热空气自然循环或鼓风机强制循环，温度较难控制，易造成局部过热，引起物料分解造成火灾或爆炸。因此，在干燥过程中应严格控制温度。

5）在采用洞道式、滚筒式干燥器干燥时，要防止机械伤害。在气流干燥、喷雾干燥、沸腾床干燥以及滚筒式干燥中，多以烟道气、热空气为干燥热源。

6）干燥过程中所产生的易燃气体和粉尘同空气混合易达到爆炸极限。在气流干燥中，物料由于迅速运动相互激烈碰撞、摩擦易产生静电；在滚筒干燥过程中，刮刀有时和滚筒壁摩擦产生火花，因此，应该严格控制干燥气流风速，并将设备接地；对于滚筒干燥，应适当调整刮刀与筒壁间隙，并将刮刀牢牢固定，或采用有色金属材料制造刮刀，以防产生火花。用烟道气加热的滚筒式干燥器，应注意加热均匀，不可断料，滚筒不可中途停止运转。斗口有断料或停转应切断烟道气并通氮。干燥设备上应安装爆破片。

（6）蒸发

蒸发按其采用的压力可以为常压蒸发、加压蒸发和减压燕发（真空蒸发），按蒸发所需热量的利用次数可分为单效蒸发和多效蒸发。

蒸发过程的安全措施是：

1）蒸发器的选择应考虑蒸发溶液的性质，如溶液的黏度、发泡性、腐蚀性、热敏性，以及是否容易结垢、结晶等。

2）在蒸发操作中，管内壁出现结垢现象是不可避免的，尤其当处理易结晶和腐蚀性物料时，使传热量下降。在这些蒸发操作中，一方面，应定期停车清洗、除垢；另一方面，应改进蒸发器的结构，如把蒸发器的加热管加工光滑些，使污垢不易生成，即使生成也易清洗，提高溶液循环的速度，从而降低污垢生成的速度。

（7）结晶

结晶是固体物质以晶体状态从蒸气、溶液或熔融物中析出的过程。结晶是一个重要的化工单元操作，主要用于制备产品与中间产品、获得高纯度的纯净固体物料。

结晶过程常采用搅拌装置，搅动液体使之发生某种方式的循环流动，从而使物料混合均匀或促使物理、化学过程加速操作。

结晶过程的安全措施是：

1）当结晶设备内存在易燃液体蒸气和空气的爆炸性混合物时，要防止产生静电，避免火灾和爆炸事故的发生。

2）避免搅拌轴的填料函漏油，因为填料函中的油漏入反应器会发生危险。例如，硝化反应时，反应器内有浓硝酸，如有润滑油漏入，则油在浓硝酸的作用下氧化发热，使反应物料温度升高，可能发生冲料和燃烧爆炸。当反应器内有强氧化剂存在时，也有类似危险。因此，要防止漏油。

3）对于危险易燃物料，不得中途停止搅拌。因为搅拌停止时，物料不能充分混匀，反应不良，且大量积聚；而当搅拌恢复时，则大量未反应的物料迅速混合，反应剧烈，往往造成冲料，有燃烧、爆炸危险。如因故障而导致搅拌停止时，应立即停止加料，迅速冷却；恢复搅拌时，必须待温度平稳、反应正常后方可续加料，恢复正常操作。

4）搅拌器应定期维修，严防搅拌器断落造成物料混合不匀，最后突然反应而发生猛烈冲料，甚至爆炸起火。搅拌器应有足够的机械强度，以防止因变形而与反应器器壁摩擦造成事故。

（8）萃取

萃取是利用物质在两种不互溶（或微溶）溶剂中溶解度或分配比的不同来达到分离、提取或纯化目的的单元操作。萃取的设备有填料萃取塔、筛板萃取塔、转盘萃取塔、往复振动筛板塔和脉冲萃取塔。萃取设备的主要功能是能为两液相提供充分混合与充分分离的条件，使两液相之间具有很大的接触面积。

萃取过程的安全措施是：

萃取剂的选择性、物理性质（密度、界面张力、黏度）、化学性质（稳定性、热稳定性和抗氧化稳定性）、萃取剂回收的难易既决定了萃取效果，也直接影响萃取过程的危险性。萃取剂的毒性、易燃性、易爆性是选择萃取操作时需要特别考虑的问题。

（9）制冷

制冷包括冷却、冷凝和冷冻。冷却与冷凝的主要区别在于被冷却的物料是否发生相的改变，若发生相变则成为冷凝，否则，为冷却。冷却、冷凝操作在化工生产中十分重要，它不仅涉及生产，而且也严重影响防火安全，反应设备和物料由于未能及时得到应有的冷却或冷凝，常是导致火灾、爆炸的原因。在工业生产过程中，蒸气、气体的液化，某些组分的低温分离，以及某些物品的输送、储藏等，常需将物料降到比水或周围空气更低的温度，这种操作称为冷冻。冷冻操作的实质是利用冷冻剂自身通过压缩—冷却—蒸发（或节流、膨胀）的循环过程，不断地由被冷冻物体取出热量（一般通过冷载体盐水溶液传递热量），并传给高温物质（水或空气），以使被冷冻物体温度降低。一般说来，冷冻程度与冷冻操作技术有关，凡冷冻范围在－100℃以内的称为冷冻；而冷冻范围在－200～－100℃或更低的，则称为深度冷冻。

1）冷却及冷凝过程的安全措施

①应根据被冷却物料的温度、压力、理化性质以及所要求冷却的工艺条件，正确选用冷却设备和冷却剂。忌水物料的冷却不宜采用水做冷却剂，应采取特别措施。

②应严格注意冷却设备的密闭性，防止物料进入冷却剂中或冷却剂进入物料中。

③冷却操作过程中，冷却介质不能中断，否则会造成积热，使反应异常，系统温度、压力升高，引起火灾或爆炸。因此，冷却介质温度控制最好采用自动调节装置。

④开车前，首先应清除冷凝器中的积液；开车时，应先通入冷却介质，然后通入高温物料；停车时，应先停物料，后停冷却系统。

⑤为保证不凝可燃气体安全排空，可充氮进行保护。

⑥高凝固点物料冷却后易变得黏稠或凝固，在冷却时要注意控制温度，防止物料卡住搅拌器或堵塞设备及管道。

2）冷冻过程的安全措施

①对于制冷系统的压缩机、冷凝器、蒸发器以及管路系统，应注意耐压等级和气密性，防止设备、管路产生裂纹、泄漏。此外，应加强压力表、安全阀等的检查和维护。

②对于低温部分，应注意其低温材质的选择，防止低温脆裂发生。

③当制冷系统发生事故或紧急停车时，应注意被冷冻物料的排空处置。

④对于氨压缩机，应采用不发火花的电气设备；压缩机应选用低温下不冻结且不与制冷剂发生化学反应的润滑油，且油分离器应设于室外。

⑤注意冷载体盐水系统的防腐蚀。

（10）筛分及过滤

1）筛分。在工业生产中，为满足生产工艺的要求，常常需将固体原料、产品进行筛选，以选取符合工艺要求的粒度，这一操作过程称为筛分。筛分分为人工筛分和机械筛分。筛分所用的设备称为筛子，通过筛网孔眼控制物料的粒度。筛子按筛网的形状不同可分为转动式和平板式两类。

筛分过程的安全措施是：

在筛分可燃物时，应采取防碰撞打火和消除静电措施，防止因碰撞和静电引起粉尘爆炸和火灾事故。

2）过滤。过滤是使悬浮液在重力、真空、加压及离心的作用下，通过细孔物体，将固体悬浮微粒截留进行分离的操作。过滤按操作方法可分为间歇过滤和连续过滤两种，按推动力可分为重力过滤、加压过滤、真空过滤和离心过滤。过滤采用的设备为过滤机。

过滤过程的安全措施是：

过滤操作时，应特别注意对设备电气部分和转动部分的屏蔽和保护，防止人身伤亡事故的发生。

（11）物料输送

在工业生产过程中，经常需要将各种原材料、中间体、产品以及副产品和废弃物从一个地方输送到另一个地方，这些输送过程就是物料输送。在现代化工业企业中，物料输送是借助于各种机械输送设备实现的。由于所输送的物料形态不同（块状、粉态、液态、气态等），所采取的输送设备也各异。

1）液态物料输送。液态物料可借其位能沿管道向低处输送。而将其由低处输往高处或由一地输往另一地（水平输送），或由低压处输往高压处，以及为保证一定流量克服阻力所需要的压头，则需要依靠泵来完成。泵的种类较多，通常有往复泵、离心泵、旋转泵、流体作用泵等。

液态物料输送的安全措施是：

①输送易燃液体宜采用蒸气往复泵。如采用离心泵，则泵的叶轮应采用有色金属制造，以防撞击产生火花。设备和管道均应有良好的接地，以防静电引起火灾。由于采用虹吸和自流的输送方法较为安全，故应优先选择。

②对于易燃液体，不可采用压缩空气压送，因为空气与易燃液体蒸气混合，可形成爆炸性混合物，且有产生静电的可能。对于闪点很低的可燃液体，应用氮气或二氧化碳等惰性气体压送。闪点较高及沸点在 130℃以上的可燃液体，如有良好的接地装置，可用空气压送。

③临时输送可燃液体的泵和管道（胶管）连接处必须紧密、牢固，以免输送过程中管道受压脱落漏料而引起火灾。

④用各种泵输送可燃液体时，其管道内流速不应超过安全速度，且管道应有可靠的接地措施，以防静电聚集。同时，要避免吸入口产生负压，以防空气进入系统导致爆炸或抽瘪设备。

2）气态物料输送。气态物料的输送采用压缩机。按气体的运动方式，压缩机可分为往复压缩机和旋转压缩机两类。

气态物料输送的安全措施是：

①输送液化可燃气体宜采用液环泵。但在抽送或压送可燃气体时，进气入口应该保持一定余压，以免造成负压吸入空气形成爆炸性混合物。

②为避免压缩机汽缸、储气罐以及输送管路因压力增高而引起爆炸，要求这些部分要有足够的强度。此外，要安装经核验准确可靠的压力表和安全阀（或爆破片）。安全阀泄压应将危险气体导至安全的地点。还可安装压力超高报警器、自动调节装置或压力超高自动停车装置等。

③压缩机在运行中不能中断润滑油和冷却水，并注意冷却水不能进入汽缸，以防发生水锤。

④气体抽送、压缩设备上的垫圈易损坏漏气，应注意经常检查和及时换修。

⑤压送特殊气体的压缩机，应根据所压送气体物料的化学性质，采取相应的防火措施。如乙炔压缩机同乙炔接触的部件不允许用铜来制造，以防产生具有爆炸危险的乙炔铜。

⑥可燃气体的管道应经常保持正压，并根据实际需要安装逆止阀、水封和阻火器等安全装置，管内流速不应过高。管道应有良好的接地装置，以防静电聚集放电引起火灾。

⑦可燃气体和易燃蒸气的抽送、压缩设备的电动机部分，应为符合防爆等级要求的电气设备，否则，应穿墙隔离设置。

⑧当输送可燃气体的管道着火时，应及时采取灭火措施。管径在 150 mm 以下的管道，着火时一般可直接关闭闸阀熄火；管径在 150 mm 以上的管道着火时，不可直接关闭闸阀熄火，应采取逐渐降低气压，通入大量水蒸气或氮气灭火的措施。但气体压力不得低于 50～100 Pa。严禁突然关闭闸阀或水封，以防回火爆炸。当着火管道被烧红时，不得用水骤然冷却。

第四节　化工火灾爆炸事故预防

一、化工火灾爆炸的规律

1. 化工火灾爆炸的特点

（1）燃烧速度快，火势发展猛烈

物质的燃烧速度是指在单位时间和单位体积内燃烧所消耗的可燃物的量。化工火灾，燃烧的物质多为危险化学品，其燃烧速度相当快。物质的燃烧速度越快，单位时间内释放的热量越多，加热未燃部分表面积越大，温升也越快。因而，邻近的未燃部分达到引燃的时间越短，火焰瞬间扩展的范围越大，火势也越猛烈。此外，化工装置多采用露天、半露天形式，发生火灾时的空气流通良好，也促使火势发展猛烈。

（2）火焰温度高，辐射热强

单位质量或单位体积的可燃物质在完全燃烧时所释放出的热量称为燃烧热值。可燃物的热值越大，火场上燃烧温度越高，火焰辐射热越强。化工原料、中间体和产品燃烧时释放出的热量多，火场上能形成很高的温度和强烈的热辐射。化工火灾的强烈辐射能使火场周围的温度升高，引起火势的蔓延和扩大，使扑救人员难以靠近，严重影响灭火行动。

（3）容易形成立体燃烧

多层厂房的气体扩散、液体流散火，以及装置设备的爆炸等，均能引起立体燃烧。其燃烧类型一般有两种情况：一是层叠式竖向布置的多层厂房室内外立体火灾，通常是由于设备、产品、原料着火引起建筑厂房的燃烧；二是高大设备及配管系统的立体火灾，常发生在露天、半露天的装置区内，易流动扩散形成大面积火灾。

（4）容易形成大面积燃烧

化工企业火灾发展蔓延速度快，加上装置占地面积大、建筑与设备毗连、生产连续性强，极易形成大面积火灾。

在大型企业的露天、半露天装置区，由于燃烧时发生连锁反应，而造成大面积火灾。例如，可燃气体储罐火灾，储罐破裂，气体向外扩散，扩散的面积越大，形成的火灾面积也越大；可燃液体储罐区火灾，常伴随储罐的爆炸，可燃液体的流散，而发生大面积火灾。重质油或含水分的油品罐着火燃烧时，还可能发生沸溢和喷溅，燃烧的油品大量外溢，甚至从罐内猛烈喷出，形成巨大的火柱，可高达70～80 m，火柱顺风向喷射距离可达120 m左右，不仅容易造成扑救人员的伤亡，而且由于火场辐射热大量增加，还会引燃邻近罐，使火灾扩大。

（5）爆炸危险性大

在化工企业火灾中，时常有物理性爆炸和化学性爆炸交织发生，形成连锁式爆炸。有时是先发生物理性爆炸，容器内可燃性气体、可燃蒸气冲出后遇引火源引起化学性爆炸；有时是先发生化学性爆炸，在冲击波或高温高压作用下发生设备容器的物理性爆炸；有时是物理性与化学性爆炸交替进行。这种类型的爆炸，往往发生在大型石油化工企业的装置群火灾中，具有较大的破坏力。

（6）容易引起连锁事故

扑救化工火灾时，因指挥失误和灭火措施不当，熄灭的火灾还会复燃、复爆。灭火后的储罐、容器、设备、管道的壁温过高，如不继续进行冷却，会重新引起油品、物料的燃烧。灭火后，燃烧区的压力设备仍然继续升温升压，而造成复爆。可燃气体、易燃液体在灭火后未切断气源、液源，会继续扩散、流淌，遇引火源而发生复燃、复爆。

（7）火灾爆炸中毒事故多

化工生产中物料、产品的易燃易爆毒害性，工艺流程的复杂性，操作条件的苛刻性以及设备布置的密集性，决定了化工火灾爆炸中毒事故发生概率比其他行业高。我国20余年的统计资料表明，化工火灾爆炸事故的死亡人数占因工死亡总人数的13.8%，居第一位；中毒窒息事故的致死人数占死亡总数的12%，居第二位。

（8）火灾爆炸损失严重

化工火灾爆炸造成的经济损失和人员伤亡比其他行业高，爆炸并发生火灾所造成的损失约是单一发生爆炸损失的几十倍，火灾爆炸导致的机械设备与原材料损失高于建筑物的损失。化工火灾爆炸除了造成直接经济损失外，还会造成停车、停产、修复等带来的间接损失。

（9）火灾扑救困难

化工企业的生产特点与火灾爆炸特点决定了其初期火灾得不到很好的控制，导致大面积或立体火灾爆炸发生，燃烧物质、产物的毒害作用导致火灾扑救难度大，参与灭火救援任务的人力物力多。目前国内化工火灾案例中，数百名消防指战员、数百辆消防车、数百吨灭火剂参与灭火战斗的案例屡见不鲜。

2. 化工火灾爆炸的原因分析

根据大量事故案例的分析研究，化工企业发生火灾爆炸事故的主要原因是：

（1）缺乏消防知识

1983年8月3日下午17时40分，彭家三兄弟受上海某无线电厂的委托，担负清除嘉定桃浦某村一座旧砖窑浸渍绝缘清漆用的漆篮子上漆垢的任务。他们把一只只漆篮子堆放在一座旧砖窑内，同时把两桶废清漆和一桶柴油浇洒在漆篮子上，然后又把麦柴塞进漆篮子的空隙处。18时20分一切准备就绪，彭某扎了一捆麦柴引火，然后把点燃的麦柴朝窑洞内一扔，当即“轰”的一声，窑洞内发生了爆炸，火焰从洞口猛喷出来，正在窑洞口的3人都被烈火烧伤，致1人死亡。事故的原因是，废清漆中含有70%的苯、二甲苯等溶剂，闪点均低于25℃，属一级易燃物品。彭家三兄弟根本没有消防知识，加上当时正逢酷暑，气温高达32℃，旧砖窑内通风条件又很差，浇洒上废清漆后，溶剂迅速蒸发，在洞内与空气混合，形成爆炸性混合物，一遇明火就发生爆燃。

（2）消防安全制度不健全

1981年6月17日，浙江某化肥厂碳化车间氨水槽，未对稀氨水槽进行隔绝、清洗和置换，便让焊工去作业，致使焊接火花引燃窜入槽内的氢气而发生爆炸，付出了2人死亡、2人轻伤的惨重代价。又如，某农药厂“三氯化磷”生产工人操作时通氯气过量，又补加黄磷后引起剧烈反应，产生高温高压而导致三氯化磷突然爆炸，造成2人死亡、3人受伤的严重爆炸事故。

（3）不严格执行安全制度

1990年5月22日凌晨2时34分，上海某针织厂针织车间突然大火熊熊，顷刻之间，1 500 m^2的厂房变成一片废墟，82台机器设备被烧毁，数十吨棉纱成品化为灰烬。直接经济损失达150万元。200余名消防人员奋战38分钟，才将这场特大火灾扑灭，确保了与该厂毗邻的儿童艺术剧场、工艺品商店及家用电器调换处仓库免遭火灾的侵袭。根据调查，这起特大火灾的起因在于一只小小的配电板。当时，针织车间的配电板受潮漏电，产生电火花而引燃了周围的花绒，酿成了这场火灾。

（4）违反安全操作规程

1988年4月12日上午9时28分，上海某船厂修理一艘巴拿马籍“东方世寅”轮。铜工朱某等人在机舱割换燃油管，违章动用明火切割法兰连接用的螺栓。在切割过程中明火引燃橡塑管外壁包扎物，随即用水浇灭后继续切割，引起管内轻柴油外溢起火，浇水无效，火势迅速扩大，烟气呛人。工人慌忙向机舱上层奔去，但机舱出口已被关闭，人被熏昏倒地。直到上午10时5分才救出2名现场施工工人，经急救无效，1人死亡，1人重伤。经过事故调查分析，认定造成这起事故的重要原因是铜工在施工时违章明火切割机舱内燃油管法兰连接螺栓，引起燃油管内大量轻柴油起火所致。

（5）设备缺陷

1979年12月18日，吉林市某液化石油厂发生重大恶性爆炸火灾事故。大火持续烧了23小时，死亡32人，伤54人，使这个耗资600万元，投产仅两年的企业付之一炬，还使周围48家工厂停产，间接经济损失达89万元。其原因主要是由于球罐的安装焊接质量不良，发生脆性断裂，罐内的液化石油气以气态、液态同时向外喷出，造成了这次严重的恶性事故。

（6）工艺设计缺陷

1989年8月11日3时5分，某染料化工厂发生爆炸，事故造成1人死亡，2人重伤，11人轻伤，810 m^2厂房倒塌，重约200 kg的上盖飞出140 m，下翻将水泥地打成直径约3 m、中心深度约2 m的大坑。造成这次事故的主要原因是：该厂8号和9号密闭过滤器之间只用一只球形阀连接。由于这只阀有渗漏，8号密闭过滤器含有83%的硝酸液体，经球形阀渗漏到9号密闭过滤器内，造成硝酸与甲醇直接相遇，引起剧烈反应而爆炸。

3. 化工火灾爆炸事故过程

（1）火灾事故过程

化工火灾事故的发展主要有以下几个过程：

1）“酝酿”期。可燃物在热的作用下蒸发，析出气烟和没有火焰的暗燃。

2）“发展”期。火苗蹿起，火势迅速扩大。

3）“全盛”期。火焰包围可燃材料，燃烧面积达到最大限度，释放出强大的辐射热，温度升高，对流加剧。

4）“衰灭”期。可燃物质燃尽，或可燃物质减少，或灭火措施见效，因而渐渐衰弱至熄灭。

因此，防火和灭火的技术要点是：监视“酝酿”期的征兆，严格控制火源；正确设计防火墙；对易燃物进行科学管理，以阻止火焰的蔓延；组织精干的消防队伍，配备实用的消防器材，尽早扑灭，以减少损失。

（2）爆炸事故过程

可燃混合物的爆炸虽然发生于顷刻之间，但大体上还是有个发展过程，一般包括下述三个过程：

1）可燃物与氧化剂相互扩散、均匀混合而形成爆炸性混合物，混合物遇到火源，燃烧开始。

2）由于连锁反应过程的发展，使爆炸范围扩大和爆炸威力升级。

3）完成化学反应，爆炸造成灾害性破坏。

因此，扑救的基本要点是：根据爆炸过程的特点，阻止第一过程的出现，即控制爆炸性混合物的形成和控制火源，使爆炸性混合物不会被连续点燃；限制第二过程的发展，如燃爆一开始就及时泄出压力，或切断爆炸传播途径，或破坏燃烧成爆炸的条件等；对第三过程的危害进行防护，即减弱爆炸压力和冲击波对人员的伤害，以及对设备、厂房和邻近建筑物的破坏。

二、化工火灾爆炸的监测

加强火灾爆炸监测是早期发现火情、有效预防火灾爆炸事故的有效措施。

1. 安全指示装置

安全指示装置是通过标尺、仪表、显示器等测量、显示化工生产过程中的压力、流量、温度、液位等运行组态参数值的各种部件、仪器和设备。安全指示装置使操作者能随时观察了解系统的状态，以便及时控制和处理异常情况。

在生产过程中，对安全指示装置中用于测量系统参数的部件、仪表，往往采用按换能次数来定性的称呼，能量转换一次的称为一次仪表，转换两次的称为二次仪表。以热电偶测量温度为例，热电偶本身将热能转换成电能，故称为一次仪表，若再将电能用电位计（或毫伏计）转换成指针移动的机械能时，进行第二次能量转换就称为二次仪表。换能的次数超过两次的往往都按两次称呼，如孔板测量流量，孔板本身为一次仪表，差压变送器没有称呼，而指示仪表则称为二次仪表。

2. 安全报警装置

安全报警装置是通过声、光等信息提醒人们注意火灾爆炸事故正在形成或即将发生的部件或设备。主要有感温报警器、感烟报警器、测爆仪等。

由于安全报警装置不能自动排除火险和火情，因此，应当在设置报警装置的同时、同处设置相应的自动消除火险状态的保险装置。例如，氨氧化反应是在氨和空气混合爆炸极限的边缘进行的，在气体输送管路上应当安装保险装置，以便在紧急情况下中断气体的输入。在反应过程中，若空气的压力过低可能使混合气体中氨的浓度提高而达到爆炸下限，如若发生这种情况，保险装置应能自动切断电源，系统中只允许空气流过，氨气中断，从而防止爆炸事故的发生。

3. 火警监听电话

工业企业（尤其是石油化工企业）发生火灾时，往往要从生产角度采取某些措施。特别是工艺装置火灾，必须由岗位操作人员与消防人员配合，采取切断物料等措施才能有效地扑灭初起火灾，防止其灾害扩大，故生产调度中心应设监听火警电话。

4. 安全监控系统

随着计算机技术的普及，许多高危化工企业都配置了具有在本地和远程同时实施监控功能的安全监控系统。根据生产系统危险程度的不同，这类系统有的是与生产过程控制系统共享（称为 DCS——distributed control system 系统），有的则是独立于生产过程控制系统（称为 ESD——emergency shutdown system 系统）的。

三、防火防爆设施

正确选择防火防爆设施是消除火险、限制火势与爆炸蔓延的关键措施。主要包括阻火装置、泄压装置等。

1. 阻火装置

阻火装置的作用是防止火焰窜入设备、容器与管道内，或阻止火焰在设备和管道内扩展。安全液封、阻火器和导向阀是通用的阻火装置。

（1）安全液封

安全液封阻火的基本原理是由液体封在气体进出口之间，当液封两侧的任何一侧着火，火焰都将在液封底熄灭，从而阻止了火焰蔓延。安全液封一般装在压力低于 19.61 kPa 的气体管线与生产设备之间。水封是安全液封的一种，设置在可燃气体、易燃液体蒸气或油污的污水管网上。其作用是，来自气体发生器或气柜的可燃气体，经水封进入生产设备中，若在安全水封两侧的一侧着火，火焰至水封即被熄灭，从而阻止火势的蔓延。常用的安全液封有敞开式和封闭式两种。如图 3—2、图 3—3 所示。

安全液封的可靠性与罐内的液位有直接的关系，液位应根据设备内不同的压力保持一定的高度，否则起不到安全液封作用。因此，运行中要经常检查液位高度，寒冷地区为防止液封冻结，可通入蒸汽，也可加入适量甘油、矿物油或三甲酚磷酸酯等，或用食盐、氯化钙的水溶液等作为防冻液。

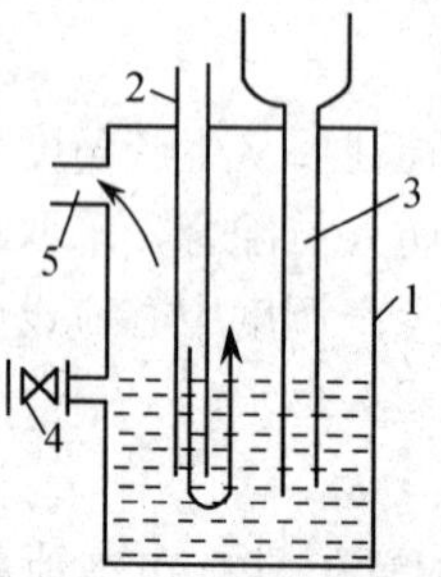

图 3—2　敞开式液封

1—外壳　2—进气管　3—安全管

4—验水栓　5—气体出口

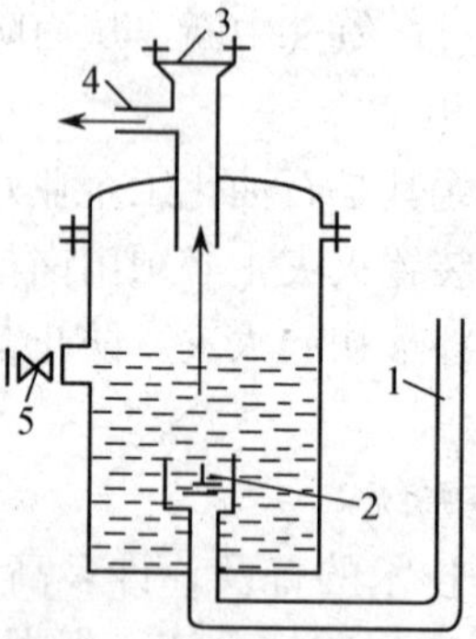

图 3—3　封闭式液封

1—气体进口　2—单向阀　3—防爆膜

4—气体出口　5—验水栓

（2）水封井

水封井的阻火原理与安全液封相同，也是安全液封的一种，设置在石油化工企业的所有存在可燃气体、易燃可燃液体蒸气或可燃液体的污水管网上。水封井内的水封高度不能低于 250 mm，如图 3—4 和图 3—5 所示。

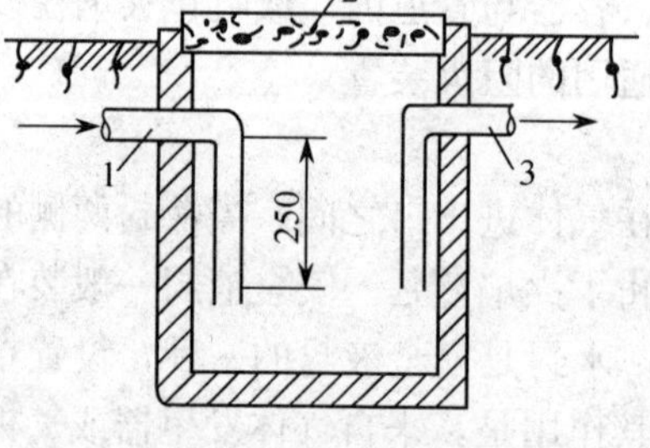

图 3—4　水封井

1—污水进口　2—井盖　3—污水出口

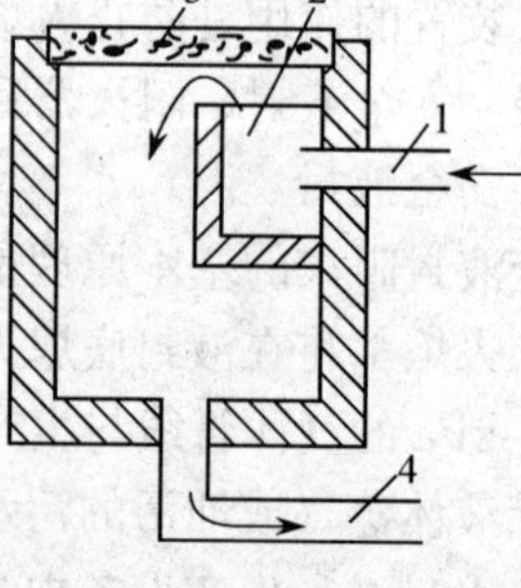

图 3—5　增修溢水槽

1—污水进口管　2—增修的溢水槽

3—井盖　4—污水出口管

(3) 阻火器

阻火器是利用管子直径或流通孔隙减小到某一程度，火焰就不能蔓延的原理制成的。管子直径减小，气体通过时冷却作用程度增加。根据这一规律，假如在管路上连接一个内装金属网或砾石的圆筒，则可以阻止火焰从圆筒的一侧蔓延到另一侧，这就是阻火器。阻火器常用在容易引起火灾爆炸的高热设备和输送可燃液体、易燃液体蒸气的管线之间，以及可燃气体、易燃液体的排气管上。

影响阻火器性能的因素是阻火器的厚度以及孔隙和通道的大小。某些气体和蒸气阻火器孔的临界直径如下：甲烷为 0.4～0.5 mm，氢气及乙炔为 0.1～0.2 mm，汽油及天然石油气为 0.1～0.2 mm。金属网阻火器如图 3—6 所示，它是用若干具有一定孔径的金属网把空间分隔成许多小孔隙。一般有机溶剂采用四层金属网可阻止火焰扩展。

阻止二硫化碳火焰的扩展最困难，应采用砾石阻火器。砾石阻火器如图 3—7 所示，是用沙粒、卵石或铁屑、铜屑等作为填料，也可用玻璃球或小型的陶土球形填料、金属环、小管径玻璃和金属管束等作为填料。这些填料将阻火器内的空间分隔成许多非直线性小孔隙，使得该种阻火器阻火效果比金属网阻火器好。砾石直径一般为3～4 mm。在直径为 150 mm 的管内，100 mm 厚的砾石层可防止各种溶剂的火焰蔓延，但阻止二硫化碳的火焰需 200 mm 厚的砾石层。

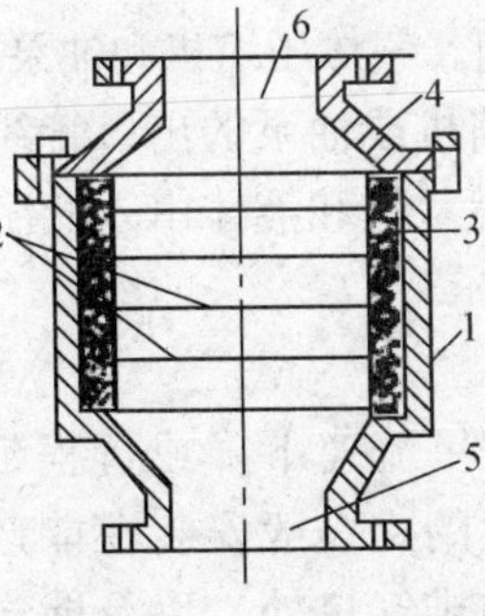

图 3—6　金属网阻火器

1—外壳　2—金属网　3—垫圈

4—上盖　5—进口　6—出口

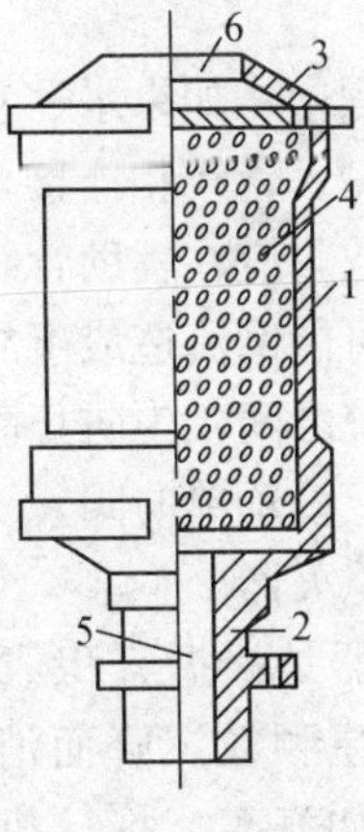

图 3—7　砾石阻火器

1—外壳　2—下盖　3—上盖

4—沙粒　5—进口　6—出口

阻火器的内径大小和外壳长度，是根据安装阻火器的管道的直径来确定的，阻火器内径一般为安装阻火器的管道直径的 4 倍。阻火器的内径大小和外壳长度与管道直径的关系见表 3—9。

表 3—9　阻火器的内径大小和外壳长度与管道直径的关系　mm

管道直径	阻火器内径	阻火器外壳长度		管道直径	阻火器内径	阻火器外壳长度	
		波纹金属片式	砾石式			波纹金属片式	砾石式
12	50	100	200	50	200	250	350
20	80	130	230	65	250	300	400
25	100	150	250	75	300	350	450
38	150	200	300	100	400	450	500

（4）单向阀

单向阀亦称止逆阀、止回阀。它的作用是只允许液体向一定的方向流动，遇有回流时即自动关闭，可防止在事故中由高压窜入低压引起管道、容器、设备爆裂。在可燃气体管线上作为防止回火的安全装置，如液化石油气的气瓶上的调压阀就是单向阀的一种。

在生产过程中，如果水、水蒸气、空气等辅助管线与可燃气体、可燃和易燃液体的设备、机械、管线相连接，且在生产中连续使用，为防止在不正常的条件下可能倒流造成事故，应在辅助管线上设置单向阀。气体压缩机和油泵在停电、停气和不正常条件下可能倒流造成事故，故应在压缩机或油泵的出口管线上设置单向阀。在高、低压系统之间，为防止高压系统的可燃气体和液体窜入低压系统造成事故，应在低压系统上设置单向阀。

（5）火星熄灭器

火星熄灭器是根据容积或行程改变，火星流速下降或行程延长而自行冷却熄灭，以使火星颗粒沉降而消除的原理设置的。一般安装在能产生火星的设备的排放部位，如汽车、拖拉机等机动车辆的排气口处，以及能产生飞火的烟囱等处。

火星熄灭器一般安装在产生火花（星）设备的排空系统上，以防飞出的火星引燃周围的易燃物料。火星熄灭器的种类很多，结构各不相同，大致可分为以下几种形式：

1）降压减速。使带有火星的烟气由小容积进入大容积，造成压力降低，气流减慢。

2）改变方向。设置障碍改变气流方向，使火星沉降，如旋风分离器。

3）网孔过滤。设置网格、叶轮等，将较大的火星挡住或将火星分散开，以加速火星的熄灭。

4）冷却。用喷水或蒸汽熄灭火星，如锅炉烟囱（使用鼓风机送风的烟囱）常用。

（6）阻火闸门

阻火闸门是为防止火焰沿通风管道或生产管道蔓延而设置的。跌落式自动阻火闸门在正常情况下，受易熔金属元件的控制而处于开启状态，一旦温度升高（火焰），易熔金属被熔断，闸门靠本身质量的作用自动跌落，关闭管道。

2. 泄压装置

泄压装置是防火防爆的重要安全装置，泄压装置的组成部分如下：

（1）安全阀

安全阀可防止设备和容器内压力过高发生爆炸。当高压设备和容器内的压力升高超过一定限度可能造成事故时，安全阀即自动开启，泄出部分气体，使压力降低至安全范围内，再自动关闭，从而实现设备和容器压力的自动控制，防止设备和容器破裂爆炸。安全阀按其结构和作用原理可分为静重式、杠杆式和弹簧式等，目前多用弹簧式安全阀。弹簧式安全阀是利用气体压力与弹簧压力之间的压力差的变化，自动开启或关闭。弹簧的压力由调节螺栓来调节。

为使安全阀经常保持灵敏有效，应定期做排气试验。为防止排气管、阀体及弹簧等被气流中的灰渣、黏性杂质及其他脏物堵塞、黏结，应经常检查是否漏气或不停地排气等，并及时检修。安全阀漏气的原因一般是密封面被腐蚀或磨损而产生凹坑沟痕，阀芯与阀座的同心度由于安装不正确或其他原因而被破坏，以及装配质量不高等。

设置安全阀时应注意下列几点：

1）液化可燃气体容器上的安全阀应安装于气相部位，防止排出液态物料，发生事故。

2）安全阀用于泄放可燃易燃液体时，宜将排泄管接入事故储槽、污油罐或其他容器；用于泄放高温油气或可燃易燃液体遇空气可能立即着火的，宜接入密闭系统的放空塔或事故储槽。

3）一般安全阀出口可以就地放空。为保护人身安全，放空口宜高出邻近操作人员 1 m 以上，且放空口不宜朝向 15 m 以内的明火地点、火花散发地点及热油设备。室内蒸馏塔、可燃气体压缩机的安全阀放空口宜引出房顶，并高出房顶 2 m 以上。

4）当安全阀的入口处安装有隔断阀时，隔断阀应保持常开状态。

（2）防爆片

防爆片的工作原理是根据爆炸发展过程的特点，在设备或容器的适当部位设置一定大小面积的脆性材料（如铝箔片）。当发生事故时，这些薄弱环节在较小的爆炸压力作用下，遭受到破坏，立即将大量气体释放出去，爆炸压力也就很难再继续升高，从而保住设备或容器的主体，避免设备或容器遭受更大的损坏和在场生产人员的更大伤亡。这种安全装置称为防爆片（亦称泄压膜、卸压孔、防爆膜等）。防爆片的安全可靠性取决于防爆片的质量、厚度和泄压面积，防爆片的材料有石棉板、垫料、铝、铜等。

铝质或铜质防爆片的计算公式如下：

$$p = KS/D$$

式中　p——爆破片爆破时压力，Pa；

S——爆破片厚度，cm；

D——爆破孔直径，cm；

K——常数，铜为（0.12～0.15）$\times 10^{-3}$，铝为（0.32～0.4）$\times 10^{-3}$。

将 K 值代入公式，则得出下列计算铜、铝防爆片厚度的公式：

铜：$S=$（0.12～0.13）$\times$0.001 pD

铝：$S=$（0.32～0.4）$\times$0.001 1 pD

计算时对退火充分和厚度较薄的铜、铝可取下限值。

应当指出，防爆片的可靠性必须经过爆炸试验测定。铸铁防爆片破裂时，能够产生火花，因此，采用铝片或铜片较安全。在有腐蚀性物料的设备或容器上安装防爆片时，为了防止腐蚀，可在防爆片上涂一层聚四氟乙烯。凡有重大爆炸危险性的设备、容器及管道，都应安装防爆片。

防爆片一般安装在设备、容器的顶部。对于室内设备，为防止防爆片破裂后大量可燃易燃物充入室内空间，扩大火灾爆炸事故，可在安装防爆片的孔上接装排气管（放空管），该管直通至室外安全地点。如果设备装置是连续性生产，容器上可安装两个防爆片和气管，并分别安上闸门。平时一个闸门开启，另一闸门关闭。当防爆片爆破时，立即关闭一个闸门，开启另一个闸门，可以继续生产。气体导管上的防爆片应装在导管尽头及弯头处，在防爆片上，应再安装保护罩，以免防爆片破裂时，碎片飞出伤人。

（3）防爆帽和易熔塞

防爆帽和易熔塞的安全泄漏释放量都比较小。防爆帽主要安装在各类压缩气体钢瓶上，易熔塞则安装在由于温度升高而发生爆炸危险的小型压力容器上，通常为一次性使用元件。

（4）防爆门（窗）

防爆门（窗）通常设置在燃油、燃气和燃烧煤粉的燃烧室外壁上，以防燃烧室发生爆燃或爆炸时设备遭到破坏。防爆门（窗）的面积一般不小于 0.025 m^2/m^3。防爆门（窗）宜设置在不易伤人的位置，高度最好不小于 2 m。

（5）排气管

排气管可及时将增压设备内的气体排放掉，进而达到安全泄压的目的。一般可燃气体、液体的生产设备、输送管道均应设置排气管，含有可燃气体、液体的下水管道的水封井及最高处的检查井上部也应设置排气管。排气管的管径不宜小于 100 mm；排气管出口应高出地面 2.5 m 以上，且排气管端 3 m 半径范围内不许存在操作平台、空气冷却器等；距明火、散发火花地点应有 15 m 以上的安全距离；排放后可能立即燃烧的可燃气体，应经冷却后再送入排气管；排放后可能携带液滴的可燃气体，应经分液罐分液后送入放空系统或火炬；安全阀、防爆片等大量泄放可燃气体的排气管，应接至火炬系统或密闭放空系统。

四、控制可燃物积聚

在生产过程中，避免可燃物泄漏和积聚形成爆炸性混合物，通常采用的技术有设备密闭、加强通风、惰性介质保护、严格清洗或置换、严格控制投料及用不燃或难燃物料取代可燃物料等。

1. 设备密闭

因设备密闭不良而跑、冒、滴、漏出的可燃物质，可使附近环境空气达到爆炸下限。同样的道理，如果空气渗入设备，也可能使设备内部达到爆炸上限，形成爆炸性混合物，所以，设备必须密闭。为了保证设备的密闭性，通常应采取如下措施：

（1）正确选择连接方法

由于焊接连接在强度和密封性能上效果都比较好，所以，要求可燃气体、液化烃、可燃液体的金属管道的连接均应采用焊接连接。高黏度、易黏结的聚合物浆液和悬浮物等易堵塞的管道，凝固点高的液体石蜡、沥青、硫黄等管道，以及停工检修需拆卸的管道可采用法兰连接。由于直径小于或等于 25 mm 的上述管道焊接强度不佳，且易将焊渣落入管内引起管道堵塞，故应采取承插焊管件连接，或采用锥管螺纹连接。但采用锥管螺纹连接时，对有强腐蚀性介质，尤其是含氟化氢等易产生缝隙腐蚀性介质的管道，不得在螺纹处施以密封焊，否则一旦泄漏，后果不堪设想。

（2）正确选择密封垫圈

密封垫圈应根据工艺温度、压力和介质的性质选用，一般工艺可采用石棉橡胶垫圈；在高温、高压和强腐蚀性介质中，宜采用聚四氟乙烯等耐腐蚀塑料或金属垫圈。目前许多机泵改成端面机械密封，防漏效果较好，应优先选用。如果采用填料密封仍达不到要求时，可加水封和油封。

（3）严格检漏、试漏

设备系统投产使用前或大修后开车前，应对设备进行验收。验收时，必须根据压力计的读数用水压试验检查其密闭性，测定其是否漏气并分析空气。此外，可于接缝处涂抹肥皂液进行充气检验，如发现起泡，即为渗漏。亦可根据设备内物质的特性，采取相应的试漏办法，如设备内有氯气和盐酸气，可用氨水在设备各部试熏，产生白烟处即为漏点；如果设备内系酸性或碱性气体，可利用 pH 试纸试漏。

（4）正确选择操作条件

物质爆炸极限与温度、压力有关，即爆炸浓度范围随原始温度、压力的增大而变宽，反之亦然。因此，可以在爆炸极限之外（大于上限或小于下限），选择安全操作的温度和压力：

1）安全操作温度的选择。消除形成爆炸浓度极限的温度有两个：一是低于闪点或爆炸下限的温度，二是高于闪点或爆炸上限的温度。如何确定其安全操作温度，应当根据物料的性质和设备条件而定。

2）安全操作压力的选择。在温度不变的条件下，安全操作的压力亦有两个：一是高于爆炸上限的压力，二是低于爆炸下限的压力。由于负压生产不仅可以降低可燃物在设备中的浓度，而且还可以避免蒸气从不严密处逸散和防止蒸气从微隙中冲出而带静电，故对溶剂一般选择常压或负压操作。但对于某些工艺，压力太低也不好，如煤气导管中的压力应略高于大气压，若压力降低，就有空气渗入，可能会发生爆炸。通常可设置压力报警器，在设备内压力失常时报警。

（5）加强日常检查维修

在平时要注意检查、维修、保养设备，如发现配件、填料破损要及时维修或更换，及时紧固松弛的法兰螺栓，以切实减少和消除泄漏现象。

2. 厂房通风

要使设备达到绝对密闭是很难办到的，而且生产过程中有时会挥发出某些可燃性物质，因此，为保证车间的安全，使可燃气体、蒸气或粉尘达不到爆炸浓度范围，采取通风是行之有效的技术措施。通风可分为自然通风和机械通风（也称强制通风）两类，其中，机械通风又可分为排风和送风，其防火要求是：

（1）正确设置通风口的位置

比空气轻的可燃气体和蒸气的排风口应设在室内建筑的上部，比空气重的可燃气体的排风口应设在下部。

（2）合理选择通风方式

通风方式一般宜采取自然通风，当自然通风不能满足要求时应采取机械通风。如木工车间、喷漆工房（或部位）、油漆厂的过滤、调漆工段、汽油洗涤工房等都应配备强有力的机械通风设施；高压聚乙烯生产的乙烯压缩机房等，都应有一定的通风设施。对机械通风系统的鼓风机的叶片应采用碰击时不会产生火花的材料来制作，通风管内应设有防火遮板，当一处失火时能迅速遮断管路，避免波及他处。

散发可燃气体或蒸气的场所内的空气不可再循环使用，其排风和送风设施应设独立的通风室；散发有可燃粉尘或可燃纤维的生产厂房内的空气，需要循环使用时应经过净化处理。

3. 严格清洗或置换

对于加工、输送、储存可燃气体的设备、容器和管路、机泵等，在使用前必须用惰性气体置换设备内的空气，否则，原来留在设备内的空气便会与可燃气体形成爆炸性混合物。在停车前也应用同样方法置换设备内的可燃气体，以防空气进入形成爆炸性混合物。特别是在检修中可能使用明火或其他着火源时，设备内的可燃气体或易燃蒸气，必须经置换并分析合格才能进行检修。对于盛放过易燃液体的桶、罐或其他容器，动火焊补前，必须用水蒸气或水将其中残余的液体及沉淀物彻底清洗干净并分析合格。置换、清洗和动火分析均应符合动火管理的有关要求，并严格操作规程。

4. 惰性介质保护

用惰性介质保护是防止形成爆炸混合物的重要措施，这对防火防爆有很大实际意义。工业生产中常用的惰性气体有氮气、二氧化碳、水蒸气及烟道气等。惰性介质保护防火技术常在以下几种场合使用：

（1）易燃固体的粉碎、筛选处理及粉末输送时，一般用惰性气体覆盖保护。

（2）在处理（包括开工、停工、动火等）易燃、易爆物料的系统时作为置换使用。

（3）易燃液体利用惰性气体充压输送，如油漆厂的热炼车间，油料由反应釜反应完毕后用二氧化碳气体压送到兑稀罐等。表3—10列出了20℃及101.325 kPa条件下的可燃混合物用惰性气体稀释后不发生爆炸时氧的最大安全浓度。

表3—10　可燃混合物用惰性气体稀释后不发生爆炸时氧的最大安全浓度　%

可燃物质	氧的最大安全浓度		可燃物质	氧的最大安全浓度	
	CO_2作稀释剂	N_2作稀释剂		CO_2作稀释剂	N_2作稀释剂
甲烷	14.6	12.1	丁二烯	13.9	10.4
乙烷	13.4	11.0	氢	5.9	5.0
丙烷	14.3	11.4	一氧化碳	5.9	5.6
丁烷	14.5	12.1	丙酮	15	13.5
戊烷	14.4	12.1	苯	13.9	11.2
己烷	14.5	11.9	煤粉	16	
汽油	14.4	11.6	麦粉	12	
乙烯	11.7	10.0	硬橡胶粉	13	
丙烯	14.1	11.5	硫	11	

（4）在有爆炸危险的场所，对有可能引起火花的电气设备、仪表等（除有防爆炸性能的外），采用充氮气正压保护。

（5）当发生易燃、易爆物料泄漏或跑料时，用惰性气体冲淡、稀释，或着火时用惰性气体灭火等。

5. 严格控制投料

在反应器内，如果投料控制不好，也极易形成爆炸混合物。如在氨氧化制取硝酸的生产中，氨与空气混合进行氧化反应，其配比临近爆炸极限的下限，配比若有失误，极易达到爆炸极限，因此，反应物料的浓度、流量都应准确测定和控制。对于连续化程度高、危险性大的生产，在开始投料时要特别注意其配比，并尽量减少开、停车次数。

催化剂对反应速度的影响很大，若有配比失误，催化剂多加了也有可能发生危险。尤其是对可燃物与氧化性物料进行反应的生产工艺，特别要严格控制氧化性物料的投料量。对在一定配比浓度下可形成爆炸性混合物的生产，其配比浓度应控制在爆炸浓度之外，如因工艺条件限制必须在爆炸浓度范围内生产时，应加以惰性气体保护，且操作过程中绝对不许接近和达到物料的自燃点。

在化工生产中，投料的顺序也是有严格要求的，有时投料顺序的错误也可形成危险状态。在一般情况下，当可燃物料与氧化性物料在同一设备内进行混合反应时，先投可燃性物料，后投氧化性物料，其顺序不可颠倒。例如，氯化氢的合成应先投氢后投氯；三氯化磷的氯化反应先投磷后投氯，因为氯的氧化性很强，后投磷易形成爆炸介质而发生爆炸。

6. 用不燃或难燃物料取代可燃物料

改革生产工艺，用不燃或难燃物料取代可燃物料。由于工艺条件的限制，不少企业的一些生产过程仍在使用大量的可燃易燃物料，火灾爆炸危险性很大。所以，使用不燃物料或火灾危险性较小的物料，代替易燃物料或火灾危险性较大的物料，为生产创造更为安全的条件，是防止事故发生的根本性措施。因此，积极开展技术革新活动，研制用不燃或难燃物料代替可燃物料，非常重要，很多企业已经取得了不少好经验。例如，河北制药厂的平阳霉素生产，工艺过程复杂、周期长，几十克的成品要耗掉甲醇、丙酮 4 000 kg，且要反复三次使用，经过去杂、沉淀、过滤、精制等工序，有大量的易燃蒸气挥发在车间内，易形成爆炸性混合物，生产工人称之为在炸弹上生产。该厂从改革生产工艺入手，反复调查论证，寻找代替甲醇和丙酮两种起溶媒作用的物质，又借鉴了其他抗生素的工艺条件，经过半年的努力，成功地采用树脂代替甲醇和丙酮作溶媒，这样，整个生产在水溶液中操作，从原来的安全甲类生产变为戊类生产，大大提高了生产工艺的安全度。又如，某厂经过多次试验，用多硫化钠代替了铁粉酸性还原，避免了氢气的产生，还原效率提高了98.5%，既促进了生产，又提高了生产工艺的安全度。

可燃液体在许多情况下可以用不燃的溶剂来代替，这类物质有甲烷的氯衍生物二氯甲烷、四氯化碳、三氯甲烷及乙烷的氯衍生物（三氯乙烯）等。例如，为了溶脂肪、油、树脂、土沥青、沥青、橡胶以及制备油漆等，可用四氯化碳代替有燃烧危险性液体。又如，使用汽油、丙酮、乙醇等易燃溶剂的生产可用丁醇、氯苯、四氯化碳、三氯化碳等火灾危险性较小或不燃的溶剂代替。

在使用氯烃时必须注意，长时间吸入其蒸气有中毒的可能，为了防止中毒，必须将设备密闭。在放出蒸气的地方将蒸气抽出，室内不应超过规定的限度，发生事故时必须戴防毒面具。

在选择危险性较小的液体时，沸点及蒸气压是很重要的参数，例如，沸点在

110℃以上的液体，在常温时是不会形成爆炸浓度的，见表3—11。

表3—11　　危险性较小的物质的沸点及蒸气压

物质名称	沸点（℃）	20℃时的蒸气压（Pa）	物质名称	沸点（℃）	20℃时的蒸气压（Pa）
戊醇	130	266.64	氯苯	130	1 190.89
丁醇	114	533.29	二甲苯	135	1 333.22
醋酸酯	130	799.93	甲二醇	118	1 599.86
乙二醇	126	1 066.57			

五、控制引火源

石油化工生产中，常见的引火源除生产过程本身的燃烧炉火、反应热、电火花等以外，还有维修用火、机械摩擦热、撞击火花、静电放电火花以及违章吸烟等。引火源是物料得以燃烧的必备条件之一，所以，控制和消除引火源，是工业企业预防火灾、爆炸事故的一项最基本的措施。引火源包括明火、火花、电弧、危险温度、化学反应热等。控制和消除这些引火源，通常采取以下措施：

1. 严格管理明火

在生产和储存易燃易爆物品的地方，大量的火灾爆炸事故是由明火引起的。为防止明火引起火灾爆炸事故，生产和使用化学危险物品的企业，应根据规模大小和生产、使用过程中的火灾危险程度划定禁火区域，并设立明显的禁火标志，严格管理火种。

（1）加热易燃液体时，应尽可能避免采用明火，而改用蒸气等加热。如果在高温反应或蒸馏操作过程中，必须使用明火或烟道气时，燃烧室应与设备分开或隔离，封闭外露明火，并定期检查，防止泄漏。

企业中的熬炼是一种明火作业。熬炼的物质大多是可燃物质，如固体的沥青、蜡等。熬炼过程中由于物料含有水分、杂质或由于加料过满等沸腾溢出锅外，或是由于烟道裂缝窜火，锅底破漏，或是加热时间长，温度过高等，都有可能引发火灾事故。因此，在工艺操作过程中，如必须采用明火时，设备应该密闭，炉灶应用封闭的砖墙隔绝在单独的房间内，而且对熬炼设备应经常检查，防止烟道窜火和熬锅破漏。为防止易燃物质漏入燃烧室，设备应定期做水压试验和气压试验。熬炼物料不能装盛过满，应当留出一定的空间。为防止沸腾时溢出锅外，可在锅沿的外围设置金属防溢槽，使溢出锅外的物料不至于与灶火接触。此外，应随时清除锅沿上的可燃积垢。

（2）在有火灾和爆炸危险的厂房、储罐、管沟内，不得使用蜡烛、火柴或普通灯具照明，应采用封闭式或防爆型电气照明。在有爆炸危险的车间和仓库内，严禁吸烟和携带火柴、打火机等。为此，应在醒目的地方张贴“严禁烟火”警告标志，以引起人们注意。由于绝对禁止吸烟有时难以做到，故在可能条件下，应设置一个较安全的专门吸烟室。

（3）明火加热设备的设置，应远离可能泄漏易燃气体或蒸气的工艺设备和储罐区，并设置在散发易燃物料设备的侧风向。

（4）电瓶车产生的火花激发能量是比较大的，因此，在禁火区域，特别是易燃易爆车间和储罐区等区域，都应当禁止电瓶车进入。在允许车辆进入的区域内，为了防止汽车、拖拉机排气管喷火引起火灾，必须在排气管上安装火星熄灭器等安全装置。为了防止烟囱飞火引起的火灾爆炸，炉膛内的燃烧要充分，烟囱要有足够的高度，必要时应装置火星熄灭器。烟囱周围不能堆放可燃物品，也不能搭建易燃建筑物。

2. 严格动火管理

（1）控制焊割动火。焊割是对金属材料进行焊接和切割的明火作业，而焊割作业产生的高温火花和熔珠可引起可燃物料着火。火灾统计结果表明，飞溅的火花和金属熔珠落在周围的可燃物上着火已成为最常见的着火原因。

氧炔焊的火焰温度可达 3 150℃，爆炸焊接的高温约有 3 000℃，电弧焊的电弧温度可达 4 000℃以上，这样高的温度，遇到可燃物会立即引起着火，若作用在金属材料设备上，会由于热传导的作用将热传到焊件的另一端，如果另一端有可燃物存在也会引起着火。在利用气焊作业时，由于多种原因引起的回火，也是引起火灾、爆炸的原因之一，因此，对焊割动火必须严格控制和管理。

防止焊割动火引起火灾的办法是：焊接人员必须经过专门培训并取得合格证；焊割地点与油罐区、气柜、货垛、易燃易爆车间等应保持规定的防火间距，动火地点距乙炔瓶应有 10 m 以上的防火间距，乙炔瓶与氧气瓶也应保持规定的防火间距；动火场所周围要清除一切可燃物，如不便清除时可用石棉板或其他耐火材料遮盖和隔离；电焊的导线应绝缘良好，破损后及时更换，接地线不能连在易燃设备上；要焊接的金属管线的另一端不准堆放可燃物；焊割完毕应仔细检查现场，无任何火种时方可离开等。

（2）喷灯是一种高温明火的加热器具，由于使用轻便，在维修作业时应用较多，如用于化冻、烤模和焊接等局部加温。喷灯的火焰温度可高于1 000℃，如果使用不当，加上物件上有可燃易爆物质时，会造成火灾或爆炸事故。在有爆炸危险的车间使用喷灯，应严格遵守有关规定；在其他地点使用喷灯时，应将加热物件以及操作地点的可燃或易燃易爆物质清理干净。喷灯加热金属物件和管道时，要防止热传导引起着火；对冻结的设备和水管进行加热解冻时，应把可燃的保温材料清除掉。使用过的喷灯，应用冷水冷却，去掉余气移至安全地点，妥善保管。

3. 防止机械火星

机械火星是两种以上硬质物体相互撞击时所产生的高温颗粒，机械火星往往是可燃气体、蒸气、粉尘、爆炸物品等着火爆炸的根源之一。其产生方式主要有：铁器和机件的撞击产生火星；铁质工具的相互撞击或与混凝土地坪撞击产生火星；铁质导管或铁桶爆裂时飞迸出火星；铁、石等硬性杂质混入粉碎机、研磨机、反应器等设备内，撞击打出火星，甚至铁桶容器裂开时，也能产生火花，引起溢出的可燃气体或蒸气着火。避免摩擦、撞击产生火星的措施如下：

（1）为了防止在有易燃、易爆物料存在的场所或设备内产生机械火星，对使用的扳手、锤子等工具应采用铜或铝等不易产生火花的有色金属或合金制造，也可用镀铬的钢铁制造。

（2）在有火灾爆炸危险事故的生产中，机件的运转部分或易产生撞击火花的部分应该用两种材料制作，其中一种材料应是不会产生火花的。

（3）粉碎可燃物料时，为了防止铁器随物料进入设备内部发生撞击起火，可在粉碎机、提升机等设备前，安装磁铁分离器，以吸取混入物料中的铁器。若未设置磁铁分离器，易燃、易爆危险物质如碳化钙的破碎，应采用惰性气体保护。

（4）搬运盛有可燃气体或易燃液体的铁桶、气瓶时，应当用专门的运输工具，轻拿轻放，禁止在地面上滚动、拖拉或抛掷，防止容器的互相撞击，以免产生火花引起燃烧或容器爆裂造成事故。

（5）在易燃、易爆场所，不准穿带铁钉的鞋子，最好是在地面铺筑沥青或菱苦土等较软的材料，以免与地面、设备摩擦撞击产生火花。

4. 消除电气火花和危险温度

电气火花和危险温度是引起火灾爆炸事故的仅次于明火的第二位原因，因此，要根据爆炸和火灾危险场所的区域等级和爆炸性物质的性质，对车间内的电气动力设备、仪器仪表、照明装置和电气线路等，分别采用防爆、封闭、隔离等措施。

为了防止电气设备过热产生高温引起火灾爆炸事故，电气设备和线路除必须符合《电气装置安装工程施工及验收规范（GB 50254～59—96）》外，还应在易燃、易爆场所严禁使用开放式电热设备，以及普通行灯和电钻等能产生电火花和危险温度的设备。同时，应禁用电热烘箱烘烤易燃、易爆物品。输送易燃、易爆物料的管道应与电气设备和线路保持一定的距离，以防止物料泄漏时喷到电气设备和电线上起火爆炸。

5. 控制摩擦热

摩擦热也是一种引火源，在有可燃物（如粉尘、花絮）存在的生产车间或工段，机器上的轴承缺油、润滑不良，长期摩擦发热及砂轮的摩擦发热等，常可引起附着的可燃火。因此，对轴承要及时加油，保持良好的润滑，并经常清除附着的可燃污垢和缠绕纤维物质。此外，在安装轴承时，轴瓦间隙不能太小，机件的摩擦部分及搅拌和通风轴承，应采用有色金属或塑料制成的轴瓦，以减少发热，避免产生火花。

6. 控制化学反应热

化学反应热是化工生产中一种典型的引火源。在化工生产中，如硝化、氧化、聚合等许多化学反应都是放热反应，若出现加料错误、控温不当、冷却不良、搅拌中操作失误或出现故障时，都能导致物料冲出或起火爆炸。如生石灰与水作用，发热温度超过物质的自燃点，可使靠近的可燃物质着火；堆放浸透干性植物油的纤维或木屑，能在空气中氧化发热而自燃起火；黄磷、石油储罐中清除的硫化铁等低温自燃的物质能在空气中氧化而自燃；松节油、甘油等可燃物与高锰酸钾等氧化剂或硝酸等强酸接触可迅速氧化自行着火。这些化学反应热必须严格控制，并采取如下措施：

（1）控制投料速度

对于放热反应，加料速度不能超过设备的传热能力，否则将引起温度猛升，并发生剧烈反应和副反应，引起物料的分解和膨胀。如果加料速度突然减小，反应温度降低，这样反应物不能完全反应而积累，升温后反应加剧，温度和压力都可能升高而造成事故。对于吸热反应，若加料速度过快，反应物不能完全反应而积累，升温后反应也会加剧进行，温度和压力都会突然升高；若加料速度过慢，会使反应设备里的温度过高，物料膨胀，发生分解和副反应，形成爆炸事故。因此，必须按规定严格控制加料速度，防止反应过热形成分解爆炸。

（2）进行有效冷却

对于放热反应，要选择最有效的冷却方法及时将热量移去，防止超温。同时，要注意冷却剂的选择，不可使用与反应物料相抵触物质做冷却剂。例如，环氧乙烷很容易与水发生剧烈反应，甚至微量的水渗到环氧液体中都会引起自聚发热而发生爆炸，所以，这类物料的冷却不可用水做冷却剂，而用液体石蜡等传热介质。

（3）防止搅拌中断

搅拌可以加速热量的传导，使反应物混合均匀，若反应过程中搅拌中断，就会造成散热不良使局部温度过高、反应加剧而发生危险。例如，苯与浓硫酸混合进行磺化反应时，若物料加入后才开搅拌器，会造成物料分层，搅拌器开动后会使反应加剧，这时冷却系统若不能很快将大量的反应热移去而使温度升高，未反应完的苯就会气化，造成设备和管线超压爆裂。

（4）加强对反应生热物品的管理

生石灰、电石等忌湿物品应存放在防雨、防水干燥处，并远离可燃物；带油的废棉纱、破抹布、工作服、手套等应放置在带盖的金属容器内，并及时清除；低温自燃的物质，宜用惰性气体保护在低温条件下存放；相互接触自燃的可燃物和氧化性物质应分类隔离存放，不可混存。例如，黄磷应储存于水中，清理出来的活性硫化铁等应湿润后埋入土中。

7. 控制烟囱和排气管的火星

烟囱飞火和机动车辆排气管排出的火星常常是引起可燃物着火的原因，防止的办法是：

（1）防止飞火

在燃油机械设备的排气管上装设火花熄灭器，以冷却烟气流，熄灭烟火星；烟囱上设除尘装置，并定期通刷烟囱，清除烟灰、油垢等。

（2）保证各种炉灶燃烧充分

燃油炉的进油量和燃煤炉的添煤量要合理控制。

（3）远离可燃物

在烟囱周围的一定距离内，不准堆放任何易燃、易爆物品和搭建易燃建筑。在有着火、爆炸危险的场所，机动车辆不准随便进入，必须进入时，必须采取防火措施，并保持一定的防火间距。

8. 导除静电

在有易燃易爆物质的场所，静电放电火花是造成火灾与爆炸的原因之一。

导除静电的方法详见第六章第三节关于“泄漏导走法”的介绍。

9. 防止雷电火花

雷电是带有足够电荷的云块与云块或云块与大地间的静电放电现象。雷电放电的特点是电压高，达几十万伏；时间短，仅几十微秒；电流大，可达几百千安。因而在电流流过的地点可使空气加热到极高温度，产生强大的压力波。在化工企业中往往由此引起严重的火灾爆炸事故，因此，防雷保护也是企业防火防爆的重要内容。防止雷电火花的措施详见第六章第四节关于“防雷装置”的介绍。

10. 防止日光照射或聚焦

阳光的照射不仅会成为某些化学物品的起爆能源，还能通过凸透镜、烧瓶（特别是圆瓶）或含有气泡的玻璃窗等聚焦（聚焦后的日光能达到很高的温度）引起可燃物着火。例如，氯气与氢气、氯气与乙烯的混合气能在日光的作用下剧烈反应而爆炸；乙醚在阳光的作用下能生成过氧化物；硝化纤维在日光下曝晒，自燃点能降低，并能自行着火；盛装低沸点易燃液体的铁桶如灌装过满，热天在烈日下曝晒，液体受热膨胀会使铁桶爆裂；压缩或液化气体钢瓶在强烈日光下存放，瓶内压力会增加甚至爆炸等。因此，对见光能反应的化学物品应选用金属桶或暗色玻璃瓶盛装，为了避免日光照射，存放这类物品的车间、库房应在窗玻璃上涂以白漆，或采用磨砂玻璃。易燃易爆危险品受热容易蒸发析离出气体物质，不得在日光下曝晒等。

六、灭火器材

1. 灭火剂

（1）水

1）灭火作用。水是应用历史最长、范围最广、价格最廉的灭火剂。水的蒸发潜热较大，与燃烧物质接触被加热汽化吸收大量的热，使燃烧物质冷却降温，从而减弱燃烧的强度。水调到燃烧物后汽化生成大量的水蒸气，能够阻止燃烧物与空气接触，并能稀释燃烧区的氧，使火势减弱。

对于水溶性可燃、易燃液体的火灾，如果允许用水扑救，水与可燃、易燃液体混合，可降低燃烧液体浓度以及燃烧区内可燃蒸气浓度，从而减弱燃烧强度。由水枪喷射出的加压水流，其压力可达几兆帕。高压水流强烈冲击燃烧物和火焰，会使燃烧强度显著降低。

2）灭火形式。经水泵加压由直流水枪喷出的柱状水流称为直流水；由开花水枪喷出的滴状水流称为开花水；由喷雾水枪喷出，水滴直径小于 100 μm 的水流称为雾状水。直流水、开花水可用于扑救一般固体如煤炭、木制品、粮食、棉麻、橡胶、纸张等的火灾，也可用于扑救闪点高于 120℃，常温下呈半凝固态的重油火灾。雾状水大大提高了水与燃烧物的接触面积，降温快效率高，常用于扑灭可燃粉尘、纤维状物质、谷物堆囤等固体物质的火灾，也可用于扑灭电气设备的火灾。与直流水相比，开花水和雾状水射程均较近，不适于远距离使用。

3）注意事项。禁水性物质如碱金属和一些轻金属，以及电石、熔融状金属的火灾不能用水扑救。非水溶性，特别是密度比水小的可燃、易燃液体的火灾，原则上也不能用水扑救。直流水不能用于扑救电气设备的火灾、浓硫酸、浓硝酸场所的火灾以及可燃粉尘的火灾。原油、重油的火灾，浓硫酸、浓硝酸场所的火灾，必要时可用雾状水扑救。

（2）泡沫灭火剂

泡沫灭火剂是重要的灭火物质。多数泡沫灭火装置都是小型手提式的，对于小面积火焰覆盖极为有效。也有少数装置配置固定的管线，在紧急火灾中提供大面积的泡沫覆盖。对于密度比水小的液体火灾，泡沫灭火剂有着明显的长处。

泡沫灭火剂由发泡剂、泡沫稳定剂和其他添加剂组成。发泡剂称为基料，稳定剂或添加剂则称为辅料。泡沫灭火剂由于基料不同有多种类型，如化学泡沫灭火剂、蛋白泡沫灭火剂、水成膜泡沫灭火剂、抗溶性泡沫灭火剂、高倍数泡沫灭火剂等。

（3）干粉灭火剂

干粉灭火剂是一种干燥易于流动的粉末，又称为粉末灭火剂。干粉灭火剂由能灭火的基料以及防潮剂、流动促进剂、结块防止剂等添加剂组成。一般借助于专用的灭火器或灭火设备中的气体压力将其喷出，以粉雾形式灭火。

（4）其他灭火剂

还有二氧化碳、卤代烃等灭火剂。手提式的二氧化碳灭火器适于扑灭小型火灾，而大规模的火灾则需要固定管输出到二氧化碳系统，释放出足够量的二氧化碳覆盖在燃烧物质之上。采用卤代烃灭火时应特别注意，这类物质加热至高温会释放出高毒性的分解产物。例如，采用四氯化碳灭火时，光气是分解产物之一。

2. 灭火器

（1）灭火器类型

根据盛装的灭火剂种类，灭火器有泡沫灭火器、干粉灭火器、二氧化碳灭火器等多种类型。根据移动方式，灭火器有手提式灭火器、背负式灭火器、推车式灭火器等几种类型。

（2）使用与保养

泡沫灭火器使用时需要倒置稍加摇动，而后打开开关对着火焰喷出药剂；二氧化碳灭火器只需一手持喇叭筒对着火源，一手打开开关即可；四氯化碳灭火器只需打开开关液体即可喷出；而干粉灭火器只需提起圈环干粉即可喷出。

灭火器应放置在阴凉和使用方便的地方，并注意有效期限。要防止喷嘴堵塞，当压力或质量小于一定值时，应及时加料或充气。

（3）灭火器配置

小型灭火器配置的种类与数量，应根据火险场所险情、消防面积、有无其他消防设施等综合考虑。小型灭火器是指10 L泡沫、8 kg干粉、5 kg二氧化碳等手提式灭火器。应根据装置所属的类别和所占的面积配置不同数量的灭火器。易发生火灾的高险地点，可适当增设较大的泡沫或干粉推车式灭火器。

3. 灭火设施

（1）水灭火装置

1）喷淋装置。喷淋装置由喷淋头、支管、干管、总管、报警阀、控制盘、水泵、重力水箱等组成。当防火对象起火后，喷头自动打开喷水，具有迅速控制火势或灭火的特点。

喷淋头有易熔合金锁封喷淋头和玻璃球阀喷淋头两种形式。对于前者，防火区温度达到一定值时，易熔合金熔化锁片脱落，喷口打开，水经溅水盘向四周均匀喷洒。对于后者，防火区温度达到释放温度时，玻璃球破裂，水自喷口喷出。可根据防火场所的火险情况设置喷头的释放温度和喷淋头的流量。喷淋头的安装高度为3.0～3.5 m，防火面积为7～9 m^2。

2）水幕装置。水幕装置是能喷出幕状水流的管网设备。它由水幕头、干支管、自动控制阀等构成，用于隔离冷却防火对象。每组水幕头需在与供水管连接的配管上安装自动控制装置，所控制的水幕头一般不超过8只。供水量应能满足全部水幕头同时开放的流量，水压应能保证最高最远的水幕头有3 m以上的压头。

（2）泡沫灭火装置

泡沫灭火装置按发泡剂不同分为化学泡沫装置和空气机械泡沫装置两种类型。按泡沫发泡倍数分为低倍数、中倍数和高倍数三种类型。按设备形式分为固定式、半固定式和移动式三种类型。泡沫灭火装置一般由泡沫液罐、比例混合器、混合液管线、泡沫室、消防水泵等组成。泡沫灭火器主要用于灌区灭火。

（3）蒸汽灭火装置

蒸汽灭火装置一般由蒸汽源、蒸汽分配箱、输汽干管、蒸汽支管、配汽管等组成。把蒸汽施放到燃烧区，使氧气浓度降至一定程度，从而终止燃烧。试验得知，对于汽油、煤油、柴油、原油的灭火，燃烧区每立方米空间内水蒸气的量应不少于0.284 kg。经验表明，饱和蒸汽的灭火效果优于过热蒸汽。

（4）二氧化碳灭火装置

二氧化碳灭火装置一般由储气钢瓶组、配管和喷头组成。按设备形式分为固定和移动两种类型。按灭火用途分为全淹没系统和局部应用系统。二氧化碳灭火用量与可燃物料的物性、防火场所的容积和密闭性等有关。

（5）氮气灭火装置

氮气灭火装置的结构与二氧化碳灭火装置类似，适于扑灭高温高压物料的火灾。用钢瓶储存时，1 kg 氮气的体积为 0.8 m^3，灭火氮气的储备量不应少于灭火估算用量的 3 倍。

（6）干粉灭火装置

干粉是微细的固体颗粒，有碳酸氢钠、碳酸氢钾、磷酸二氢铵、尿素干粉等。密闭的库房、厂房、洞室灭火干粉用量每立方米空间应不少于 0.6 kg；易燃、可燃液体灭火干粉用量每平方米燃烧表面应不少于 2.4 kg。空间有障碍或垂直向上喷射，干粉用量应适当增加。

（7）烟雾灭火装置

烟雾灭火装置由发烟器和浮漂两部分组成。烟雾剂盘分层装在发烟器筒体内。浮漂是借助液体浮力，使发烟器漂浮在液面上，发烟器头盖上的喷孔要高出液面 350～370 mm。

烟雾灭火剂由硝酸钾、木炭、硫黄、三聚氰胺和碳酸氢钠组成。硝酸钾是氧化剂，木炭、硫黄和三聚氰胺是还原剂，它们在密闭系统中可维持燃烧而不需要外部供氧。碳酸氢钠作为缓燃剂，使发烟剂燃烧速度维持在适当范围内而不至于引燃或爆炸。烟雾灭火剂燃烧产物 85%以上是二氧化碳和氮气等不燃气体。灭火时，烟雾从喷孔向四周喷出，在燃烧液面上布上一层均匀、浓厚的云雾状惰性气体，使液面与空气隔绝，同时降低可燃蒸气浓度，达到灭火目的。

第五节　化工事故案例分析

一、“8·2”甲醇储罐爆炸事故

2008 年 8 月 2 日，贵州某化工有限责任公司甲醇储罐发生爆炸燃烧事故，造成现场的施工人员 3 人死亡、2 人受伤（其中 1 人严重烧伤），6 个储罐被摧毁。

1. 事故经过

2008 年 8 月 2 日上午 10 时 2 分，贵州某化工有限责任公司甲醇储罐区 1 精甲醇储罐发生爆炸燃烧，引发该罐区内其他 5 个储罐相继发生爆炸燃烧。该储罐区共有 8 个储罐，其中粗甲醇储罐 2 个（各为 1 000 m^3）、精甲醇储罐 5 个（3 个为

1 000 m^3、2 个为 250 m^3)、杂醇油储罐 1 个（250 m^3)。事故造成 5 个精甲醇储罐和 1 个杂醇油储罐爆炸燃烧（爆炸燃烧的精甲醇约 240 t、杂醇油约 30 t)。2 个粗甲醇储罐未发生爆炸、泄漏。

2. 事故分析

贵州某化工有限责任公司因进行甲醇罐惰性气体保护设施建设，委托湖北省宜都市某锅炉设备安装有限公司进行储罐的二氧化碳管道安装工作（据调查该施工单位施工资质已过期)。2008 年 7 月 30 日，该安装公司在处于生产状况下的甲醇罐区违规将精甲醇 c 储罐顶部备用短接打开，与二氧化碳管道进行连接配管，管道另一端则延伸至罐外下部，造成罐体内部通过管道与大气直接连通，致使空气进入罐内，与甲醇蒸气形成爆炸性混合气体。8 月 2 日上午，因气温较高，罐内爆炸性混合气体通过配管外泄，使罐内、管道及管口区域充斥爆炸性混合气体。由于精甲醇 c 罐旁边又在违规进行电焊等动火作业（据初步调查，动火作业未办理动火证)，引起管口区域爆炸性混合气体燃烧，并通过连通管道引发罐内爆炸性混合气体爆炸，罐底部被冲开，大量甲醇外泄、燃烧，使附近地势较低处的储罐先后被烈火加热，罐内甲醇剧烈汽化，又使 5 个储罐（4 个精甲醇储罐、1 个杂醇油储罐）相继发生爆炸燃烧。

3. 事故预防

此次事故是一起因严重违规违章施工作业引发的责任事故，教训十分深刻，暴露出危险化学品生产企业安全管理和安全监管上存在的一些突出问题。

(1) 施工单位缺乏化工安全的基本知识，施工中严重违规违章作业

施工人员在未对储罐进行必要的安全处置的情况下，违规将精甲醇 c 罐顶部备用短接打开与二氧化碳管道进行连接配管，造成罐体内部通过管道与大气直接连通。同时，又严重违规违章在罐旁进行电焊等动火作业，最终引发事故。

(2) 企业安全生产主体责任不落实

对施工作业管理不到位，在施工单位资质已过期的情况下，企业仍委托其进行施工作业；对外来施工单位的管理、监督不到位，现场管理混乱，生产、施工交叉作业，没有统一的指挥、协调，危险区域内的施工作业现场无任何安全措施，管理人员和操作人员对施工单位的违规违章行为熟视无睹，未及时制止、纠正；对外来施工单位的培训教育不到位，施工人员不清楚作业场所危害的基本安全知识。

(3) 地方安全生产监管部门的监管工作有待加强

虽然经过百日安全督察，安全生产监管部门对企业存在的管理混乱、严重违规违章等行为未能及时发现、处理。

为避免类似事故发生，生产企业和各级安监机构须采取以下安全监督管理措施：

(1) 切实加强对危险化学品生产、储存场所施工作业的安全监管，对施工单位资质不符合要求、作业现场安全措施不到位、作业人员不清楚作业现场危害以及存在严重违规违章行为的施工作业要立即责令停工整顿并进行处罚。

(2) 加强对外来施工单位的管理，确保企业对外来施工单位的教育培训落实到位；危险区域施工现场的管理、监督落实到位；交叉作业的统一管理落实到位；动火、入罐、进入受限空间作业等危险作业的票证管理制度落实到位；危险区域施工作业的各项安全措施落实到位。对管理措施不到位的企业，要责令停止建设，并给予处罚。

(3) 认真吸取事故教训，企业应立即开展全面的自查自纠，对自查自纠工作不落实、走过场的企业，要加大处罚力度，切实消除安全隐患。

(4) 生产企业和各级安监部门要切实加强对危险化学品企业的监管，确保安全生产隐患排查治理专项行动和百日督察。

二、“1·7”丁二烯球罐爆炸火灾事故

2010年1月7日17时24分，中国石油天然气股份有限公司某分公司316号罐区发生一起爆炸火灾事故，造成6人死亡、6人受伤（其中1人重伤）。316罐区8个立式储罐、2个球罐损毁，内部管廊系统损坏严重。

1. 事故经过

发生事故的316号罐区始建于1969年，共有29个中间物料储罐，分属于分公司石油化工厂和合成橡胶厂。合成橡胶厂负责管理4个裂解碳四球罐和3个丁二烯球罐，7个球罐容积均为120 m^3。石油化工厂负责管理的22个储罐中，有10个为立式储罐（属压力容器），储存拔头油、丙烯、丙烷和1—丁烯。另外12个为常压立式罐，分别储存碳九、抽余油、加氢汽油等重组分。

1月7日17时16分左右，合成橡胶厂316罐区操作工在巡检中发现裂解碳四球罐（R202）出口管路弯头处泄漏，立即报告当班班长。17时18分，当班班长打电话向合成橡胶厂生产调度室报告现场发生泄漏，并要求派消防队现场监护。17时20分，位于泄漏点北面约50 m的丙烯腈装置焚烧炉操作工向石油化工厂生产调度室报告R202所在罐区产生白雾，接着又报告白雾迅速扩大。17时21分，合成橡胶厂316罐区当班班长再次向生产调度室报告现场泄漏严重。17时24分，现场即发生爆炸。之后，又接连发生数次爆炸，爆炸导致316号罐区四个区域引发大

火。

事故发生后，企业和地方消防部门调集460余名消防官兵、86台各类消防车辆迅速赶到现场，展开扑救。鉴于着火物料多为轻质烃类，扑救十分困难，现场抢险灭火指挥部决定，对四个着火区实行控制燃烧，同时对周边罐采取隔离冷却保护措施。大火直到9日19时才基本扑灭。

2. 事故分析

经初步分析，此次事故原因是：裂解碳四球罐（R202）内物料从出口管线弯头处发生泄漏并迅速扩大，泄漏的裂解碳四达到爆炸极限，遇点火源后发生空间爆炸，进而引起周边储罐泄漏、着火和爆炸。这起事故造成现场作业人员伤亡严重，火灾持续时间长，社会影响重大，教训极为深刻。事故暴露出作为危险化学品重大危险源的316罐区安全设防等级低，早期投用的储罐本质安全水平、自动化水平不高和应急管理薄弱等问题。

3. 事故预防

（1）认真做好冬季化工企业安全生产工作。冬季是化工企业特别是北方化工企业事故高发季节，化工企业要针对冬季安全生产的特点，进一步加强安全生产管理工作。一是加强基层领导干部、技术人员和操作工人对生产现场的巡回检查，加强对危险化学品重大危险源和生产装置关键要害部位的安全监控，发现隐患和异常现象及时处理，把事故消灭在萌芽状态。二是切实加强生产装置防冻防凝工作。对防冻防凝的重点部位要落实责任，加大检查频率，确保保温伴热措施发挥应有功效，防止因冻裂、冻凝而引发泄漏、火灾爆炸事故。三是严格切水操作，对需要切水的设备，要严格切水频次、切水流程和切水后的流程确认，防止因切水不及时发生冻凝和不按要求操作造成跑料、串料。

（2）进一步落实《国务院安委会办公室关于进一步加强危险化学品安全生产工作的指导意见》（安委办［2008］26号）要求，加快化工装置本质安全化改造。化工企业要加大投入，采用先进科学手段，加快本质安全化改造，全面提升危险化学品储罐区等重大危险源的安全监控水平。对在役的老装置、老罐区开展一次彻底排查，超过设计年限的压力容器、压力管道，不能满足安全生产需要的，要坚决报废；能够继续使用的，要开展改造升级，使安全设施满足现行安全标准、规范的要求，特别是液态烃、液氯、液氨及剧毒化学品等重点储罐，应按照或参照《石油化工企业设计防火规范》（GB 50160—2008）的要求设置紧急切断阀、装备安全联锁装置。

（3）进一步加强化工企业的应急管理工作，提高全员应急处置能力。化工企业和其他危险化学品从业单位，要全面开展事故预想，通过定期演练不断完善各类事故应急预案，提高全员对事故的分析判断和应急处置能力。各地安全监管部门要加强对属地化工企业应急管理工作的监督和指导，督促企业进一步完善事故应急预案，做好企业预案与政府预案的衔接，加强应急演练，储备必要的应急器材和物资，确保遇到险情和突发事故时能够及时科学果断处置，减少损失，避免事故扩大。

（4）进一步深化、拓展安全生产“三项行动”，特别是要认真做好隐患排查治理工作。各级安全监管部门要督促企业全面落实安全生产主体责任，建立健全隐患排查治理的长效机制。

三、“12·25”苯胺等化合物中毒事故

2005年12月25日，在浙江一家生产间苯二胺的公司内施工的某工程安装有限公司发生一起26名职工集体中毒事故，其中4人为中度中毒，22人为轻度中毒，所幸抢救及时，才未造成大的伤害。

1. 事故经过

12月25日11时过后，该工程安装有限公司的26名职工，先后下班回到搭设在公司生产区旁的工地食堂就餐，饭后11时40分左右，部分就餐的职工分别在脸上、嘴唇、手部等处出现皮肤发紫的症状，开始还以为是施工时沾染上去的料渍，可是不管怎么洗也洗不掉，工人们你看看我，我看看你，似乎觉得有些不妥，是什么原因呢？大家纷纷寻思起来。今天的饭菜好像有些异味，会不会是食物中毒？一个可怕的念头闪现在大家面前。于是，工人们即刻打电话向工程队领导汇报，工程队负责人迅速赶到工地食堂了解情况，根据现场情况分析判断，认为食物中毒的可能性很大，于是，迅速将中毒人员送往所在公司的医务室进行治疗，后转送市人民医院救治。

2. 事故分析

（1）人的不安全行为是发生本次事故的直接原因

通过对本次事故的调查分析，不难发现，导致本次事故的直接原因是当班操作工张某、辅助工潘某工作责任心不强，违反岗位操作规程作业，按要求在往结晶釜内放工艺（残液）水时（开启残液水泵前），应先关闭自来水管阀门，可操作工偏在这一关键性操作上出现失误。且在操作过程中，2人没有及时对通入结晶釜的阀门开启和关闭状态进行认真的核查与确认，致使大量的有毒残液水进入自来水管道。事后，又没有及时通知有关人员和领导，也未采取有效的消除办法

和补救措施，任其自然，最终酿成了共用同一水源的工程安装有限公司职工中毒。

(2) 物的不安全状态是导致本次事故的主要原因

该生产装置在工艺设计和设备制作安装时存在隐患，工艺残液水管道和自来水管道相通共用，不符合安全规范和要求。生产用的工艺残液水是有毒物料，而自来水除生产用水外又是生活用水，生产用水和生活用水按规定理应单独放置，不能共用一根管线，即使是为了节省管道放置费用，也应考虑到工艺残液水管的压力比自来水管的压力高，应有避免操作失误（管道阀门未关或未关紧而发生泄漏等情况）的安全措施，如在进水阀前安装止回阀等安全装置，以防止有毒的工艺残液水倒灌入自来水管内。由于此工艺设计和设备制作安装先天不足，留下了明显的缺陷和错误，给本次事故埋下了致命的祸根。

(3) 管理上有缺陷是发生本次事故的重要原因

1）设计制作不规范。在工艺设计和设备安装时，没有按照“生产用水和生活用水管道应单独放置，不得共用”的安全规范办事，一管双用，留下事故隐患。

2）安全法规贯彻不力。《中华人民共和国安全生产法》第三十四条和《使用有毒物品作业场所劳动保护条例》（国务院第352号令）第二章第十二条分别都有明确规定，“生产、储存、使用危险化学品的车间……应当与宿舍保持安全距离”，“作业场所与生活场所分开，作业场所不得住人”。在生产间苯二胺的作业区内，除有许多含苯类有毒物质外，还有许多含氢类易燃易爆的危险品，在这样的生产区内住人，明显违反了上述安全规定，同时也违反了消防安全条例，不但易发生类似的中毒事故，还容易发生火灾爆炸事故。

3）培训教育欠缺。据查，当班的操作工和辅助工，都没有经过系统的安全知识教育，更没有接受过安全技术监督部门组织的危险化学品知识培训。由于缺乏教育，结果造成了操作工安全技能素质低下，安全意识淡薄，责任心不强，违反规程作业，事后又不汇报也未采取有效的补救措施，致使事态扩大，促成了本次事故的发生。

4）检查监督不到位。本次事故的发生，不仅当班操作工在生产过程中未进行及时的安全检查，以消除可能存在的事故隐患，连负有检查监督责任的班长和车间相关的安全检查管理人员，也未严格地履行自己的检查监督职能，得过且过，致使存在的事故隐患未能及时发现和消除。

5）相关人员的安全责任未落实。如果从设计、制作、安装、验收到操作、检查、管理等各个环节的相关人员，安全责任到位，道道工序把关，严格按照国家法律、法规和安全规范办事，把事故隐患和问题及时消灭，可想而知，本次事故是可以避免的。

3. 事故预防

(1) 提高人的安全意识

设备设计、制作、安装、验收、操作、检查、管理等工作，都要靠人去完成，只有具备良好的安全意识，才能事事、处处都关注安全，各项工作才能保证安全。而要提高人的安全意识，关键还是靠培训教育，平时在加强对员工的安全意识教育和技术素质培训的同时，要特别对危险化学品岗位操作工和安全管理人员（包括公司领导）进行培训，使他们经过安全监督技术部门组织的危险化学品资格培训并经考试合格后，才能上岗作业和管理。

(2) 提高设备的本质安全

设备安全是安全生产的前提条件，前提条件不具备，安全生产也就无从谈起。要严把工艺设备的设计、制作、安装、验收关，请有资格的部门设计、制作、安装和验收，避免土法设计、制作和上马，把设备隐患消灭在生产运行前，确保设备的本质安全。

(3) 提高管理者的责任意识

要提高人的安全意识和设备的本质安全，关键是企业管理者。管理者重视了，在安全上肯动脑筋，舍得投入，事情就好办。如培训教育、工艺设计、设备制作、验收把关、检查监督、管理考核、费用投入等，都按国家规定和行业标准完成，存在的事故隐患自然就能消除。但是，如果管理者只顾经济效益，不顾安全生产，能省则省，把法律规定置于脑后，隐患问题不积极消除，事故也就在所难免。

四、“6·12”硫化氢中毒事故

2008 年 6 月 12 日 19 时 40 分，云南省昆明市安宁市某化肥有限公司在脱砷精制磷酸试生产过程中发生硫化氢中毒事故，造成 6 人死亡、29 人中毒。

1. 事故经过

该公司位于昆明市安宁市某地，属于法人独资的有限责任公司，于 2007 年 1 月取得危险化学品安全生产许可证。主要产品为过磷酸钙，生产能力 10 万吨/年。

2008 年 6 月初，该公司因市场原因，经过实验室试验后，决定将过磷酸钙生产装置改为饲料磷酸氢钙生产装置，并自行设计、自行安装、改造设备，进行试生产。生产磷酸氢钙首先要对磷酸进行脱砷精制，其工艺过程是用硫化钠溶液与磷酸中的砷反应，生成硫化砷，经沉淀脱水去除，生成精制磷酸。脱砷精制磷酸过程伴有硫化氢气体产生。

6月12日18时30分，操作人员在硫化钠水溶液配置槽配置硫化钠水溶液后，打开底部阀门，向磷酸槽加入硫化钠水溶液。19时30分，操作人员在调节阀门时，发现该阀门不能关闭，由于没有采取应急措施，硫化钠水溶液持续流入磷酸槽，使磷酸槽中的硫化钠大大过量，产生的大量硫化氢气体从未封闭的磷酸槽上部逸出，导致部分现场作业人员和赶来救援的人员先后中毒，造成6人死亡、29人不同程度中毒（其中2人伤势较重）。

2. 事故分析

该公司脱砷精制工艺设计存在缺陷，硫化钠水溶液配置槽出口管道没有配置能够自动显示和控制硫化钠水溶液流量的装置，只能靠作业人员观察液位下降的速度，通过手动调节阀门来控制硫化钠水溶液的流量，而正是由于这个阀门失控，导致硫化钠水溶液配置槽中的硫化钠水溶液全部流入磷酸槽，产生大量硫化氢，这是导致这起事故的直接原因。磷酸槽顶未封闭，没有配备有害气体收集处理设施和检测（报警）仪器；向磷酸槽加入硫化钠水溶液的管口安装在磷酸槽液面的上部，致使反应产生的硫化氢气体迅速在空气中扩散，是导致这起事故的重要原因。

3. 事故预防

（1）切实加强对危险化学品建设项目安全监管。新建、改建和扩建危险化学品建设项目要严格执行安全设施设计审查、安全设施竣工验收和试生产（使用）方案备案等制度。危险化学品建设项日必须经过有资质的设计单位设计，施工和工程监理必须由具有相应资质的单位承担。要加强危险化学品建设项目试生产过程中的安全监管工作，建设单位应当将试生产方案报相应的安全监管部门备案，安全监管部门要对试生产方案进行安全审查。对未备案的试生产项目，一律依法责令停止试生产活动，并依据有关规定给予处罚。

（2）各级安全监管部门要严格危险化学品建设项目“三同时”管理，严把项目安全准入关，按照有关法规、文件的规定和要求，切实抓好危险化学品建设项目安全许可工作。化工企业要针对工艺特点，对试生产过程中可能产生的危险进行风险辨识和分析，制定应急预案，严禁将“实验室”工艺未经安全论证，直接放大用于工业生产。要加强对岗位操作人员的安全意识、防范事故能力和应急处置能力的培训，确保安全生产。

（3）深化危险化学品和化工企业隐患排查治理工作。企业要按照国务院安全生产委员会办公室电报（安委办明电［2007］9号）文件中关于化工企业安全生产隐患自查自改的指导意见，深入进行排查，及时消除安全生产隐患。各地安全监管部门要加强对使用危险工艺的企业、发生伤亡事故的企业、安全距离存在问题的企业、基础条件差和规模小的生产经营企业的日常监管。

（4）深刻吸取事故教训，避免硫化氢中毒事故的发生。各级安全监管部门要加强对有含硫原油加工、天然气开采、化工精制脱硫工艺、污水管道清理、有机物发酵腐败场所、食品腌制等可能产生硫化氢等有毒有害气体场所生产经营单位的安全监管。对企业产生和容易积存硫化氢的装置、设备、设施和重点部位以及其他产生有毒有害气体的危险作业场所进行全面普查和风险辨识，建立和完善防中毒、防窒息的安全管理制度，配备相应的安全防护器材，建立作业前的中毒和窒息危害辨识制度，开展科学施救的应急演练。

本 章 小 结

本章简要介绍了化学能释放引起火灾、爆炸和毒害品的机理及火灾、爆炸和中毒事故的原因。对化学品物质的危险性进行了分析，阐述了化工生产过程的危险性及相应的安全对策措施，系统介绍了防火防爆安全技术。结合化学工业物质种类繁多、加工过程多样化、损害和伤亡事故多发性的特点，从化工厂设计和操作、压力容器和机电设备运行和维护以及一些典型案例，

复习思考题

1. 什么是化学能？化学能的释放会造成哪些危害？
2. 简述化工火灾、爆炸事故的特征。
3. 简述化工火灾、爆炸的主要原因。
4. 简述化工火灾、爆炸的发展过程。
5. 针对化工火灾爆炸应从哪些方面预防？
6. 毒害品可以从哪些途径进入人体？会造成哪些毒害？
7. 简述从哪些方面预防化学物质毒害事故。
8. 案例分析

某打火机厂于 1992 年 7 月通过乡镇企业局的可行性审查，于 8 月 6 日领取营业执照。在完成了厂房建设后申请公安部门报批，在未获批准的情况下，于 1992 年年底以“试生产”名义承接了上海某打火机厂 25 万只一次性气体打火机的生产

业务，开始在一个以前装配电动剃须刀的厂房中生产。该厂房为2层楼房，楼上是办公室，下层为车间，面积约为50 m^2，中间用玻璃隔为2间，一间为装配间，一间为检验室。1993年1月8日，在返修漏气的打火机时，由于天气寒冷，车间门窗紧闭。根据估算，到出事时为止，当天至少修理了15 000余个打火机。12时15分左右，车间突然发生爆炸，房屋随之倒塌并起火，造成楼下14人及楼上3人死亡、3人受伤的特大事故。

（1）分析该事故发生的原因。

（2）应该从哪些方面防范此类事故的发生？

第四章　建筑安全工程

本章学习目标

1. 掌握建筑中几种常见的能量形式，并熟悉每种能量意外释放造成的事故类型和伤害形式。

2. 掌握建筑中常见的事故类型，并能针对每种事故类型提出预防措施，重点掌握高处坠落事故的成因和预防措施。

3. 熟悉影响建筑本体的主要危险因素，并掌握建筑本体事故预防的主要措施。

4. 熟悉建筑消防工程的主要内容，并对建筑消防工程有一个系统性的认识。

5. 掌握建筑事故案例的分析方法，能从事故中找出直接原因和间接原因，并能提出有针对性的安全对策措施。

第一节　建筑中能量释放的危险性

建筑安全问题，包括建筑施工过程中的安全问题以及建筑本体服务期内的安全问题。

在建筑施工过程中，不可避免地存在势能、机械能、电能、热能、化学能等形式的能量，这些能量如果由于某种原因失去了控制，超越了人们设置的约束限制而意外地逸出或释放，则会引发事故，可能导致人员的伤害和财物的损失。其中，势能、机械能和电能引起的伤害最为常见。

在建筑本体服务期内，安全问题主要是如何预防因势能超越了人们设置的约束限制而引起的建筑物倒塌事故。

一、势能释放的危险性

处于高处的人员或物体具有较高的重力势能。势能意外释放引发的事故类型主要有高处坠落、物体打击和坍塌：当人员具有的势能意外释放时，会发生坠落或跌落事故；当物体具有的势能意外释放时，会发生物体打击等事故；当边坡和脚手架等重力势能意外释放时，则会引发坍塌事故。

势能意外释放造成高空坠落事故的主要危险因素有：临边、洞口安全防护措施不符合要求，脚手架上高空作业人员安全防护不符合要求，操作平台与交叉作业的安全防护不符合要求，操作人员未按操作规程操作等。

势能意外释放造成物体打击事故的主要危险因素有：进入施工现场未按要求系戴安全帽，安全帽不合格，脚手架外侧未用密目网封闭等。

势能意外释放造成坍塌事故的主要危险因素有：深基坑工程不合格，脚手架和模板支撑工程不牢固等。

1. 深基坑坍塌

深基坑是指挖掘深度超过 1.5 m 的沟槽和开挖深度超过 5.0 m 的基坑以及对相邻建筑物、构筑物、地下管线有影响的基坑（槽）。重力势能造成深基坑坍塌的主要因素有：边坡未放坡或放坡坡度不符合要求；超挖；在坑边 1.0 m 范围内堆土或在 1.0 m 范围外堆土，但堆土高度超过要求；雨季坑内未及时排水等。

2. 脚手架、模板支撑坍塌

重力势能造成脚手架、模板支撑坍塌的主要因素有：搭设、拆除未按已审批的施工方案进行；施工荷载超过允许荷载。

因建筑施工多在坠落高度基准面 2 m 以上作业，也是建筑施工的主要作业，因此，势能意外释放造成的高处坠落事故是主要的建筑施工事故，占事故总数的 35%～40%。而物体打击为建筑施工中的常见事故，占事故总数的 12%～15%。随着高层和超高层建筑的大量增加，基础工程越来越大，土方坍塌事故也就成了施工中的第五大类事故了，目前约占事故总数的 5%～8%。

二、动能释放的危险性

动能是另一种形式的机械能。各种运输车辆，以及各种机械设备的运动部分，都具有较大的动能。人员一旦与之接触，将发生车辆伤害或机械伤害事故。

动能造成机械设备伤害的主要危险因素有：机械设备安装、拆除时，操作不符合要求；防护措施不到位，如平刨、电锯等；工人操作时违反操作规程；机械设备的各种限位、保护装置不符合要求；对机械设备未做定期检查，或对已检查出存在安全隐患的机械设备未停止使用，未及时整改处理等。机械设备伤害事故占事故总数的 10%左右，是建筑施工中的第四大类事故。

三、电能释放的危险性

当人员意外地接近或接触带电体时，可能发生触电事故而受到伤害。

电能造成触电的主要危险因素有：临时用电防护、接地与接零保护系统、配电线路不符合要求；配电箱、开关箱、现场照明、电气设备、变配电装置等不符合要求；架空线路距建筑太近或防护措施不到位等。触电事故是多发事故，占事故总数的18%～20%。

以上三种能量意外释放造成的事故类别和伤害形式见表4—1。

表4—1　建筑施工中常见能量意外释放造成的事故伤害形式

能量类别	事故类别	常见伤害形式
势能	高处坠落	从脚手架或垂直运输设施上坠落的伤害 从洞口、楼梯口、电梯口、天井口和坑口坠落的伤害 从楼面、屋顶、高台边缘坠落的伤害 从施工安装中的工程结构上坠落的伤害 从机械设备上坠落的伤害 其他因滑跌、踩空、拖带、碰撞、翘翻、失衡等引起的坠落伤害
	物体打击	空中落物、崩块和滚动物体的砸伤 触及固定或运动中的硬物、反弹物的碰伤、撞伤 器具、硬物的击伤 碎屑、破片的飞溅伤害
	坍塌	沟壁、坑壁、边坡、洞室等土石方坍塌的伤害 因基础掏空、沉降、滑移或地基不牢等引起的上墙体和建（构）筑物坍塌的伤害 施工中的建（构）筑物坍塌的伤害 施工临时设施坍塌的伤害 堆置物坍塌的伤害 脚手架、井架、支撑架倾倒和坍塌的伤害 强力自然因素引起坍塌的伤害 支撑物不牢引起物体坍塌的伤害
动能	起重伤害	起重机械设备的折臂、断绳、失稳、倾翻事故的伤害 吊物失衡、脱钩、倾翻、变形和折断事故的伤害 操作失控、违章操作和载人事故的伤害 加固、翻身、支撑、临时固定等措施不当事故的伤害 其他起重作业中出现的砸、碰、撞、挤、压、拖作用的伤害

续表

能量类别	事故类别	常见伤害形式
动能	机械伤害	机械转动部分的绞人、碾压和拖带的伤害 机械工作部分的钻、刨、削、锯、击、撞、挤、砸、轧等的伤害 滑入、误入机械容器和运转部分的伤害 机械部件飞出的伤害 机械失稳和倾翻事故的伤害 其他因机械安全保护设施欠缺、失灵和违章操作所引起的伤害
电能	触电	起重机械臂杆或其他导电物体搭碰高压线事故的伤害 带电电线（缆）断头、破口的触电的伤害 挖掘作业损坏埋地电缆触电的伤害 电动设备漏电的伤害 雷击伤害 拖带电线机具电线绞断、破皮触电的伤害 电闸箱、控制箱漏电和误触电的伤害 强力自然因素致断电线的伤害

第二节　建筑施工事故预防

建筑施工的事故类型主要有高处坠落、物体打击、坍塌、触电、机械伤害等，下面分别就每种事故类型介绍其预防对策措施。

一、高处坠落事故预防

1. 高处坠落事故的基本概念

（1）高处作业是指在坠落高度距基准面 2 m 以上（含 2 m）有可能坠落的作业处进行的作业。高处作业可分为临边作业、洞口作业、悬空作业三大类。操作人员在高处作业中，临边、洞口、攀登、悬空、操作平台及交叉作业区的坠落事故即为高处坠落事故。

（2）高处坠落事故频发率在建筑业伤亡事故中占有相当高的比率，为防止高处坠落事故的发生，国务院、建设部等相继颁发并实施了许多相关安全法规，如《建筑施工高处作业安全技术规范》（JGJ 80—91）、《龙门架及井架物料提升机安全技术规范》（JGJ 88—92）、《建筑机械使用安全技术规程》（JGJ 33—2001）等。

2. 常见的高处坠落事故形式

高处坠落事故受害者不仅仅为施工操作工人，还有工程技术人员和专职安全员；高处坠落事故责任者包括建筑企业负责人、工程技术人员、专职安全员和操作工人，特别是未经安全培训的新入场工人；高处坠落事故部位多发生在脚手架和预留洞口等部位，尤其是从脚手架或操作平台坠落导致伤亡事故的案例最多；高处坠落事故多发生在从施工准备到主体结构施工阶段，以及装饰工程施工和工程收尾等各个阶段。高处坠落事故的常见形式主要有以下几种：

（1）从脚手架及操作平台上坠落。身体失衡，且未正确使用安全“三保”（即安全帽、安全带、安全绳）而导致的高处坠落。

（2）从平地坠落入沟槽、基坑、井孔。

（3）从机械设备上坠落。

（4）从楼面、屋顶、高台等临边坠落。

（5）滑跌、踩空、拖带、碰撞等引起坠落。

（6）从“四口”坠落。

（7）从垂直运输设施上坠落。

3. 高处坠落事故预防对策

（1）加强各级人员的安全教育和安全技术培训工作

1）对施工现场操作工人加强培训教育，使其提高安全意识，增强自我保护能力，杜绝违章作业。

2）通过各种教育形式使施工各级人员充分认识到高处坠落事故的规律性和事故危害性，牢固树立安全施工理念；使施工人员具备预防、控制重大安全事故发生的能力。

3）严格执行安全法规，发现自身或他人有违章作业的异常行为，要及时制止、纠正，使之达到安全要求，力求做到施工安全全员控制，有效预防、控制高处坠落事故发生。

（2）安全防护用品配备到位，正确使用

1）根据实际需要配备安全帽、安全带和有关劳动保护用品。

2）在没有可靠的防护设施时，高处作业必须系安全带，并要做到高挂低用。

3）不准穿高跟鞋、拖鞋或赤脚作业，如果是悬空高处作业，要穿软底防滑鞋。

4）不准攀爬脚手架或乘运料井字架吊篮上下。

（3）对高处作业人员身体条件的要求

1）患有高血压病、心脏病、贫血、癫痫等疾病的人员不适合高处作业。

2）疲劳过度、精神不振和思想情绪低落人员要停止高处作业。

3）严禁酒后从事高处作业。

（4）安全网设置要求

1）凡 4 m 以上建筑施工工程，在建筑的首层要设一道 3～6 m 宽的安全网。

2）如果施工层采用立网作为防护，应保证立网高出建筑物 1 m 以上，且立网要搭接严密。

3）保证安全网规格质量和使用安全性能。

（5）对高处作业不利的气候影响

1）六级以上强风天气，不得从事高处作业。

2）大雨、雪、雾天气，不得从事高处作业。

二、物体打击事故预防

1. 物体打击事故基本概念

（1）物体打击事故是指施工人员在操作过程中受到各种工具、材料、机械零部件等从高空下落造成的伤害，以及各种崩块、碎片、锤击、滚石等对人体造成的伤害，器具飞击、料具反弹等对人体造成的伤害等，物体打击事故不包括因爆炸弹起的物体打击。

（2）物体打击事故一直以来都是造成现场操作人员伤亡的重要原因之一，为此，国家制定发布了不少法规，对防止物体打击事故的发生曾作过许多规定，如《建筑施工安全检查标准》（JGJ 59—99）规定，脚手架外侧挂设密目安全网，安全网间距应严密，外脚手架施工层应设 1.2 m 高的防护栏杆，并设挡脚板；《建筑施工高处作业安全技术规范》规定，施工作业场所有坠落可能的物件，应一律先行撤除或加以固定。拆卸下的物体及余料不得任意乱置或向下丢弃。钢模板、脚手架等拆除时，下方不得有其他操作人员等。

2. 物体打击事故的常见形式

建筑工程施工现场的物体打击事故不但会直接造成人员伤亡，而且对建筑物、构筑物、设备管线、各种设施等也都有可能造成损害。造成物体打击伤害的主要物体是建筑材料、构件和机具，物体打击事故的常见形式有以下几种：

（1）空中落物砸伤人体。

（2）反弹物体撞击人体。

（3）材料、器具等硬物对人体造成的碰撞伤害。

（4）各种碎屑、碎片飞溅对人体造成的伤害。

（5）各种崩块和滚动物体对人体造成的砸伤。

（6）器具部件飞出对人体造成的伤害。

3. 物体打击事故的预防措施

（1）施工现场的安全管理

1）针对施工过程中的危险点，制定切实有效的施工方案。

2）对危险性较大的分项工程，制定专项安全技术措施。

3）制定施工过程中的安全技术措施，如交叉作业、拆除作业、危险区域的安全措施。

4）落实临边、洞口的防护措施和检查制度。

5）对施工现场环境进行有效控制，建立良好的作业环境。

（2）危险作业的安全管理

1）施工机械在使用前进行检查验收，落实施工机械的日常维护保养工作。

2）确定施工危险部位和过程，落实监控人员、措施和方式。

3）重点监控内容包括悬空作业、起重机安装拆除作业等。

4）脚手架搭设符合有关规定，经验收合格后方可使用。

5）严禁其他人员在机械回转半径和起吊物范围下方逗留。

（3）施工人员的安全教育管理

1）提高管理人员和施工作业人员的安全意识，加强安全操作知识的教育，防止因违章指挥和操作失误而造成事故发生。

2）监控各类人员持证上岗，以及验证持证的有效性。

3）落实施工现场的安全管理，配备专业安全员负责施工安全有关工作。

4）落实班前的安全技术交底。

5）加强施工现场安全检查，防患于未然。

（4）预防物体打击事故发生的基本要求

1）人员进入施工现场必须按规定佩戴好安全帽，应在规定的安全通道内出入和上下，不得在非规定通道位置行走。

2）安全通道上方应搭设双层防护棚，防护棚使用的材料要能防止高空坠落物穿透。

3）临时设施不得使用石棉瓦做盖顶。

4）边长小于或等于 250 mm 的预留洞口必须用坚实的盖板封闭，用砂浆固定。

5）作业过程一般常用工具必须放在工具袋内，不准往下或向上乱抛材料和工具等物件，所有物料应堆放平稳，不得放在临边及洞口附近，并不得妨碍通行。

6）高空安装起重设备或垂直运输机具，要注意防止零部件坠落伤人。

7）吊运一切物料都必须由持有司索工上岗证人员指挥，散料应用吊篮装置好后才能起吊。

8）拆除或拆卸作业要在设置警戒区域、有人监护的条件下进行。

9）高处拆除作业时，对拆卸下的物料、建筑垃圾要及时清理和运走，不得在走道上乱放或向下丢弃。

三、坍塌事故预防

1. 坍塌事故基本概念

坍塌一般是指建筑物、堆置物倒塌和土石方塌方等。导致坍塌事故的主要原因有：一是施工单位不重视安全生产、缺乏安全管理经验；二是盲目施工，不编制安全施工方案，缺乏安全技术措施。主要体现在：开挖基坑、基槽时，边坡坡度过陡，且没有采取临时支撑等措施；现浇混凝土梁、模板支撑体系没有经过设计计算，模板或支撑构件的强度、刚度不足，模板支撑体系失稳造成倒塌；梁板混凝土强度未达到设计要求，提前拆模；脚手架、操作平台等集中堆放材料过多造成倒塌等。

2. 坍塌事故的常见形式

（1）基槽或基坑壁、边坡、洞室等土石方坍塌。

（2）地基基础悬空、失稳、滑移等导致上部结构坍塌。

（3）工程施工质量低劣造成建筑物倒塌。

（4）塔吊、脚手架、井架等设施倒塌。

（5）施工现场临时建筑物倒塌。

（6）现场材料等堆置物倒塌。

（7）大风等强力自然因素造成的倒塌。

3. 坍塌事故预防措施

（1）防止坍塌事故的一般要求

1）必须规范编制施工方案，制定有针对性的安全技术措施，由施工单位各部门会审后经总工程师（或技术负责人）审核并签字。

2）技术负责人必须对作业人员进行书面安全技术交底，并明确现场施工安全负责人。

3）施工时由施工安全负责人指定专人负责监控，并加强安全检查，发现问题和隐患必须及时处理和整改。

（2）预防坍塌事故的主要管理措施

1）坑、沟、槽土方开挖，深度超过 1.5 m 以上的，必须按规定放坡或支护。基坑（槽）、边坡、基础桩、模板和临时建筑作业前，施工单位应按设计单位要求，根据地质情况、施工工艺、作业条件及周边环境编制施工方案，单位分管负责人审批签字，项目分管负责人组织有关部门验收，经验收合格签字后，方可作业。在基坑或沟槽开挖时，因受场地限制不能放坡，经常采用支撑结构以保证安全，见表4—2。

表 4—2　　基坑支撑方式

土质情况	基坑（槽）或管沟深度	支撑方式
天然含水量的亚黏土，地下水很少	3 m 以内	间断式、连续式支撑
	3～5 m	连续式支撑
松散的或含水量很高的黏性土	不考虑深度	连续式支撑
松散的或含水量很高的黏性土，地下水很多，有可能带走土粒	不考虑深度	连续式支撑

2）挖掘土方应从上而下施工，禁止采用挖空底脚的操作方法，并实施排水措施。

3）挖出的泥土要按规定放置或外运，不得随意沿围墙或临时建筑堆放。

4）基坑、井坑的边坡和支护系统应随时检查，发现边坡有裂痕、疏松等危险征兆应立即疏散人员，采取加固措施，消除隐患。

5）模板不能减少和扩大，特别是采用木支撑施工法，防止模板在混凝土施工时坍塌。

6）施工中必须严格控制建筑材料、模板、施工机械、机具或其他物料在楼层或屋面的堆放数量和重量，以避免产生过大的集中荷载，造成楼板或屋面断裂坍塌。

7）距临时围墙 2 m 内不能搭建宿舍、仓库等设施。

8）安装和拆除大模板，吊车司机与安装人员应经常检查索具，密切配合，做到稳起、稳落、稳就位，防止大模板大幅度摆动，碰撞其他物体，造成倒塌。

9）拆除工程必须编制施工方案和安全技术措施，经上级部门技术负责人批准方可动工，较简单的拆除工程，也要制定有效、可行的安全措施。

10）拆除建筑物，应该自上而下顺序进行，禁止数层同时拆除，当拆除某一部分的时候，应该防止其他部分发生坍塌。

11）拆除建筑物一般不能采用推倒办法，遇有特殊情况必须采用推倒方法的时候，必须遵守下列规定：

①砍切墙根的深度不能超过墙厚的1/3，墙的厚度小于两块半砖的时候，不许进行掏掘；

②为防止墙壁向掏掘方向倾倒，在掏掘前，要用支撑撑牢；

③建筑物推倒前，应该发出信号，待全体工作人员避至安全地带后，才能进行。

12）架子上不能集中堆放模板或其他材料，防止架子坍塌。

13）完善施工设计，避免“三边”工程，保证安全系数。

14）基坑支护工程从设计开始就应该认真勘察现场状况，了解、确认地下环境，科学地确定各种计算荷载，并充分考虑施工人员技术水平、材料性能、季节性施工等因素，最终确定合理的安全系数。

15）无论是针对基坑支护工程还是整个建筑工程，提高管理人员素质，加强工程过程控制，切实把好技术、质量、安全、环保等关口，将一切隐患消除在萌芽状态。

16）对于危险性较大工程应编制安全专项施工方案并组织有关专家参与论证审查。

17）强化教育，提高工人素质。对施工人员，通过多种形式对其进行技术、安全、文明施工、规范操作等多方面的培训、教育，增强其建筑施工的知识，提高其安全意识。

四、触电事故预防

1. 雷击预防

下雨天气应该停止室外露天电焊作业；电焊工必须正确接线，设有良好的节点保护装置；在下雨天气进行室外焊接施工的情况下，必须有可行的保护措施；电焊工上岗前，必须经过技术培训，考核合格后持证上岗。

2. 起重机等部件接触高压线

塔吊不得靠近架空输电线路行走或作业，塔吊的任何部位与架空输电导线的安全距离都要符合规范要求；吊运施工应设专人指挥，并要负责全程指挥；起重机停放地点应该远离高压电线；作业后应将起重臂全部缩回放在支架上，再收回支腿；吊钩应用专用钢丝绳拴牢；应将车架尾部两撑杆分别撑在尾部下方的支座内，并用螺母固定；应将组织机身旋转的销式制动器插入销孔，并将取力器操作手柄放在拖开位置，最后应锁住起重操作室门。

3. 违章操作导致触电

维修人员在进行机械检修期间，应关闭电源开关，锁住开关箱，并注明“正在维修，严禁通电”等标志；其他施工人员在不知情况的前提下，不得接触与自己无关的电源开关；施工人员在使用电灯之前应先检查电灯灯具及电线的安全性，发现有灯头破损、电线漏电等现象应及时维修。

4. 电动设备漏电

手持式电动工具的外壳、手柄、负荷线、插头、开关等必须完好无损，必须安装漏电保护器；使用前必须空载检查，运转正常方可使用；作业时应戴绝缘手套。

5. 挖掘机损坏地下电缆

人工挖沟槽时，挖土前应了解地下管线、人防及其他构筑物情况和具体位置。地下构筑物外露时，必须进行加固保护。作业过程中应避开管线和构筑物。在现场电力、通信电缆 2 m 范围内以及现场燃气、热力、给排水等管道 1 m 范围内挖土时，必须在主管单位人员监护下采取人工挖土方式。

五、机械伤害事故预防

1. 机械伤害基本概念

机械伤害是指机械做出强大的动能作用于人体的伤害，如施工机械对操作人员砸、撞、绞、碾、碰、割、戳等造成的伤害。机械伤害事故的后果惨重，如绞死、挤死、压死、碾死、被弹出物体打死、磨死等。当发现有人被机械伤害时，虽及时紧急停车，但因设备惯性作用，仍可造成对受害人的伤害，乃至死亡。

建筑施工现场常见的导致机械伤害事故的机械有：木工机械、钢筋加工机械、混凝土搅拌机、砂浆搅拌机、打桩机、装饰工程机械、土石方机械、各种起重运输机械等。造成死亡事故的常见机械有龙门架及井架物料提升机、各类塔式起重机、外用施工电梯、土石方机械及铲土运输机械等。

2. 机械伤害事故的常见形式

（1）机械转动部分的绞、碾和拖带造成的伤害。

（2）机械部件飞出造成的伤害。

（3）机械工作部分的钻、刨、削、砸、割、扎、撞、锯、戳、绞、碾造成的伤害。

（4）进入机械容器或运转部分导致受伤。

（5）机械失稳、倾覆造成的伤害。

3. 机械伤害事故的预防措施

(1) 各种机械的传动部分必须有防护罩和防护套。

(2) 现场使用的圆锯应相应固定。有连续两个断齿和裂纹长度超过 2 cm 的不能使用，短于 50 cm 的木料要用推棍，锯片上方要安装安全挡板。

(3) 木工平刨口要有安全装置。木板厚度小于 3 cm，严禁使用平刨。平刨和圆锯不准使用倒顺开关。

(4) 使用套丝机、立式钻床、木工平刨作业等，严禁戴手套。

(5) 混凝土搅拌机在运转中，严禁将头和手伸入料斗查看进料搅拌情况，也不得把铁锹伸入拌筒。

(6) 机械在运转中不得进行维修、保养、紧固、调整等作业。

(7) 机械运转中，操作人员不得擅离岗位或把机械交给别人操作，严禁无关人员进入作业区和操作室。作业时思想要集中，严禁酒后作业。

(8) 打夯机要两人同时作业，一人理线，操作机械要戴绝缘手套，穿绝缘鞋。严禁在机械运转中清理机上积土。

(9) 使用砂轮机、切割机时，操作人员必须戴防护眼镜。严禁用砂轮切割 22 号绑扎钢丝。

(10) 操作钢筋切断机切长 50 cm 以下短料时，手要距离切口 15 cm 以上。

(11) 操作起重机械、物料提升机械、混凝土搅拌机、砂浆机等，必须经专业安全技术培训，持证上岗。

(12) 加工机械周围的废料必须随时清理，保持脚下清洁，以防被废料绊倒，发生事故。

六、起重机伤害事故预防

1. 起重机伤害事故类型

起重机伤害事故常见的类型有脱钩、钢丝绳折断、安全防护装置缺乏或失灵、吊物坠落、起重机倾翻和碰撞致伤等。

2. 起重机伤害事故发生的原因

起重机伤害事故发生的主要原因包括人为因素、设备因素和环境因素三个方面，其中人为因素主要是管理者或使用者存在侥幸心理，没有按照操作规程操作。设备因素是未按要求设计、制造、安装、维修和保养设备，埋下安全隐患。环境因素是自然灾害造成的出轨、倒塌等，场地拥挤、杂乱造成的碰撞、挤压，以及因亮度不够和遮挡视线造成碰撞事故等。占比例较大的起重机伤害事故原因包括：

(1) 违反安全操作规程。如超载或未确认吊运物品质量，斜拉斜吊，吊重下站人，吊重捆扎不牢固，吊钩挂钩不可靠或操作人员不具备资格等。

（2）设备安全保护装置未装或失效。如起升高度限位器、起重量限制器、力矩限制器、吊钩防脱钩装置、运行极限限位器等未装或失效，设备接地或接零不可靠，漏电保护不可靠等。

（3）检查、检验工作未按要求进行。如未建立并执行定期检查制度（班前检、周检和月检等），未按要求报监督检验机构进行验收检验和定期检验。

（4）检修作业时无安全监护人员或无警示牌。

（5）使用、维修等作业人员未按规定穿戴劳动防护用品。

（6）塔式起重机安装或拆卸未按规定程序进行。

（7）汽车起重机作业时，未能保证设备及吊运物品与作业环境中电线的安全距离。

3. 起重机伤害事故的防范措施

针对起重机伤害事故的各种起因，使用单位应与制造、安装和维修单位以及起重机械监察部门、监督检验机构密切配合，加强管理工作，贯彻各项检验制度，最大限度地减少事故发生的可能性。

（1）对安全有足够的重视。

（2）严格执行安全操作规程。

（3）制定完善的检查、检验制度，并严格执行。

（4）对操作人员培训、考核。

（5）吊运作业时，保证吊运物平稳，以免碰伤施工人员或损坏建筑材料。高处作业时，接料人员应按要求系好安全带，在吊运物还没有稳定之前不得靠近吊运物。取钩人员要提高安全意识，按要求做好支撑加固后再取吊钩。遇到六级以上大风或大雨、大雪、大雾等恶劣天气时，应停止起重吊装作业。雨雪过后作业前，应先试吊，确认制动器灵敏可靠后方可作业。

第三节　建筑本体事故的预防

建筑物作为人们生存、生产必须依赖的场所，应该具备耐久性和安全性。但近年来，随着经济建设的发展，各地加快大兴土木，不少建筑因质量不符合安全要求，发生了很多安全事故，造成了大量财产损失和人员伤亡。

一、影响建筑本体安全性因素分类

建筑物在使用过程中，由于材料的老化、构件强度的降低、结构安全储备的减少，必然会产生由完好到损坏、有小损到大损、由大损到危险的过程。建筑物本体如发生事故，将会对建筑物造成毁灭性的损坏、倒塌和人员伤亡。引起建筑物“发病”和“衰老”的原因有哪些因素呢？主要是设计因素、施工因素、材料因素、地质因素、人为损坏因素、环境因素、邻近工程因素、建筑物自身老化因素等，现对其中几项因素作简要介绍。

1. 设计因素

建筑物的设计一般包括地基基础设计和上部结构设计。由于设计错误、无证设计或采用的设计标准过低，给建筑物安全带来隐患。

2. 施工因素

在施工阶段，施工单位片面追求工期和利润等，施工过程中没有按标准、规范操作，未达到设计要求，偷工减料；施工队伍的素质参差不齐，也为工程质量埋下了安全隐患。

3. 材料因素

由于在建筑物的施工和装修过程中采用不达标的建筑或装饰材料，以次充好，降低了建筑物的整体性能。

4. 人为损坏因素

由于使用功能的需要，对旧建筑物进行改造和扩建，如在旧建筑物上加层，在住宅楼前后加宽房屋，加长办公楼，内外墙改造装修等。有的改造很成功，既扩大了面积又起到了装饰美观的作用，但也存在一些随意破坏原有主体结构、拆改承重墙体、乱搭乱建、增大荷载等非常危险的做法，无论在外观上还是功能上都很不合理，严重影响了建筑物的安全性和耐久性。严重造成建筑物开裂、倾斜、倒塌等重大事故，给国家和个人带来惨重的经济损失。

人为损坏因素导致建筑物安全隐患具有极其普遍性和危害性，具体体现在：

（1）增加设计以外荷载。

（2）改变建筑物设计使用用途。

（3）拆改建筑物墙体。

（4）不经任何部门审批和设计验算，擅自在一层建筑物内挖掘地下室。

（5）为装饰装修，不考虑建筑物结构设计要求，随意拆除承重结构。

（6）周围环境变化对建筑物安全产生影响。

5. 环境因素

在50～100年的寿命期内（设计寿命期），建筑物有可能遭到地震、水灾、飓风等自然灾害的破坏。周边环境有爆破，基础、地下室、道路施工及车辆撞击等，均会不同程度地削弱建筑物的安全性、耐久性。加上长期缺乏对建筑物的维护和保养，建筑物安全性受到不同程度的影响。

6. 邻近工程因素

城市化建设进程中，由于土地资源的稀缺，在旧有建筑物附近新建或贴建建筑物的情况越来越普遍，施工过程中深基坑的开挖及降水处理不当，均会造成旧有建筑物的不均匀沉降和开裂，影响旧有建筑物的正常使用，带来了安全隐患。

7. 建筑物自身老化因素

房屋建筑，尤其是多层砖混房屋在使用过程中，常年受到风化、气温变化、雨水浸润、冻融和有害气体或腐蚀性液体的侵蚀，墙体截面会有所削弱，从而影响其结构的承载能力。同时，电气、空调、消防等设备随着使用年限的增加，也会出现老化现象。这些都将威胁建筑物的使用安全。

二、建筑本体事故预防对策

建筑本体事故预防主要从建筑物的生命周期的几个阶段来开展，根据影响建筑本体事故的各种因素，主要有以下几个方面的对策、措施。

1. 建筑本体施工过程的安全控制措施

施工过程是工程质量控制的关键环节，因此，要想保证建筑工程质量和安全，必须在施工管理过程中注意以下几点：

（1）重视技术交底工作

技术交底，一般在工程开工前由设计单位、建设单位、监理单位和施工单位等共同参加，对工程的特点、重点部位、质量要求及可能发生的技术问题和处理方法等进行全面沟通，形成指导施工、预防事故、保证质量、提高考核素质的技术性文件。

（2）施工材料控制

对进入现场的各种材料，均应有出厂合格证或实验检验记录，对主要材料如钢筋水泥更应进行检验。检验结果与原证明书和试验报告不符时，应重新取样复验，严禁使用不合格材料。水泥出厂后还应注意存放时间，一般不应超过 3 个月。沙石材料应注意其含泥量和颗粒级配等。

（3）主要部位的质量控制

1）地基。基槽开挖后应进行验槽，主要检查基槽的几何尺寸、槽底标高、土质状况等是否与设计要求一致。最常见的问题是出现含水量大、有孔洞、土质不匀而造成承载能力不够或大小不均。简单的处理方法有强夯、换填、打机等。对不符合设计要求的土质，应会同设计单位、监理单位、施工单位等研究确定处理意见，否则不得进行下一道工序。

2）现浇构件。主要包括梁、干和现浇板、楼梯等。这些都是结构的主要受力部位，应特别重视。主要是检查砖配合比，模板的尺寸、标高和牢固程度，钢筋的绑扎和固定，钢筋的保护层厚度和间距等。浇注砼的同时，应按施工规范规定留取试件，以便进行强度试验。浇注后应及时养护，还要注意拆模时间等。

3）砖砌体。主要控制垂直度和砂浆饱满度要求。此外，还应注意拉结筋的设置，相邻工作段的高度差一般不得超过一个楼层的高度，也不宜超过 4 m。脚手眼的设置也应符合有关规定。特别需要指出的是，有些单位为了提高砖墙的强度，将砌筑砂浆由混合砂浆改为水泥砂浆。结果却恰恰相反，当采用水泥砂浆砌墙时，同标号的砖和砂浆砌出的墙体强度却会降低。

4）悬挑构件。建筑物的各个悬挑部位最易造成质量安全事故。特别是挑梁和悬挑板，它的受力钢筋在上面，施工中检查时踩在上面容易造成钢筋错位。若出现钢筋下沉，就等于减小了截面高度，从而大大降低其承载能力，甚至会出现一拆除模板构件就断裂的情况。此外，拆模时间必须待砼强度达到 100％设计强度。需要注意的是，对于多层建筑，下部强度虽达到规范要求，但上部各层通过支撑传至下层，荷载过大时也会造成下部受力构件损坏。

2. 建筑物使用过程的安全控制对策

任何产品都有其自身的使用要求。建筑物作为特殊的产品也有其使用范围，使用不当，同样会给其带来不可想象的严重后果。主要应从以下两个方面加以控制。

(1) 严禁私拆乱改

特别是住宅建筑，许多住户为了追求居室的效果而随意扒门倒窗、扩大门窗洞口，更有甚者将窗间墙拆除，误认为上部有圈梁支撑。实际上，圈梁和构造柱是为抗震而设，不能作为房屋的承重结构。规范中就明确规定，当圈梁兼做过梁时，需另外配置过梁钢筋。对 7 级地震设防区，一旦发生地震，对于私拆乱改的房屋就等于埋下了一颗不定时炸弹，后果不堪设想。

(2) 严禁超载使用

对建筑物的楼板来说，其荷载分为两部分：一是恒荷载，即自重；二是活荷载，即人和物体的质量，它是随时间而变化的。比如，规范规定楼面荷载的标准值为：住宅、宿舍、办公楼为 1.5 kN/m^2，教室、阅览室为 2.0 kN/m^2，藏书库、档案库为 5.0 kN/m^2。要求在使用中不能超出房间的适用范围。如果改变用途，把一般的房间改为仓库，则明显超出其设计承载能力，这会危及建筑物的安全。

3. 加强建筑物本体安全管理工作的对策

（1）加强法律法规建设，依法监督管理

自从 1989 年建设部发布《城市危险房屋管理规定》实施以来，国务院和建设部又颁发了《建设工程安全生产管理条例》（国务院令第 393 号）、《建设领域安全生产行政责任规定》（2002 年 9 月 9 日）、《关于组织开展危旧房屋安全大检查　加强房屋安全管理的紧急通知》（建住房［2001］61 号）等法规文件，基本建立起房屋安全管理法规体系。为继续完善和加强房屋安全管理，建议国家出台一部《房屋安全管理法》或《房屋安全管理条例》。在国家出台这些法律法规之前，各地人大常委会或人民政府可先行一步，针对建筑物安全管理专门制定一部综合性法规或规章，如广州市人大常委会出台了《广州市房屋安全管理条例》等地方性法规。通过健全国家和地方二级法规规章，做到依法依章管理房屋安全工作，依法依章治理房屋安全工作。

（2）推行建筑物安全鉴定机构市场准入制度和鉴定人员执业资格制度

鉴于我国危旧建筑物量大面广、整治难度较大的特点，建筑物安全鉴定作为一个涉及公共安全、生命财产安全的行为，应该朝专业化、市场化、社会化方向发展。实行建筑物安全鉴定机构资质动态管理和市场准入制度，制定《建筑物安全鉴定机构管理办法》，并统一收费标准。建筑物安全鉴定人员的执业资格，必须达到相应的标准，参加国家考试取得。建议国家施行建筑物安全鉴定注册工程师执业资格制度。

（3）国家对公共房屋建筑及其附属设施的安全定期进行强制性“体检”

对于学校、幼儿园、政府机关、影剧院、商场、医院、体育场馆、娱乐场所等人群聚集的公共房屋，安全与否，事关百姓人身安危，房地产行政主管部门应定期组织安全鉴定机构等相关部门，对这些公共场所的房屋安全进行普查和安全鉴定。珠海市、武汉市等率先施行对公共建筑及其附属设施每 5 年进行一次安全鉴定的规章制度。

（4）房地产行政主管部门应建立健全房屋建筑安全管理动态信息系统

为实现房屋安全管理的网络信息化，应建立健全房屋安全管理动态信息系统（包括房屋安全检查和房屋修缮两个子系统）。通过该系统可以对房屋的安全、修缮、防汛、灾害等数据进行全方位网络信息化管理，保障信息的及时、准确和完整。这样，可以及时掌握危险房屋的治理和灭失情况。建立健全危险房屋登记、注销制度。

总之，建筑物本体是一个整体结构，各个基本构件都有其作用，不管哪个部位出问题，都会危及安全。只有按要求施工和不断地进行保养维护，并按照规定进行规范管理，才能保证其正常安全使用，发挥其应有的作用。

第四节 建筑消防工程

建筑消防工程主要结合建筑防火设计的思想，分析建筑火灾发生、发展的基本规律，围绕建筑防火的技术措施，系统地阐述建筑设计防火、建筑消防系统、建筑防排烟、火灾自动报警系统等相关内容。同时，建筑消防工程要依据有关规范设计和施工。目前，我国制定了建筑设计防火规范，高层民用建筑设计防火规范，石油库设计、车库设计、喷淋、报警等40余个消防技术规范和标准，几乎涵盖了现有的各种行业和各类建筑，这些规范为建筑消防工程的实际应用提供了技术支撑。

一、建筑消防基础知识

1. 建筑起火的主要原因

建筑物起火的原因主要有：

（1）生活和生产用火不慎。

（2）违反生产安全制度。

（3）电气设备设计、安装、使用及维护不当。

（4）自然现象引起。如自燃、雷击、静电、地震等。

（5）纵火。

（6）建筑布局不合理，建筑材料选用不当。

（7）在建筑布局方面，防火间距不符合消防安全要求，没有考虑风向、地势等因素对火灾蔓延的影响，往往会造成大面积火灾。

（8）在建筑构造、装修方面，大量采用可燃构件和装修材料，大大增加了建筑火灾发生的可能性。

2. 建筑火灾发展阶段

建筑火灾发展阶段如图4—1所示。一般情况下，火灾发展阶段大致分为起火、初期火灾、轰燃、旺燃期、渐熄五个阶段。轰燃阶段是前后两种状态由量变到质变，在瞬间完成，因此，也称为间燃，对消防设计没有要求采取针对性措施；渐熄阶段对消防设计已没有实际意义。因此，从消防设计角度，主要讨论起火、初期火灾、旺燃期三个阶段。

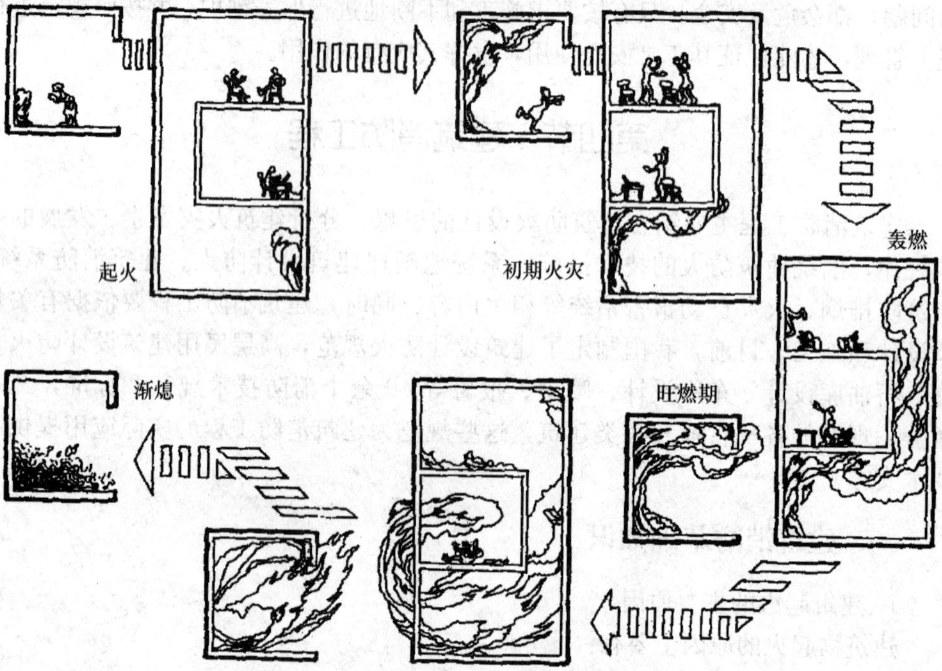

图 4—1 建筑火灾发展阶段

3. 建筑火灾蔓延方式

(1) 火焰延烧

火焰初始燃烧表面可使可燃材料连续燃烧，并蔓延开来，即形成火焰延烧。其速度主要取决于火焰传热的速度。

(2) 热传导

火焰燃烧产生的热量，经导热性能好的建筑构件或建筑设备传导，能够使燃烧蔓延到其他可燃物，即形成热传导蔓延方式。

(3) 热对流

热对流是建筑物内火焰及燃烧蔓延的主要方式。它是燃烧过程中热烟火与冷空气不断交换形成的。燃烧时，烟气轻热，升腾向上，温度较低的空气就会补充过来，形成对流。起火房间轰燃后，门窗大多被烧毁，烟火窜向室外或走廊，在更大范围内进行热对流，向水平及垂直方向蔓延，如遇可燃物就会加剧燃烧和对流。图 4—2 是剧场热对流造成火势蔓延的示意图。

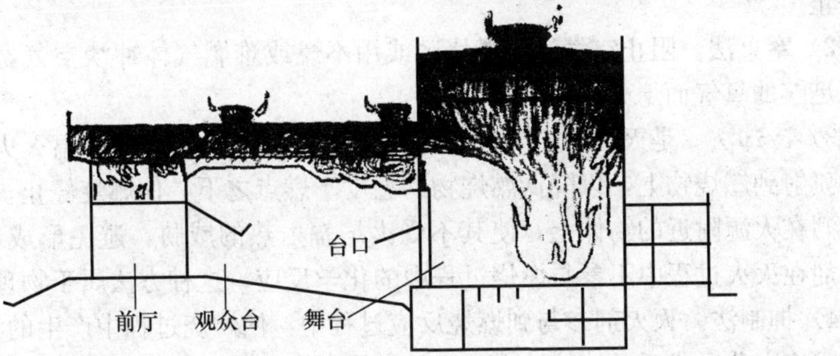

图 4—2　剧场火势蔓延

（4）热辐射

热辐射是相邻建筑之间火灾蔓延的主要方式之一。建筑防火设计中限定的最小防火间距，就是考虑防止火焰辐射引起相邻建筑着火而设置的间隔距离。

4. 消防技术基础知识

（1）防火的基本措施

一切防火措施，都是为了防止产生燃烧的条件。防止火灾的基本措施有：

1）控制可燃物。以难燃或不燃的材料代替易燃或可燃的材料；用防火涂料刷涂可燃材料，改变其燃烧性能；对于具有火灾、爆炸危险性的厂房，采取通风方法，以降低易燃气体、蒸气和粉尘在厂房空气中的浓度，使之不超过最高允许浓度；凡是性质上能相互作用的物品，要分开存放等。

2）隔绝空气。易燃易爆物质的生产，应在密闭设备中进行；对有异常危险产品的生产，可充装惰性气体保护；隔绝空气储存，如钠存于煤油中，磷存于水中，二硫化碳用水封闭存放等。

3）消除着火源。如采取隔离、控温、接地、避雷、安装防爆灯、遮挡阳光、设禁止烟火标志等措施消除着火源。

4）阻止火势蔓延。如在相邻两建筑之间留出一定的防火间距，在建筑内设防火墙、防火门窗、防火卷帘，在管道上设防火阀等。

（2）灭火的基本方法

一切灭火措施，都是为了破坏已经产生的燃烧条件，使燃烧熄灭。灭火的基本方法有：

1）隔离法。将火源处或其周围的可燃物质隔离或移开，使燃烧因隔离可燃物而停止。

2）窒息法。阻止空气流入燃烧区或用不燃或难燃气体冲淡空气，使燃烧物得不到足够的氧气而熄灭。

3）冷却法。是灭火的主要方法，常用水和二氧化碳冷却降温灭火，将灭火剂直接喷射到燃烧物上，以降低燃烧物的温度于燃点之下，使燃烧停止；或者将灭火剂喷洒在火源附近的物体上，使其不受火焰辐射热的威胁，避免形成新的着火点。灭火剂在灭火过程中不参与燃烧过程中的化学反应，这种方法属于物理灭火方法。

4）抑制法。灭火剂参与到燃烧反应过程中，使燃烧过程中产生的游离基消失，而形成稳定分子或低活性的游离基，使燃烧反应终止。二氟一氯一溴甲烷（1211）、三氟一溴甲烷（1301）等均属这类灭火剂。

二、建筑防火技术

1. 建筑设计防火对策

（1）积极防火对策

积极防火对策即采用预防起火、早期发现（如设火灾探测报警系统）、初期灭火（如设自动喷水灭火系统）等措施，尽可能做到不发生火灾。采用这类防火对策可以减少火灾发生的可能性，但却不能排除遭受重大火灾的可能性。

（2）消极防火对策

消极防火对策即采用以耐火构件划分防火分区、提高建筑结构耐火性能、设置防排烟系统、设置安全疏散楼梯等措施，尽量不使火势扩大，并疏散人员和财物。消极防火对策可以减少发生重大火灾的概率。消极防火对策和积极防火对策的目的是一致的，都是为了减轻火灾损失，保证人员的生命安全。

2. 建筑防火设计的基本安全目标

无论采用何种防火设计方法，首先应确定基本安全目标。民用与特殊用途建筑的防火设计目标主要有：

（1）在火灾初期保护建筑物内的人员生命安全。

（2）尽可能保持建筑结构的完整性。

（3）保障消防救援设施的可靠性。

（4）设法阻止火灾蔓延，减少火灾造成的经济、财产损失。

3. 建筑设计防火技术

《建筑设计防火规范》和《高层民用建筑设计防火规范》（GB 50045—95）等规定了建筑设计防火应采用的技术措施，主要包括四个方面：

(1) 建筑防火系统

建筑设计防火的主要内容有：

1) 总平面防火。要求在总平面设计中，根据建筑物的使用性质、火灾危险性、地形、地势和风向等因素，进行合理布局，尽量避免建筑物相互之间构成火灾威胁和发生火灾爆炸后可能造成严重后果，并且为消防车顺利扑救火灾提供条件。

2) 建筑物耐火等级。划分建筑物耐火等级是建筑设计防火规范中规定的最基本的措施。要求建筑物在火灾高温的持续作用下，墙、柱、梁、楼板、屋盖、吊顶等基本建筑构件能在一定的时间内不破坏，不传播火灾，从而起到延缓和阻止火灾蔓延的作用，并为人员疏散、抢救物资和扑灭火灾以及为火灾后结构修复创造条件。

3) 防火分区和防火分隔。在建筑物中采用耐火性能较好的分隔构件将建筑物空间分隔成若干区域，一旦某一区域起火，则可把火灾控制在这一局部区域之中，防止火灾扩大蔓延。

4) 防烟分区。对于某些建筑物，需用挡烟构件（挡烟梁、挡烟垂壁、隔墙）划分防烟分区，将烟气控制在一定范围内，以便用排烟设施将烟气排出，保证人员安全疏散和便于消防扑救工作顺利进行。

5) 室内装修防火。根据建筑物性质、规模，对建筑物的不同装修部位采用相应燃烧性能的装修材料。要求室内装修材料尽量做到不燃或难燃化，减少火灾的发生和降低蔓延速度。

6) 安全疏散。建筑物发生火灾时，为避免建筑物内人员由于火烧、烟熏中毒和房屋倒塌而遭到伤害，必须尽快撤离；室内的财物也要尽快抢救出来，以减少火灾损失。为此，要求建筑物应有完善的安全疏散设施，为安全疏散创造良好的条件。

7) 工业建筑防爆。在一些工业建筑中，使用和产生的可燃气体、可燃蒸气、可燃粉尘等物质能够与空气形成爆炸危险性的混合物，遇到火源就能引起爆炸。这种爆炸能够在瞬间以机械功的形式释放出巨大的能量，导致建筑物、生产设备遭到毁坏，人员伤亡。对于上述有爆炸危险的工业建筑，为了防止爆炸事故的发生，减少爆炸事故造成的损失，要从建筑平面与空间布置、建筑构造、建筑设施等方面采取防火防爆措施。

(2) 消防给水、灭火系统

设计的主要内容包括：室外消防给水系统、室内消火栓给水系统、闭式自动喷水灭火系统、雨淋喷水灭火系统、水幕系统、水喷雾消防系统，以及二氧化碳灭火系统、卤代烷灭火系统等。要求根据建筑的性质、具体情况，合理设置上述各种系统，做好各个系统的设计计算，合理选用系统的设备、配件等。

（3）采暖通风和空调系统的防火、防排烟系统

采暖通风和空调系统的防火设计应按规范要求选好设备的类型，布置好各种设备和配件，做好防火构造处理等。在设计防排烟系统时要根据建筑物性质、使用功能、规模等确定好设置范围，合理采用防排烟方式，划分防烟分区，做好系统设计计算，合理选用设备类型等。

（4）电气防火、火灾自动报警控制系统

根据建筑物的性质，合理确定消防供电级别，做好消防电源、配电线路、设备的防火设计，做好火灾事故照明和疏散指示标志设计，采用先进可靠的火灾报警控制系统。此外，对建筑物还要设计安全可靠的防雷装置。

4. 建筑防火安全设计的基本步骤和主要内容

（1）确定工程参数

建筑的使用功能、特征（大小、平面布置、结构形式等）以及空间规模、场所内人员的密集程度等都会对火灾后果产生不同的影响。此外，建筑使用方的特殊需求，如特殊作业、危险物品的使用或存放、昂贵设备区及零故障区等，建筑使用者的特征，如年龄、智力、是否睡眠、体能状态等，都是必须了解的因素。因此，防火设计的第一步就是收集与分析有关工程的资料，确定工程参数。

（2）确定防火安全功能目标

功能目标通常用可计量的术语加以表征，是指建筑物应达到的安全目标。一旦明确了功能目标或损失目标，人们就必须有一个确定建筑及其系统发挥作用的性能标准的方法。这项工作是通过性能指标完成的。

（3）制定性能指标和设计目标

性能指标是功能目标的量化表述，它给出了各种参数的临界值，包括材料温度、气体温度、碳氧血红蛋白含量、能见度以及热辐射量等。通过计量和计算，应使建筑材料、建筑构件、系统以及建筑方法等满足性能指标的要求，从而达到消防安全总体目标和功能目标。

（4）确定火灾场景

在确定火灾场景时，应该考虑的因素很多，其中包括：

1）建筑平面布局。

2）火灾荷载与分布状态。

3）火灾可能发生的位置。

4）室内人员的分布与状态。

5）火灾可能发生时的环境因素。

（5）提出和评估设计方案

本步骤中应提出多个消防安全设计方案，并按照规范的规定进行评估，以确定最佳的设计方案。评估过程是一个不断反复的过程，在此过程中，许多消防安全措施的评估都是依据设计火灾曲线和设计目标进行的。必须考虑的基本因素包括：

1）火灾发生与发展。

2）烟气蔓延与控制。

3）火灾蔓延与控制。

4）火灾探测与灭火。

5）人员通报与疏散。

6）消防部门的接警与响应。

（6）编制报告和说明

编制报告和说明是建筑物防火安全设计能否被批准的关键因素。该报告需要对分析和设计过程的步骤作全面描述，且报告分析和设计结果所提出的格式和方法要规范化，符合权威机构和客户的要求。

三、常用建筑防火系统简介

1. 消火栓系统

（1）系统的设置

根据我国有关消防技术规范要求，高层建筑及绝大多数单、多层建筑应设消火栓给水系统。它广泛应用于厂房、库房、科研楼（存有与水接触能引起燃烧爆炸的物品除外）、剧院、电影院、俱乐部、礼堂、体育馆、展览馆、商店、病房楼、门诊楼、教学楼、图书馆书库及车站、码头、机场建筑物，重点保护的砖木、木结构古建筑，较高或特定的住宅等。

（2）主要组件

1）消火栓设备。包括消火栓、水枪、水带、水喉（软管卷盘）、报警按钮等，平时放置在消火栓箱内。消火栓箱根据建筑物的美观要求选用，为保证消火栓箱门在火灾发生时能及时打开，不宜采用封闭的薄钢板门，而应采用易敲碎的玻璃门。

2）管网设备。消火栓给水系统的消防用水是通过管网输送至消火栓的。管网设备包括进水（户）管、消防竖管、水平管、控制阀门等。进水管是室内、室外消防给水管道的连接管，对保证室内消火栓给水系统的用水量有很大的影响。竖管是连接消火栓的给水管道，一般应设置独立的消防竖管，管材采用钢管。阀门用于控制供水，以便于检修管道，一般阀门的设置应保证检修时关闭的竖管不超过一条。

3）消防水箱及气压给水设备。消防水箱是指在灭火救援活动中为消防队提供水源的消防设施。消防水箱储水，一方面，使消防给水管道充满水，节省消防水泵开启后充满管道的时间，为扑灭火灾赢得了时间。另一个方面，屋顶设置的增压、稳压系统和水箱能保证消防水枪的充实水柱，对于扑灭初期火灾的成败有决定性作用。气压给水设备是一种常见的增压稳压设备，包括气压水罐、稳压泵和一些附件。按气压水罐工作形式分为补气式、胶囊式消防气压给水设备，按是否设有消防泵组分为设有消防泵组的普通消防气压给水设备和不设消防泵组的应急消防气压给水设备。

此外，还需要水泵设备、消防水源、水泵接合器、减压装置、增压设施等消火栓系统配套设施。

2. 自动喷水灭火系统

（1）闭式自动喷水灭火系统

闭式自动喷水灭火系统是常见的一种固定灭火系统，它采用闭式喷头，通过喷头感温元件在火灾时自动动作，将喷头堵盖打开，喷水灭火。由于其具有良好的灭火效果，广泛应用于厂房、库房和民用建筑，面积较大的百货商场、展览大厅，高级旅馆和综合办公楼内的走道、办公室、客房，国家级文物保护单位的重点砖木或木结构建筑等。

闭式自动喷水灭火系统根据工作原理不同，分为湿式自动喷水灭火系统、干式自动喷水灭火系统、预作用自动喷水灭火系统、干湿式自动喷水灭火系统和循环系统五种类型。

（2）开式自动喷水灭火系统

开式自动喷水灭火系统采用开式喷头，通过阀门控制系统开启。该系统用于保护特定的场合，可分为雨淋系统、水幕系统、水喷雾系统三种。

3. 建筑防排烟系统

防排烟系统设计的目的是将火灾时产生的大量烟气及时排除，阻止烟气从着火区向非着火区蔓延扩散，特别是防止烟气侵入作为疏散通道的走廊、楼梯间及其前室，以确保建筑物内人员顺利疏散、安全避难和为消防队员扑救创造有利条件。

（1）防排烟设施的设置范围

1）防烟楼梯间及其前室、消防电梯前室或两者合用前室。

2）一类建筑和建筑高度超过 32 m 的二类高层民用建筑的下列部位：无直接采光

和自然通风，且长度超过 20 m 的内走道或虽有直接采光和自然通风，但长度超过 60 m 的内走道；面积超过 100 m^2，且经常有人停留或可燃物较多的无窗房间（包括设固定窗扇的房间和地下室的房间）；房间总面积超过 200 m^2 或一个房间面积超过 50 m^2，且经常有人停留或可燃物较多的地下室；封闭避难层（间）；建筑中庭等。

（2）防排烟方式

防排烟方式可分为自然排烟、机械排烟、机械加压送风防烟三种方式。

（3）防排烟系统的设备及部件

防排烟系统的设备及部件主要包括风机、排烟口、送风口、管道及防火阀等。

4. 火灾自动报警系统

火灾自动报警与联动控制技术是一项综合性消防技术，是现代电子技术和计算机技术在消防中应用的产物，也是现代自动消防技术的重要组成部分和新兴技术学科。它研究的主要内容是：火灾参数的检测技术，火灾信息处理与自动报警技术，消防设备联动与协调控制技术，消防系统的计算机管理技术，以及系统的设计、构成、管理和使用等。

（1）火灾探测器的分类

按照待测的火灾参数不同，可以划分为感烟式、感温式、感光式火灾探测器和可燃气体探测器，以及烟温、烟光、烟温光等复合式火灾探测器和双灵敏度火灾探测器。

（2）火灾自动报警系统的组成

火灾自动报警系统通常由火灾探测器、火灾报警控制器，以及联动模块与控制模块、控制装置等组成。

（3）火灾自动报警系统的基本形式

火灾自动报警系统有三种基本设计形式：区域报警系统、集中报警系统和控制中心报警系统。

第五节 建筑事故案例分析

一、高处坠落事故案例分析

1. 案例 1

（1）事故经过

2003 年 8 月 27 日，在某通信楼工程现场，项目副经理分别安排泥工班组和空调班组晚上作业，其中泥工班组邹某等5人在水箱间屋面顶部进行水泥砂浆保护层施工，晚上8点40分许，邹某在用手推车运输砂浆时，不慎从顶部直径1.8 m的检修人孔坠落至6层屋面，坠落高度7.2 m。邹某随即被送往医院抢救，经抢救无效死亡。

（2）事故分析

1）直接原因：水箱间屋面直径1.8 m检修人孔未采取有效防护措施，未设专人管理。

2）间接原因：

①现场安全管理混乱，安全防护措施不到位。

②工人安全意识淡薄，自我保护意识差。

③监理单位监管不力，监理人员对现场的安全隐患未及时发现并采取措施。

（3）事故预防

1）施工单位必须严格按照《建筑施工高处作业安全技术规范》和建设部《建筑工程预防高处作业坠落事故若干规定》（建质［2003］82号）的要求切实做好现场临边洞口的防护，并落实责任人。

2）完善各项安全管理制度并严格执行。

3）加强对工人进行安全教育，提高安全防范意识和能力。

4）监理公司必须履行监理单位的安全责任，加强对施工现场的安全监理。

2. 案例2

（1）事故经过

2005年10月5日，深湾花园工程施工现场，因别墅坡屋顶小窗渗漏，防水工程分包单位派工人进行补漏作业。因无法直接爬上别墅屋面，工人便在别墅二层露台往坡屋面外檐搭设上屋用的竹梯子。约13时50分，正在搭设的竹梯子突然失稳向露台外侧倾斜，站在梯子上的伍某从竹梯上坠落至地面死亡。坠落高度约8 m。

（2）事故分析

1）直接原因：搭设的梯子未进行可靠的固定，倾斜失稳，导致在梯子上面的工人坠落。

2）间接原因：

①分包单位安全管理不到位，采用不合理的现场搭设梯子攀登方案。

②工人在无详细技术方案、未采取足够安全措施的情况下现场搭设梯子。

③项目部对工人安全教育不到位，工人安全意识淡薄，对现场安全隐患认识不足。

④总包单位对分包单位安全管理不到位。

(3) 事故预防

1) 采用合理的攀登方案，如采用结构牢固的工具式梯子，并进行固定。现场搭设临时设施需编制详细的技术方案，并审批后实施。

2) 加强现场安全管理，对安全隐患及时发现、及时消除。

3. 案例3

(1) 事故经过

2002年2月20日上午，某电厂5、6号机组续建工程现场，屋面压型钢板安装班组5名工人张某、罗某、贺某、刘某、戴某在6号主厂房屋面板安装压型钢板。在施工中未按要求对压型钢板进行锚固，即向外安装钢板，在安装推动过程中，压型钢板两端（张某、罗某、贺某在一端，刘某、戴某在另一端）用力不均，致使钢板一侧突然向外滑移，带动张某、罗某、贺某3人失稳坠落至三层平台死亡，坠落高度19.4 m。

(2) 事故分析

1) 直接原因：

①临边高处悬空作业，不系安全带。

②违反施工工艺和施工组织设计要求进行施工。根据施工组织设计要求，铺设压型钢板一块后，应首先进行固定，再进行翻板，而实际施工中既未固定第一张板，也未翻板，而是采取平推钢板，由于推力不均从而失稳坠落。

③施工作业面下无水平防护（安全平网），缺乏有效的防坠落措施。

2) 间接原因：

①教育培训不够，工人安全意识淡薄，违章冒险作业。

②项目部安全管理不到位，专职安全员无证上岗，项目部对当天的高处作业未安排专职安全员进行监督检查，致使违章和违反施工工艺的行为未能及时发现和制止。

③施工组织设计、方案、作业指导书中的安全技术措施不全面，没有对锚固、翻板、监督提出严格的约束措施，落实按工序施工不力，缺少水平安全防护措施。

(3) 事故预防

1) 建立健全安全生产责任制。安全管理体系要从公司到项目部到班组层层落实，切忌走过场。切实加强安全管理工作，配备足够的安全管理人员，确保安全生产体系正常运作。

2) 进一步加强安全生产的制度建设。安全防护措施、安全技术交底、班前安全活动要全面、有针对性，既符合施工要求，又符合安全技术规范的要求，并在施工中不折不扣地贯彻落实，不能只停留在方案上，施工安全必须实行动态管理，责任要落实到班组，落实到现场。

3）进一步加强高处坠落事故的专项治理。高处作业是建筑施工中出现频率最高的危险性作业，事故率也最高。在施工中必须针对不同的工艺特点，制定切实有效的防范措施，开展高处作业的专项治理工作，控制高处坠落事故的发生。

4）坚决杜绝群死群伤的恶性事故。对易发生群死群伤事故的分部分项工程要制定有针对性的安全技术措施，确保万无一失。

5）加强对工人的培训教育，努力提高其安全意识。开展安全生产的培训教育工作，使工人树立“不伤害自己，不伤害别人，不被别人伤害”的安全意识，努力克服培训教育费时费力的思想，纠正只使用不教育的做法。

二、物体打击事故案例分析

1. 案例 1

（1）事故经过

某市一幢住宅楼共 18 层，框架结构，由具有一级资质的某建筑公司承建。某年 5 月 19 日下午，柏某等 3 人在工地北面双笼电梯西侧道路处清理钢模板。双笼电梯从 13 层西侧阳台边爬升过程中，由于 14 层阳台梁底（标高 37.37 m）的一块钢模板（1 500 mm×200 mm）和支撑钢管伸出过长而受阻碍。中午，架子工谢某将爬升受阻的情况向项目工程师蒋某汇报，当时蒋某答复让架子工拆模板，而架子工未答应。下午上班后，架子工谢某看到木工王某刚好在该处脚手架上加固 14 层阳台的支模板，因此，谢某就向王某说明该模板和钢管妨碍爬升，王某就一手抓钢管，一手拿锤子自行拆除这块钢模板。因为钢模板与混凝土之间隔着木板，使得钢模板没有水泥浆的黏着力，当王某用锤子击打掉回形卡后，钢模板自行脱落。由于拆除时没有采取任何防护措施，钢模板正好从 13 层阳台与脚手架的空隙中掉落，钢模板在下落时，又碰到 12 层阳台，改变下落的方向，弹出坠落至建筑物水平距离 9 m 处，击中了正在该处清理钢模板的柏某头部，并击破安全帽，造成柏某脑外伤。事故发生后，现场人员当即将柏某急送医院抢救，因抢救无效，于当日 15 时 15 分死亡。

（2）事故分析

发生这次事故的直接原因是，木工王某未按高处拆模的安全操作规程拆除钢模板。《建筑施工高处作业安全技术规范》规定：“施工作业场所，有坠落可能的物体，应一律先行撤除或加以固定。”而木工王某在没有采取安全防护措施的情况下，违章拆除钢模板。

发生这次事故的间接原因是，现场管理协调不力，安全防护设施不到位。主要表现在：一是当架子工反映脚手架爬升受到阳台钢模板阻碍问题时，项目工程师未及时安排有经验的工人清除障碍；二是在上部有人作业的情况下，下部却安排工人作业，且未实行交叉作业安全防护；三是脚手架与阳台、墙体有空隙，没有满封；四是安全挑网未及时按每隔 4 层设一道；五是地面人员作业无安全防护棚。此外，经现场勘察，立模时木工没有按爬架尺寸要求控制模板、钢管的外露尺寸，没有按工艺要求选用钢模，随意用木板代替，因此，模板安装不恰当是这起事故的又一间接原因。

（3）事故预防

1）加强安全生产教育，使施工现场的每一位管理人员、每一名工人都能保持警觉，自觉遵章守纪，抵制和防止违章指挥、违章作业。

2）强化安全检查，及时发现和消除安全事故隐患，确保安全施工。

3）悬挑脚手架的建筑工程，必须按规定设置水平挑网，设置安全通道，设置地面人员安全作业棚。

2. 案例 2

（1）事故经过

某年 6 月 22 日，某市某高层建筑由该市某建筑公司施工。进行外墙装饰工程时，外墙抹灰班组为图施工操作方便，经班长同意后，拆除该大楼西侧外脚手架顶排朝下第 3 步围挡密目网，搭设了操作小平台。9 时 40 分左右，抹灰工牛某在取用抹灰材料时，觉得小平台上料口空当过大，就拿来了一块小木板，准备放置在小平台空当上。在旋转时，因小木板后段上的一根铁丝钩住了脚手架密目网，牛某想用力甩掉小木板的钢丝，不料用力太大而失手，小木板从 90 m 高度坠落，正好击中施工现场的普工李某的头部。事故发生后，现场负责人立即将李某送医院抢救，但因伤势过重，救治无效而死亡。

（2）事故分析

1）直接原因：抹灰工牛某在小平台上放置小木板时，因用力过大失手掉下，导致木板从 90 m 高度坠落，击中底层的李某。

2）间接原因：施工单位管理人员未落实安全防护措施，导致作业班组长擅自搭设不符合规范的操作平台；缺乏对作业人员遵章守纪的教育，现场管理和安全检查不力。

3）主要原因：外墙抹灰班长只图操作方便，擅自同意作业人员拆除脚手架密目网，在脚手架外侧违章搭设操作小平台。

（3）事故预防

1）施工单位召开全体职工事故现场会，进行安全意识和遵章守纪教育，强调有关规章制度，加强安全管理和安全检查制度，以杜绝各类事故再次发生。

2）施工单位对肇事班组进行处罚。

3）施工单位立即组织施工现场安全检查，对查出的事故隐患，限期整改并组织复查。

4）施工单位组织专职安全管理人员加强现场安全巡视检查，对违章作业、违章指挥加大执法力度。

三、坍塌事故案例分析

1. 案例 1

（1）事故经过

某住宅建筑，7 层砖混结构，由某建筑公司承建。某年 7 月 7 日下午 14 时 50 分左右，3 名架子工正在从事井字架搭设。当井字架安装到 26 m 高度时，3 名在井字架上的架子工突然发现井架有倒塌的危险，立即从井架上翻爬下来，就在这一瞬间，井架突然向东边方向倾斜，3 名架子工随井架的倒塌一起从 23 m 高空坠落，项目经理王某闻讯后立即组织工人将伤员送医院抢救，经医院全力抢救无效，3 名作业人员全部死亡。

（2）事故分析

发生这起井架倒塌伤亡事故的直接原因是：从事井架搭设的 3 名工人，仅有 1 名工人有架子工操作证，另 2 人均无操作证；井架已搭至 26 m 高，按规定井架超过 15 m 高应用 2 道缆风绳，实际施工中仅用 1 道钢丝绳做缆风绳，且每根缆风绳锚桩只用 1 根钢管，深度最大的仅 1.2 m，最小的仅 0.8 m，按规定井架如果用钢管桩必须使用联锚桩（即 2 根钢管），每根桩的深度必须超过 1.7 m。事故井架的缆风绳数量和锚桩的设置严重违反有关规定。

（3）事故预防

1）加强对建筑施工现场的安全管理，重点应加强对施工现场项目负责人的安全教育、培训和管理，提高其安全意识和现场安全管理能力。

2）架子工必须经过培训和考核，持证上岗，严禁无证从事井字架的搭设和拆除作业。

3）施工过程中，应将井字架的搭设和拆除作为安全施工管理的重点。

4）应严格遵守架子工安全技术操作规程和井字架搭设的安全技术规程，严禁违章指挥和违章作业。

2. 案例 2

（1）事故经过

某年 7 月 18 日，在某市中水回流工程 A 标段工地上，四川省某市政公司正在做工程前期准备工作，主要了解地下管线情况、土质情况及实施管道的土方开挖。上午 8 时 30 分，开始管道沟槽开挖作业。9 时 30 分左右，当挖掘机挖沟槽至 2 m 深时，突然土体发生塌方，当时正在坑底进行挡土板支撑作业的作业人员李某避让不及，身体头部以下被埋入土中，事故发生后，现场项目经理立即组织人员进行抢救。虽经多方全力抢救但未能成功，下午 15 时 20 分左右，李某在该市某中心医院死亡。

（2）事故分析

发生这起伤亡事故的直接原因和间接原因如下：

1）直接原因：

①施工过程中土方堆置未按规范要求，即单侧堆土高度不得超过 1.5 m、离沟槽边距离不得小于 1.2 m 的要求进行堆置，实际堆土高度达 2.5 m，距沟槽边距离仅 1 m。

②现场土质较差，现场为回填土，约 4.5 m 深，且紧靠开挖的沟槽，其中夹杂许多垃圾，土体松散。

2）间接原因：

①施工现场安全措施针对性较差。

②未能考虑员工逃生办法，对事故预见性较差，麻痹大意。

③施工单位领导安全意识淡薄，对三级安全教育、安全技术交底、进场安全教育未能引起足够重视。

（3）事故预防

1）暂时停止施工，施工单位进行全面安全检查及整改。

2）召开事故现场会对工人进行安全教育，举一反三，提高工人的安全意识。

3）施工单位制定有针对性的施工安全技术，严格按施工技术规范和安全操作规程作业，对作业人员进行安全技术交底，配备足够的施工保护设施。

4）明确和落实岗位责任制。

5）监理单位应加强施工过程的监理。

四、触电事故案例分析

1. 案例1

(1) 事故经过

某商业楼建筑面积50 000 m^2，共7层，框架结构，内设采光井、电梯等设施，由某装饰工程队承建该建筑的室内装修工程。某年2月1日中午，工人张某与其他工人一起在4层客房卫生间进行管沟开槽作业，照明系统采用普通插口灯头接单相橡胶电线、220 V电压、200 W灯泡、无固定基座的行灯。大约11时30分左右，其他工人下班后，张某在没切断电源的情况下，移动照明灯具，并与其他工人分开，另找作业面，继续作业。12时，另一工人李某需要爬梯，在寻找爬梯过程中，看见张某身体靠在墙上，坐在积水中口吐白沫，身体上有电线，灯头脱落，灯泡已碎，可能触电了。李某立即通知其他工人，拉闸断电，跑过去扔掉电线，将张某抱到干燥地方，送张某到医院抢救。经医院检查张某左手下腕内侧有约5 cm×3 cm的电击烧伤斑迹，因电击时间长，发现太晚，以及现场抢救措施不当等原因，张某抢救无效死亡。

(2) 事故分析

1) 直接原因：张某违反操作规程作业，在没有切断电源，未戴绝缘手套和未穿绝缘鞋的情况下，左手抓住电线灯泡拖拉移动普通照明设备，造成电线与灯头受力脱开，电线裸露触及左手腕。

2) 间接原因：现场设施不完善，临时照明灯具无固定基座，手持照明灯未使用36 V及以下的安全电压供电，照明专用回路无漏电保护装置，发生漏电不能自动切断电源。

3) 主要原因：该工程内部装饰要用的手提电动工具较多，电源的接驳点多，用电量较大，实施作业前对现场用电未引起足够的重视，用电无方案、无措施。没有按照《施工现场临时用电安全技术规范》(JGJ 46—2005) 的要求完善三级配电、两级保护以及动力电源与照明电源分开设置的原则。设置的用电设备、电箱位置、末端开关箱的位置、相对固定漏电保护装置等不符合照明使用要求，一旦漏电不能及时断电。

(3) 事故预防

1) 临时用电设备在5台及5台以上或设备总容量在50 kW以上应编制临时用电施工组织设计或方案。

2) 动力配电箱与照明配电箱应分别设置，如在同一配电箱内，动力与照明线路也应分路设置，照明回路应装设参数相匹配的漏电保护装置。

3）潮湿积水、易触及带电体场所的照明电源电压不得大于 24 V，使用行灯的灯体与手柄应坚固、绝缘、耐热、耐潮，灯头与灯体结合牢固，灯泡外部有金属保护网。电线应采用单相三线橡胶线。

4）使用电气设备前必须穿戴和配备相应劳动防护用品，配备绝缘手套和绝缘鞋，移动和维修电气设备必须切断电源并派人监护。

5）掌握必要的救护常识，触电者脱离电源后，应尽量现场抢救，先救后搬，让触电者静卧于干燥通风处，进行人工呼吸。

2. 案例 2

（1）事故经过

某年 10 月 1 日，在上海某建筑公司承建的某别墅小区工地上，项目经理部钢筋组组长罗某和班组其他成员一起在 F 形 38 号房绑扎基础底板钢筋，并进行固定柱子钢筋的施工作业。因用斜撑固定钢筋柱子较麻烦，钢筋工张某就擅自把电焊机装在架子车上拉到基坑内，停放在基础底板钢筋网架上，然后将电焊机一次侧电线插头插进开关箱插座，准备用电焊固定柱子钢筋。当张某把电焊机焊把线拉开后，发现焊把到钢筋桩子距离不够，于是就把焊把线放在底板钢筋架上，将电焊机二次侧接地电缆绕在小车扶手上，并把接地连接钢板搭在车架上。当脚穿破损鞋子的张某双手握住车扶手去拉架车时，遭电击受伤倒地。事故发生后，现场负责人立即将张某急送医院，经抢救无效死亡。

（2）事故分析

1）直接原因：钢筋班组工人张某在移动电焊机时，未切断电焊机一次侧电源，把焊把线放在钢筋网架上，将电焊机二次侧接地连接钢板搭在车架上，在空载电源作用下，经二次侧接地钢板、车架、人体、钢筋、焊把线形成通电回路，张某鞋底破损不绝缘。

2）间接原因：职工未按规定穿着劳动防护用品，自我保护意识淡薄，项目经理部对施工机具的管理无人负责，对作业人员缺乏针对性安全技术交底。

3）主要原因：项目经理部未按规定对电焊机配置二次侧空载降压保护装置，在基础等潮湿部位施工未采取有效的防止触电的措施，使用前也未按规定对电焊机进行验收，致使存在安全隐患的机具直接投入施工，张某无证违章作业。

（3）事故预防

1）严格执行施工机具的管理制度，对投入使用的机械设备必须进行验收，杜绝将存在安全隐患的机具投入作业。

2）施工现场必须编制详细的临时用电施工组织设计，重点落实专人负责检查、检验、维修。

3）加强对职工的教育和培训，增强其自我保护意识，按规定配备个人劳动防护用品，并在施工中正确使用。

4）加大对施工现场危险作业过程的安全检查和监控力度，发现违章指挥、违章作业应及时制止。

五、机械伤害事故案例分析

1. 案例1

（1）事故经过

某年4月24日，在某建筑公司施工工地上，主楼正进行抹灰施工，现场使用1台混凝土搅拌机拌制抹灰砂浆。上午10时20分左右，由于从搅拌机出料口到主楼北侧现场抹灰施工点约有230 m左右的距离，需用2台翻斗车进行水平运输，而抹灰工人较多，造成砂浆供应不及时，工人在现场停工待料。抹灰工长王某非常着急，到砂浆搅拌机边督促拌料（当时搅拌机操作员因备料不在搅拌机旁）。王某去备料口查看搅拌机内的情况，并将头伸入料口内，结果头部被正在爬升的料斗夹住，王某跌落在料斗下，料斗下落后又压在其胸部，造成头部大量出血。事故发生后，现场负责人立即将王某急送医院，经抢救无效，于当日上午12时左右死亡。

（2）事故分析

1）直接原因：抹灰工长王某安全意识不强，在搅拌机操作工不在场的情况下，违章作业，擅自开启搅拌机，且在搅拌机运行过程中将头伸进料口内，导致料斗夹到其头部。

2）间接原因：施工单位对施工现场的安全管理不严，施工过程中对安全工作检查督促不力；对职工的安全教育不到位，安全技术交底未落到实处，导致抹灰工擅自进行砂浆搅拌；搅拌机操作工为备料而不在搅拌机旁，给无证人员违章作业创造条件；施工作业人员安全意识淡薄，缺乏施工现场的安全知识和自我保护意识。

3）主要原因：抹灰工长王某违章作业，擅自操作搅拌机。

（3）事故预防

1）必须建立各级安全生产责任制，施工现场各级管理人员和作业人员都应按照各自职责严格执行规章制度，杜绝违章作业的情况发生。

2）施工现场的安全教育和安全技术交底应落到实处，要让每个施工作业人员都知道施工现场的安全生产纪律和各自工种的安全操作规程。

3）现场管理人员必须强化现场的安全检查力度，加强对施工危险作业的监控。

4）应根据现场实际工作量合理配置和安排人力物力，保证施工的正常进行。

5）施工作业人员应提高自我防范意识，明确自己的岗位和职责，不能擅自操作自己不熟悉或与自己工种无关的设备设施。

2. 案例2

（1）事故经过

某年10月16日下午17时30分左右，在上海某建筑企业承包的高层工地上，瓦工班普工杨某在完成填充墙上嵌缝工作后，站在建筑物15层施工电梯通道板中间2根道竖管边准备下班。当时施工电梯笼装着混凝土小车向上运行，电梯操作工听到上面有人呼救，就将电梯开到16层楼面，发现16层没有人，就再启动电梯往下运行，在下行至不到15层处，正好压在将头部与上身伸出道竖管探望施工电梯运行情况的杨某头部左侧顶部，致其当场昏迷。当电梯笼内人员发现在15层连接运料平台板的电梯稳固撑上有人趴在上面，便及时采取措施，将伤者送往医院抢救，但杨某因头部颅脑外伤严重，经抢救无效死亡。

（2）事故分析

1）直接原因：杨某在完成填充墙上嵌缝工作后，擅自拆除道竖管的临边防护措施，将头部与上身伸入正在运行的施工电梯轨道中。

2）间接原因：分包项目经理部施工电梯管理制度不健全，安全教育培训不够，安全检查不到位；作业班长安排工作时，未按规定做好安全监护工作；总包单位对施工现场的安全管理力度不够，未严格实施总包单位对现场管理的具体要求，对安全隐患整改的监督不力。

3）主要原因：施工企业安全管理松懈，安全措施制定不严格，对施工人员的安全教育培训工作不够深入。

（3）事故预防

1）总包单位必须加强对施工现场各分包单位和安全生产管理的监管力度，强化安全生产责任制，健全和实施安全生产的规章制度。

2）施工企业必须加强对工人的安全教育与培训，提高其自我保护意识，加强施工作业前有针对性的安全技术交底工作，杜绝各类违章现象。

3）总包单位与施工企业针对事故发生原因，举一反三，实施现场全面安全检查，制定有效的安全防护措施，严格按要求对安全防护设施进行检查与检验工作，杜绝隐患。

本章小结

本章主要从系统安全工程角度分析了建筑安全事故的成因，并结合建筑安全事故的类型，介绍了建筑施工常见事故的预防对策以及建筑物本体事故的预防方法。同时，结合消防工程的相关理论，介绍了建筑消防工程的主要内容。最后，对部分建筑事故案例进行了分析，使读者对建筑安全有一个清晰的认识。

复习思考题

1. 造成建筑安全事故的主要能量是什么？该能量意外释放造成的事故类型有哪些？
2. 高处坠落事故的主要原因有哪些？如何采取有效防止措施？
3. 建筑施工过程中物体打击事故有哪些常见形式？
4. 分析施工工地触电事故的主要成因。
5. 影响建筑本体事故的主要危害因素有哪些？其中人为因素主要有哪些？
6. 如何加强建筑物的安全管理？
7. 建筑物火灾蔓延的方式有哪些？
8. 防火和灭火的主要方法、原理是什么？
9. 建筑设计防火的主要内容有哪些？
10. 建筑物起火的主要原因有哪些？

第五章 机械安全工程

本章学习目标

1. 了解机械产品的种类、机械安全设计与机械设备安全装置的基本知识、机械设备使用安全的基本知识。

2. 掌握机械伤害的种类及预防机械伤害的措施，机械设备在设计、生产、使用、维修等各个环节的安全技术和安全措施，起重机械事故的预防措施，压力容器类事故的预防措施。

第一节 机械能释放的危险性

一、机械能的基本知识

1. 动能机械能是能的一种形式，是动能与势能的总和，动能和势能可以相互转换。

由于各物体间存在相互作用而具有的、由各特体间相对位置决定的能叫势能，又称做位能，势能是状态量。按作用性质的不同，可以分为引力势能、弹性势能、电势能和核势能等。力学中势能有引力势能、重力势能和弹力势能。

从安全生产的角度我们主要考虑弹性势能和重力势能。重力势能是物体由于被举高而具有的能，其大小由地球和地面上物体的相对位置决定。物体质量越大、位置越高，做功本领越大，物体具有的重力势能就越多。判断一个物体是否具有重力势能，关键看此物体相对某一个平面有没有被举高，即相对此平面有没有一定的高度。弹性势能是物体因为弹性形变而具有的能量。

(1) 重力势能可用下式计算：

重力势能可用下式计算：

$$E（p）=mgh \qquad (5—1)$$

式中 m——物体的质量，kg；

g——重力加速度，m/s^2；

h——物体的高度，m。

（2）弹性势能可用下式计算：

弹性势能可用下式计算：

$$P_E=1/2\ kx^2 \qquad (5—2)$$

式中 k——弹性系数；

x——为压缩量，m。

2. 动能

动能通常被定义成使某物体从静止状态转变为运动状态所做的功。对于平动物体，动能的大小是运动物体的质量和速度平方乘积的 1/2。物体的速度越大，质量越大，具有的动能就越多。运动速度相同的物体，质量越大的，动能也越大。

（1）平动物体的动能可用下式计算：

平动物体的动能可用下式计算：

$$T=\frac{1}{2}mv^2 \qquad (5—3)$$

式中 m——物体的质量，kg；

v——物体的速度，m/s。

（2）绕定轴转动物体的动能可用下式计算：

绕定轴转动物体的动能可用下式计算：

$$T=\frac{1}{2}J\omega^2 \qquad (5—4)$$

式中 J——物体的转动惯量，$kg \cdot m^2$；

ω——物体的转动角速度，rad/s。

二、机械能的意外放的释放的危险性

1. 机械能的意外释放

在生产现场，需要由外部供给能量以进行各种生产或加工作业，这些能量主要是机械能。在生产过程中，如果机械能是在人们的控制下工作的，那它不会对人们造成伤害，但是，当机械能意外释放时，就会对人们造成伤害。

机械能的意外释放分为两种情况：一是机械能释放的形式是生产需要的，但在释放的量上超过了工件承受极限，造成设备受损或人员受伤，此类机械能量意外释放常见于一些往复机械和拔丝机械；二是机械能释放的形式是生产不需要的，能量的意外释放造成设备受损或人员伤亡，此类机械能意外释放造成事故在生产中最常见。

机械能意外释放的原因主要有：

（1）机械设备设计上存在问题。包括材料选用不当、强度计算不准确、结构缺陷等。

（2）机械设备制造上存在问题。包括使用材料不当、加工方法上的缺陷等。

（3）机械设备使用上存在问题。包括超负荷运转、维修不良、操作错误等。

（4）屏护失效。包括屏障防护失效、安全防护间距不足等。

（5）工作环境问题。

2. 机械能意外释放的危险性

机械能的意外释放将会造成各种危险性，给安全生产带来严重威胁。其主要危险性表现在：

（1）人员伤害的危险性（一次危险性）。

（2）设备损坏的危险性（一次危险性）。

（3）影响安全控制系统的危险性（一次危险性）。

（4）引发火灾的危险性（二次危险性）。

（5）引发爆炸的危险性（二次危险性）。

（6）引发危险物质泄漏的危险性（二次危险性）。

（7）引发其他的危险性（二次危险性）。

第二节　机械安全基础知识

机械是由若干相互联系的零部件按一定规律装配起来，能够完成一定功能的装置。机械设备在运行中，至少有一部分按一定的规律做相对运动。成套机械装置由原动机、控制操纵系统、传动机构、支撑装置和执行机构组成。

一、机械设备及安全设施

1. 机械设备的种类

机械产品种类极多，机械行业的主要产品见表 5—1。

表 5—1　　机械行业及其主要产品

农用机械	拖拉机、播种机、收割机等
重型矿山机械	冶金机械、矿山机械、起重机械、装卸机械、工矿车辆、水泥设备等
工程机械	叉车、铲土运输机械、压实机械、混凝土机械等
石化通用机械	石油钻采机械、炼油机械、化工机械、泵、风机、阀门、气体压缩机、制冷空调机械、造纸机械、印刷机械、塑料加工机械、制药机械等
电工机械	发电机械、变压器、电动机、高低压开关、电线电缆、蓄电池、电焊机、家用电器等
机床	金属切削机床、锻压机械、铸造机械、木工机械等
汽车	载货汽车、公路客车、轿车、改装汽车、摩托车等
仪器仪表	自动化仪表、电工仪器仪表、光学仪器、成分分析仪、汽车仪器仪表、电料装备、电教设备、照相机等
基础部件	轴承、液压件、密封件、粉末冶金制品、标准紧固件、工业链条、齿轮、模具等
包装机械	包装机械、金属制包装物品、金属集装箱等
环保机械	水污染防治设备、大气污染防治设备、固体废物处理设备等

非机械行业的主要产品包括铁道机械、建筑机械、纺织机械、轻工机械、船舶机械、飞行机械等。

2. 机械安全设施

机械安全设施是通过采用安全装置、防护装置或其他手段，对一些机械危险进行预防的安全技术设施，其目的是防止机器在运行时产生各种对人员的接触伤害。主要的安全装置有：

（1）固定安全装置

在可能的情况下，应该设置防止接触机器危险部件的固定安全装置。装置应能自动地满足机器运行的环境及过程条件。装置的有效性取决于其固定的方法和开口的尺寸，以及在其开启后距危险点应有的距离。安全装置应设计成只有用诸如旋具、扳手等专用工具才能拆卸的装置。

（2）联锁安全装置

只有当联锁安全装置关合时，机器才能运转；而只有当机器的危险部件停止运动时，安全装置才能断开。联锁安全装置可采取机械的、电气的、液压的、气动的或组合的形式。在设计联锁装置时，必须使其在发生任何故障时，都不使人员暴露在危险之中。

(3) 控制安全装置

当操作者接通控制装置后，机器开始工作；如果控制装置断开，机器的运动就会迅速停止或者反转。在一个控制系统中，控制安全装置在机器运转时不会锁定在闭合的状态。

(4) 自动安全装置

自动安全装置的工作原理是把暴露在危险中的人体从危险区域中移开。它仅能使用在有足够的时间来完成这样的动作而不会导致伤害的环境下，因此，仅限于在低速运动的机器上采用。

(5) 隔离安全装置

隔离安全装置是一种阻止身体的任何部分靠近危险区域的设施，如固定的栅栏等。

(6) 可调安全装置

在无法实现对危险区域进行隔离的情况下，可以使用部分可调的固定安全装置。这些安全装置可能起到的保护作用在很大程度上有赖于操作者的使用和对安全装置的正确调节以及合理维护。

(7) 自动调节安全装置

自动调节安全装置由于工件的运动而自动开启，当操作完毕后又回到关闭的状态。

(8) 跳闸安全装置

跳闸安全装置的作用是，在操作到危险点之前，自动使机器停止或反向运动。该类装置依赖于敏感的跳闸机构，同时也有赖于机器能够迅速停止（使用刹车装置可做到这一点）。

(9) 双手控制安全装置

双手控制安全装置迫使操纵者用两只手操纵控制器。但是，它仅能对操作者而不能对其他有可能靠近危险区域的人提供保护。因此，还要设置能为所有人提供保护的安全装置。

二、机械伤害及其原因

1. 机械伤害事故的类型

(1) 卷绕和绞缠

引起这类伤害事故的是作回转运动的物体（如轴类零件），包括联轴节、主轴、丝杠等；回转件上的凸出物和开口，如轴上的凸出键、调整螺栓或销、圆轮形状零件的轮辐、手轮上的手柄等。这类物体在运动情况下，可将人的头发、饰物（如项链）、肥大衣袖或下摆卷绕或绞缠而引起伤害事故。

（2）卷入和碾压

引起这类伤害事故的主要危险是相互配合的运动部件，例如，相互啮合的齿轮之间以及齿轮与齿条之间，皮带与皮带轮、链与链轮进入啮合部位的夹紧点，两个作相对回转运动的辊子之间的夹口引起的卷入；滚动的旋转件引起的碾压，例如，轮子与轨道、车轮与路面等。

（3）挤压、剪切和冲撞

引起这类伤害事故的是作往复直线运动的物体，例如，相对运动的两部件之间，运动部件与静止部分之间由于安全距离不够产生的夹挤，作直线运动部件的冲撞等。直线运动有横向运动（如大型机床的移动工作台、牛头刨床的滑枕、运转中的带链等部件的运动）和垂直运动（如剪切机的压料装置和刀片、压力机的滑块、大型机床的升降台等部件的运动）。

（4）飞出物打击

由于发生断裂、松动、脱落或弹性位能等机械能释放，使失控的物体飞甩或反弹出去，对人造成伤害。例如，轴的破坏引起装配在其上的皮带轮、飞轮、齿轮或其他运动零部件坠落或飞出，螺栓的松动或脱落引起运动零部件脱落或飞出，高速运动的零部件破裂碎块甩出，切削废屑的崩甩，运动部件运行超行程脱轨等导致的伤害事故。另外，还有弹性元件的位能引起的弹射导致的伤害事故。例如，弹簧、皮带等的断裂，在压力、真空下的液体或气体位能引起的高压流体喷射等。

（5）切割和擦伤

切削刀具的锋刃，零件表面的毛刺，工件或废屑的锋利飞边，机械设备的尖棱、利角和锐边，粗糙的表面（如砂轮、毛坯）等，无论是运动的还是静止的，都会导致切割和擦伤的危险而构成伤害。

（6）碰撞和刮蹭

物体结构上的凸出、悬挂部分（如起重机的支腿、吊杆，机床的手柄等），长、大加工件伸出机床的部分等，无论是静止的还是运动的，都可能产生碰撞和刮蹭危险。

2. 机械设备的危险部位

机械设备由驱动装置、变速装置、传动装置、工作装置、制动装置、防护装置、润滑系统和冷却系统等组成。其主要危险部位如下：

（1）旋转部件和切线运动部件间的咬合处，如动力传输带和传动带轮、链条和链轮、齿条和口齿轮等。

(2) 旋转的轴，包括连接器、心轴、卡盘、丝杠、圆形心轴和杆等。

(3) 旋转的凸块和孔处。含有凸块或空洞的旋转部件是很危险的，如风扇叶、凸轮、飞轮等。

(4) 对向旋转部件的咬合处，如齿轮、轧钢机、混合辊等。

(5) 旋转部件和固定部件的咬合处，如辐条手轮或飞轮和机床床身、旋转搅拌机和无防护开口外壳搅拌装置等。

(6) 接近部位，如锻锤的锤体、动力压力机的滑枕等。

(7) 通过部位，如金属刨床的工作台及其床身、剪切机的刀刃等。

(8) 单向滑动，如带锯边缘的齿、砂带磨光机的研磨颗粒、凸式运动带等。

(9) 旋转部件与滑动部件之间，如某些平版印刷机、纺织机械等。

3. 机械安全措施

(1) 机械安全措施类别

1) 直接安全技术措施。是在设计机器时，考虑消除机器本身的不安全因素。

2) 间接安全技术措施。是在机械设备上采用和安装各种安全有效的防护装置，克服在使用过程中产生不安全因素。

3) 指导性安全技术措施。是制定机器安装、使用、维修的安全规定和设置标志，以提示或指导操作程序，从而保证安全作业。

(2) 传动装置的防护

机床上常见的传动机构有齿轮啮合机构、带传动机构、联轴器等。这些机构高速旋转，人体某一部位有可能被带进去而造成伤害事故，因而有必要把传动机构危防部位加以防护，以保护操作者的安全。

4. 机械伤害事故原因分析

(1) 物的不安全状态

物的安全状态是保证安全的重要前提和物质基础。物包括机械设备、工具、原材料、中间与最终产成品、排出物和废料等。物的不安全状态构成生产中的客观安全隐患和风险。例如，机械设计不合理、未满足安全人机要求、计算错误、安全系数不够、对使用条件估计不足等；制造时零件加工质量差、以次充好、偷工减料等；运输和安装中的野蛮作业使机械及其元部件受到损伤而埋下隐患等。物的不安全状态是引发机械伤害事故的直接原因。

(2) 人的不安全行为

在操作过程中人的不安全行为，是引发机械伤害事故的另一个重要直接原因。

人的行为受到生理、心理等各种因素的影响，表现是多种多样的。缺乏安全意识和安全技能差（即安全素质低下）是引发机械伤害事故的主要原因。例如，不了解所使用设备存在的危险，不按安全规程操作，缺乏自我保护和处理意外情况的能力等。指挥失误（或违章指挥）、操作失误（操作差错及在意外情况时的反射行为或违章作业）、监护失误等是人的不安全行为常见的表现。在日常工作中，人的不安全行为大量表现在不安全的工作习惯上。例如，工具或量具随手乱放，测量工件不停机，站在工作台上装卡工件，越过运转刀具取送物料，攀越大型设备不走安全通道等。

（3）安全管理缺陷

安全管理水平包括领导的安全意识水平、对设备（特别是对危险设备）的监管、对人员的安全教育和培训、安全规章制度的建立和执行等，安全管理缺陷是机械伤害事故发生的间接原因。

5. 机械设备的安全操作

要保证机械设备不发生伤害事故，不仅机械设备本身要符合安全要求，而且操作者要严格遵守安全操作规程，按照安全操作规程的规定安全操作。当然，机械设备的安全操作规程因种类不同而内容各异，机械设备安全操作总的原则如下：

（1）正确穿戴好个人防护用品。该穿戴的必须穿戴，不该穿戴的就一定不要穿戴。例如，机械加工时要求女工戴护帽，如果不戴就可能将头发绞进机器。同时，要求不得戴手套，如果戴了，机械的旋转部分就可能将手套绞进去，将手绞伤。

（2）操作前要对机械设备进行安全检查，而且要先空车运转，确认正常后，方可投入运行。

（3）机械设备在运行中也要按规定进行安全检查。特别是对紧固的物件，检查其是否由于振动而松动，以便重新紧固。

（4）严禁设备带故障运行。

（5）机械安全装置必须按规定正确使用，绝不能将其拆掉。

（6）机械设备使用的刀具、工夹具以及加工的零件等一定要装卡牢固，不得松动。

（7）机械设备在运转时，严禁用手调整，也不得用手测量零件，或进行润滑、清扫杂物等。如必须进行，应首先关停机械设备。

（9）机械设备运转时，操作者不得离开工作岗位，以防发生问题时无人处理。

（10）工作结束后，应关闭开关，把刀具和工件从工作位置退出，并清理好工作场地，将零件、工夹具等摆放整齐，打扫好机械设备的卫生。

在操作具体的机械设备时，除遵守上述规定外，还应该根据机械设备的种类，按照所使用设备的安全操作规程进行操作。

第三节　机械设备的安全设计

一、机械设备的本质安全设计

机械设计本质安全是指机械的设计者，在设计阶段采取措施来消除安全隐患的一种机械安全方法。包括在设计中排除危险部件，减少或避免在危险区处理工作需求，提供自动反馈设备并使运动的部件处于密封状态之中等。

机械设备本质安全设计是通过设计减小风险，即减小伤害事故发生的可能性或减小事故的严重程度。具体方法是在机械设计阶段，从零部件材料到零部件的合理形状和相对位置，从限制操纵力、运动件的质量和速度到减少噪声和振动，采用本质安全技术与动力源，应用零部件间的强制机械作用原理，结合人机工程学原则等多项措施，通过选用适当的设计结构，尽可能避免或减小危险；也可以通过提高设备的可靠性、操作机械化或自动化以及实行在危险区之外的调整、维修等措施，避免或减小危险，实现机械设备的本质安全。

1. 本质安全技术设计

本质安全技术，是指利用该技术进行机械设备预定功能的设计和制造，不需要采用其他安全防护措施，就可以在预定条件下执行机械设备的预定功能，满足机械设备自身安全的要求。本质安全设计主要有如下一些措施：

（1）避免锐边、尖角和凸出部分

在不影响预定使用功能前提下，机械设备及其零部件应尽量避免设计成会引起损伤的锐边、尖角、粗糙、凹凸不平的表面和较突出的部分。金属薄片的棱边应倒钝、折边或修圆，可能引起刮伤的开口端应包覆。

（2）安全距离的原则

利用安全距离防止人体触及危险部位或进入危险区，是减小或消除机械风险的一种方法。在规定安全距离时，必须考虑使用机械设备时可能出现的各种状态、有关人体的测量数据、技术和应用等因素。机械的安全距离包括两类距离要求：

1）防止可及危险部位的最小安全距离。它是指作为机械组成部分的有形障碍物与危险区的最小距离，用来限制人体或人体的某部位的运动范围。当人体某部位可能越过障碍物或通过机械的开口去触及危险区时，安全距离足够长，限制其不可能触碰到机械的危险部位，从而避免危险。

2）避免受挤压或剪切危险的安全距离。当两移动件相向运动或移动件向固定件运动时，人体或人体的某部位在其中可能受到挤压或剪切。可以通过增大运动件间的最小距离，使人的身体可以安全地进入或通过，也可以减小运动件间的最小距离，使人的身体部位伸不进去，从而避免危险。

（3）限制有关因素的物理量

在不影响使用功能的情况下，根据各类机械的不同特点，限制某些可能引起危险的物理量值来减小危险。例如，将操纵力限制到最低值，使操作件不会因破坏而产生机械危险；限制运动件的质量或速度，以减小运动件的动能；限制噪声和振动等。

（4）使用本质安全工艺过程和动力源

对预定在爆炸气氛中使用的机械设备，应采用全气动或全液压控制系统和操纵机构，或“本质安全”电气装置，也可采用电压低于“功能特低电压”的电源，以及在机械设备的液压装置中使用阻燃和无毒液体。

2. 安全人机工程学设计

在机械设计中，通过合理分配人机功能、适应人体特性、人机界面设计、作业空间的布置等，履行安全人机工程学原则，提高机械设备的操作性能和可靠性，使操作者的体力消耗和心理压力尽量降到最低，从而减小操作差错。

3. 限制机械应力设计

机械设备选用的材料性能数据、设计规程、计算方法和试验规则，都应该符合机械设计与制造的专业标准或规范的要求，使零件的机械应力不超过许用值，保证安全系数，以防止由于零件应力过大而被破坏或失效，避免故障或事故的发生。同时，通过控制连接、受力和运动状态来限制应力。

（1）连接应力

采用可靠的紧固方法，对诸如螺栓连接、焊接等，通过采用正确计算、结构设计和紧固方法来限制应力，防止运转状态下连接松动、破坏，紧固失效。

（2）防止超载应力

通过在传动链预先采用“薄弱环节”预防超载（例如，采用“易熔”塞、限压阀、断路器等限制应力），避免主要受力件因超载而被破坏。

（3）避免交变应力

避免在可变应力（主要是周期应力）下零件产生疲劳。例如，钢丝绳滑轮组的钢丝绳在缠绕时，尽量避免其反向弯折导致的疲劳破坏。

(4) 回转件的平衡

设计时，对材料的均匀性和回转精度应作出规定，并在使用前经过静平衡或动平衡试验，防止在高速旋转时引起振动，或使回转件的应力加大，甚至造成碎裂(如砂轮)。

4. 材料和物质的安全性设计

制造机械设备的材料、燃料和加工材料在使用期间，不得危及人员的安全或健康。主要包括：

(1) 承载能力

材料的力学特性，如抗拉强度、抗剪强度、冲击韧性、屈服极限等，应能满足执行预定功能的载荷作用的要求。

(2) 对环境的适应性

材料应有良好的环境适应性，机械设备在预定的环境条件下工作时，应有抗腐蚀、耐老化磨损的能力，不会因受物理性、化学性、生物性的影响而失效，从而避免事故的发生。

(3) 材料的均匀性

根据零件的功能，保证材料的均匀性，防止由于工艺设计不合理，使材料的金相组织不均匀而产生残余应力，防止由于内部缺陷（如夹渣、气孔、异物、裂纹）给安全埋下隐患。

(4) 避免材料的危险

在设计和制造选材时，应避免采用有毒性的材料或物质，应避免机械设备自身或由于使用某种材料而产生的气体、液体、粉尘、蒸气或其他物质造成的火灾和爆炸风险。对可燃、易爆的液体及气体材料，应设计使其在填充、使用、回收或排放时减小危险或无危险。

二、机械设备可靠性设计

1. 设备的可靠性设计

可靠性是指机械设备或其零部件在规定的使用条件下和规定期限内执行规定的功能而不出现故障的能力。

(1) 规定的使用条件

规定的使用条件是指机械设备在设计时考虑的空间限制，包括环境条件（温度、压力、湿度、振动、大气腐蚀等）、负荷条件（载荷、电压、电流等）、工作方式（连续工作或断续工作）、运输条件、存储条件及使用维护条件等。

（2）规定的时间

规定的时间是指机械设备在设计时规定产品的时间性指标，如使用期、有效期、行驶里程、作用次数等。

（3）规定的功能

规定的功能是指机械设备的性能指标，是该机械设备若干功能的总和，而不是其中一个元件或一部分的功能。

可靠性应作为安全功能完备性的基础，这一原则适用于机械设备的零部件及机械各组成部分。提高机械的可靠性可以降低危险故障率，减少需要查找故障和检修的次数，不因为失效使机械设备产生危险的误动作，从而可以减少操作者面临危险的概率。

2. 机械化和自动化技术设计

在生产过程中，用机械设备来补充、扩大、减轻或代替人的劳动，该过程称为机械化过程。自动化则更进了一步，即机械具有自动处理数据的功能。机械化和自动化技术设计可以使人的操作岗位远离危险或有害现场，从而减少机械设备事故，防止职业病。同时，也对操作人员提出了较全面的素质要求。

（1）操作自动化

在比较危险的岗位或被迫以机器特定的节奏连续参与的生产过程，应该使用机器人或机械手代替人的操作，使得工作条件不断改善。

（2）装卸搬运机械化

装卸机械化可通过工件的送进滑道、手动分度工作台等措施实现。搬运的自动化可通过采用工业机器人、机械手、自动送料装置等实现。这样可以限制由搬运操作产生的风险，减少重物坠落、磕碰、撞击等接触伤害。

3. 易损部件的安全设计

在设计机械设备时，应尽量考虑将一些易损而需经常更换的零部件设计得便于拆装和更换，提供安全接近或站立措施（梯子、平台、通道），锁定切断的动力，机械设备的调整、润滑、一般维修等操作点配置在危险区外。这样可减少操作者进入危险区，从而减小操作者面临危险的概率。

三、机械设备安全控制系统设计

1. 控制系统的安全设计原则

机械设备在使用过程中，典型的危险工况有意外启动、速度变化失控、运动不能停止、运动机器零件或工件掉下飞出、安全装置的功能受阻等。控制系统的设计应考虑各种作业的操作模式或采用故障显示装置，并遵循以下原则和方法：

（1）机构启动及变速的实现方式

机构的启动或加速运动应通过施加或增大电压或流体压力去实现，若采用二进制逻辑元件，应通过由“0”状态到“1”状态去实现；相反，停机或降速应通过去除或降低电压或流体压力去实现，若采用二进制逻辑元件，应通过“1”状态到“0”状态去实现。

（2）重新启动的原则

动力中断后重新接通时，如果机械设备自发启动会产生危险，就应采取措施，使动力重新接通时机械设备不会自行启动，只有再次操作启动装置，机械设备才能运转。

（3）零部件的可靠性

零部件的可靠性应作为安全功能完备性的基础，使用的零部件应能承受在预定使用条件下的各种干扰和应力，不会因失效而使机械设备产生危险的误动作。

（4）定向失效模式

这是指部件或系统主要失效模式是预先已知的，而且总是这些部件或系统失效，这样可以事先针对其失效模式采取相应的预防措施。

（5）“关键”件的加倍（或冗余）

控制系统的关键零部件，可采用备份的方法。万一某个零部件失效，可用备份件接替以实现预定功能。当与自动监控相结合时，自动监控应采用不同的设计工艺，以避免共因失效。

（6）自动监控

自动监控的功能是保证当部件或元件执行其功能的能力减弱或加工条件变化而产生危险时，停止危险过程，防止故障停机后自行再启动，触发报警器等安全措施开始起作用。

（7）可重编程序控制系统中安全功能的保护

在关键的安全控制系统中，应注意采取可靠措施防止储存程序被有意或无意改变。应采用故障检验系统来检查由于程序改变而引起的差错。

（8）有关手动控制的原则

1）手动操纵器应根据有关人类工效学原则进行设计和配置。

2）停机操纵器应位于对应的每个启动操纵器附近。

3）除了某些必须位于危险区的操纵器（如急停装置、吊挂式操纵器等）外，一般操纵器都应配置于危险区外。

4）如果同一危险元件可由几个操纵器控制，则应通过操纵器线路的设计，使其在给定时间内只有一个操纵器有效。但这一原则不能用于双手操纵装置。

5）在有风险的地方，操纵器的设计或防护应做到，如果不是有意识的操作，操纵器不会动作。

6）操作模式的选择。如果机械设备允许使用几种操作模式以代表不同的安全水平（如允许调整、维修、检验等），则这些操作模式应装备能锁定在每个位置的模式选择器。选择器的每个位置都应相应于单一操作或控制模式。

（9）特定操作的控制模式

对于必须移开或拆除的防护装置，或使安全装置的功能受到抑制才能进行的操作（如设定、示教、过程转换、查找故障、清理或维修等），为保证操作者的安全，必须使自动控制模式无效，采用操作者伸手可达的手动控制模式（如止—动、点动或双手操纵装置），或在加强安全条件下（如降低速度、减小动力或其他适当措施等）才允许危险元件运转并尽可能限制接近危险区。

2. 防止气动和液压系统危险的设计

当机械设备采用气动、液压、热能等系统时，必须通过设计来避免与这些能量形式有关的各种潜在危险。

（1）借助限压装置控制管路中最大压力不能超过允许值，不因压力损失、压力降低或真空度降低而导致危险。

（2）所有元件（尤其是管子和软管）及其连接应密封，要针对各种有害的外部影响加以防护，不因泄漏或元件失效而导致流体喷射。

（3）当机械设备与其动力源断开时，储存器、蓄能器及类似容器应尽可能自动泄压。若难以实现，则应提供隔离措施或局部卸压及压力指示措施，以防剩余压力造成危险。

（4）机械设备与其能源断开后，所有可能保持压力的元件都应提供有明显识别排空的装置和绘制有注意事项的警告牌，提示对机械设备进行任何调整或维修前必须对这些元件泄压。

3. 预防电气危险的设计

电的安全是机械设备安全的重要组成部分，机械设备中电气部分应符合有关电气安全标准的要求。预防电的危险尤其应注意防止电击、短路、过载和静电，减少或限制操作者进入危险区

四、机械设备的安全说明和安全标志

使用信息（说明）由文字、标记、信号、符号或图表组成，以单独或联合使用的形式，向使用者传递信息，用以指导使用者（专业或非专业）安全、合理、正确地使用机械设备。使用信息是机械设备的组成部分之一。对重要信息（如需给出的各种警告信息）应采用标准化用语。

1. 安全信息使用的一般要求和依据

（1）安全信息使用的一般要求

1）明确机械设备的预定用途。使用信息应具备保证安全和正确使用机械设备所需的各项说明。

2）规定和说明机械设备的合理使用方法。使用信息中应要求使用者按规定方法合理地使用机械设备，说明安全使用的程序和操作模式。对不按要求而采用其他方式操作机械设备的潜在风险，应提出适当的警告。

3）通知和警告遗留风险。遗留风险是指通过设计和采用安全防护技术都无法避免的风险。通过使用信息，将其通知和警告使用者，以便在使用阶段采用补救安全措施。

4）使用信息应贯穿机械设备使用的全过程。包括运输、交付试验运转（装配、安装和调整）、使用（设定、示教或过程转换、运转、清理、查找故障和机器维修等），还包括解除指令、拆卸和报废处理在内的所有过程，都应提供必要的信息。这些使用信息在各阶段可以分开使用，也可以联合使用。

5）使用信息不可用于弥补设计缺陷。使用信息不能代替应该由设计来解决的安全问题，它只起提醒和警告的作用，不能在实质意义上避免风险。

（2）安全信息使用的依据

1）风险的大小和危险的性质。根据风险大小可依次采用安全色、安全标志、警告信号，直到警报器。

2）需要信息的时间。提示操作要求的信息，应采用简洁形式长期固定在机械设备相应部位附近；显示状态的信息应与机器运行同步出现；警告超载的信息应在接近额定值时提前发出；危险紧急状态的信息应及时发出，且持续的时间应与危险存在的时间一致，信号的消失应随危险状态而定。

3）机器结构和操作的复杂程度。对于简单机械设备，一般只需提供有关标志和使用操作说明书；对于结构复杂的机械设备，特别是危险性大的大型设备，除配备各种安全标志和使用说明书（或操作手册）外，还应配备有关负载安全的图表、运行状态信号，必要时应提供报警装置等。

4）视觉颜色与信息内容。红色表示禁止、停止、危险警报和要求立即处理的情况；红色闪光警告操作者状况紧急，应迅速采取行动；黄色提示注意和警告；绿色表示正常工作状态；蓝色表示需要执行的指令或必须遵守的规定。

2. 安全信息的配置位置和形式

（1）在机身上，可配置各种标志、信号、文字警告等。

（2）随机文件。如可配置操作手册、说明书等。

（3）其他方式。可根据需要，以适当的信息形式配置。

3. 安全信号和警告装置

安全信号的功能是提醒注意，如起重机开始运行等；显示运行状态或发生故障，如故障显示灯；危险事件的警告，如超速的报警、有毒物质泄漏的报警等。

（1）信号和警告装置类别

1）视觉信号。其特点是所占空间小、视距远、简单明了，可采用亮度高于背景的稳定光和闪烁光。警告信号宜采用闪光形式。

2）听觉信号。该信号是利用人的听觉反应快，用声音传递信息，有不受照明和物体障碍限制、强迫人们注意的特点。常见的听觉信号有蜂鸣器、铃、报警器等。听觉信号在发出 1 s 内，应能被操作者识别；其声级应比背景噪声至少高 10 dB（A）。当背景噪声超出 110 dB（A）时，不宜采用听觉信号。

3）视听组合信号。其特点是光、声信号共同作用，用以加强危险和紧急状态的警告功能。

（2）信号和警告装置应满足的要求

1）在危险事件出现前或即时发出。

2）含义确切，一种信号只能有一种含义。

3）能被明确地察觉和识别，并与其他用途信号明显区别。

4）警告装置的设计、配置应便于检查，操作手册应对检查规定做出说明。

5）防止由于视觉或听觉信号过多而引起混乱，或显示频繁而导致“敏感度”降低。

（3）安全标志和随机文件

1）安全标志。标志也称标识、标记。它是用来说明机械设备或零部件的性能、规格和型号、技术参数或表达安全信息的标牌。

安全标志由安全色、几何图形和图形符号构成，有时附以简短的文字警告说明，以表达特定安全信息为目的，并有规定的使用范围、颜色和形式。安全标志的用途很广，如用于安全标志牌、交通标志牌、防护栏杆、机械设备上不准乱动的部位、紧急停止按钮、裸露齿轮的侧面、机械安全罩的内面、安全帽、起重机的吊钩滑轮架和支腿、行车道中线、坑池周围的警戒线、有碰撞可能的柱子或电线杆、梯子或楼梯的第一阶梯和最后阶梯、信号旗等。

①安全标志的分类与功能。安全标志分为禁止标志、警告标志、指令标志和提示标志。禁止标志表示不准或制止人们的某种行动；警告标志使人们注意可能发生的危险；指令标志表示必须遵守，用来强制或限制人们的行为；提示标志示意目标地点或方向。

②安全标志应遵守的原则。一是醒目清晰。一目了然，易从复杂背景中识别。符号的细节、线条之间易于区分。二是简单易辨。由尽可能少的关键要素构成，符号与符号之间易分辨，不致混淆。三是易懂易记。容易被人（即使是外国人或不识字的人）理解也能牢记不忘。

③安全标志应满足的要求。一是含义明确无误，标志、符号和文字警告应明确无误，不使人费解或误会；二是优先使用容易理解的各种形象化的图形符号，文字警告应采用使用机械设备国家的语言；三是确定图形符号应做理解性测试，标志必须符合公认的标准，内容具体且有针对性，不能笼统写“危险”两字；四是标志的设置位置要合理，机械设备易发生危险的部位必须有安全标志，标志牌应设置在醒目且与安全有关的地方，使人们看到后有足够的时间来注意它所表示的内容；五是标志应清晰持久，直接印在机械设备上的信息标志应牢固，在机械设备的整个寿命期内都应保持颜色鲜明、清晰、持久；六是对标志进行检查更换，发现变形、破损或图形符号脱落及变色等，应及时修整或更换。

2）随机文件。机械设备除了本身的标志外，还应该包含随机文件。随机文件主要是指操作手册、使用说明书或其他文字说明（如保修单等）。说明书内容包括安装、搬运、储存、使用、维修和安全卫生等有关规定，应该在各个环节对遗留风险提出通知和警告，并给出对策、建议。具体内容包括：

①关于机械设备的搬运和储存的信息。机械设备的储存条件，尺寸、质量、重心位置，搬运操作说明，如起吊设备施力点及吊装方式等。

②关于机械设备自身安装和交付运行的信息。装配和安装条件，使用和维修需要的空间，允许的环境条件（温度、湿度、振动、电磁辐射等），机械设备与动力源的连接说明（尤其是对于防止电的过载），机械设备及其附件清单、防护装置和安全装置的详细说明，电气装置的有关数据，全部应用范围（包括禁用范围）等。

③有关劳动安全卫生方面的信息。机械设备工作的负载图表（尤其是安全功能

图解表示)，产生的噪声、振动数据和由机械设备发出的射线、气体、蒸气及粉尘等数据，所用的消防装置形式，环境保护信息，证明机械设备符合有关强制性安全标准要求的正式证明文件等。

④有关机械设备使用操作的信息。手动操纵器的说明；对设定与调整的说明；停机的模式和方法（尤其是紧急停机）；使用某些附件可能产生特殊风险的信息，以及应用所需的特定安全防护装置的信息；有关禁用信息；对故障的识别与位置确定、修理和调整后再启动的说明；无法由设计者通过采用安全措施消除的风险信息；可能发射或泄漏有害物质的警告；使用个人防护用品和所需提供培训的说明；紧急状态应急对策的建议等。

⑤维修信息。检查的性质和频次，需要具有专门技术知识或特殊技能的维修人员或专家执行维修的说明，可由操作者进行维修的说明，提供便于维修人员执行维修任务（尤其是查找故障）的图样和图表，停止使用、拆卸和由于安全原因而报废的信息等。

第四节　起重机械事故及预防

一、起重机械分类

起重机械是指用于垂直升降或者垂直升降并水平移动重物的机电设备，包括额定起重量大于或者等于 0.5 t 的升降机；额定起重量大于或者等于 1 t，且提升高度大于或者等于 2 m 的起重机和承重形式固定的电动葫芦等。

1. 起重机械分类

按运动方式，起重机械可分为以下四种基本类型。

(1) 轻小型起重机械

如千斤顶、手拉葫芦、滑车、绞车、电动葫芦、单轨起重机等，多为单一的升降运动机构。

(2) 桥式起重机

分为梁式、通用桥式、龙门式、冶金桥式、装卸桥式及缆索起重机等，具有两个及两个以上运动机构的起重机，通过各种控制器或按钮操纵各机构的运动。一般由起升、大车和小车运行机构完成重物在三维空间内的搬运。

(3) 臂架起重机

有固定旋转式、门座式、塔式、汽车式、轮胎式、履带式、浮游式起重机等，其特点与桥式起重机相似，但运动机构还有变幅机构、旋转机构。

（4）升降起重机

如载人电梯或载货电梯、货物提升机等，其特点是虽只有一个升降机构，但安全装置与其他附属装置较为完善，可靠性大。

2. 起重机械的工作特点

（1）起重机械通常结构庞大，机构复杂，能完成起升运动、水平运动。例如，桥式起重机能完成起升、大车运行和小车运行三个运动；门座起重机能完成起升、变幅、回转和大车运行四个运动。在作业过程中，常常是几个不同方向的运动同时操作，技术难度较大。

（2）起重机械所吊运的重物多种多样，载荷是变化的。有的重物重达几百吨乃至上千吨，有的物体长达几十米，形状也很不规则，有散粒、热熔状态，还有易燃易爆危险物品等，吊运过程复杂而危险。

（3）大多数起重机械需要在较大的空间范围内运行，有的要装设轨道和车轮（如塔吊、桥吊等），有的要装上轮胎或履带在地面上行走（如汽车吊、履带吊等），有的需要在钢丝绳上行走（如客运、货运架空索道等），活动空间较大，一旦造成事故，影响的范围也较大。

（4）有的起重机械需要直接载运人员在导轨、平台或钢丝绳上做升降运动（如电梯、升降平台等），其可靠性直接影响人身安全。

（5）起重机械暴露的、活动的零部件较多，且常与吊运作业人员直接接触（如吊钩、钢丝绳等），潜藏着许多偶发性危险因素。

（6）作业环境复杂。从大型钢铁联合企业，到现代化港口、建筑工地、铁路枢纽、旅游胜地，都有起重机械在运行。作业场所常常会遇到高温、高压、易燃易爆、输电线路、强磁等危险因素，对设备和作业人员构成威胁。

（7）起重机械作业中常常需要多人配合，共同进行。多个作业人员之间的密切配合，通常存在较大的难度。

二、起重机械事故的类型和特点

1. 起重机械事故的类型

（1）失落事故

失落事故是指起重作业中，吊载、吊具等重物从空中坠落所造成的人身伤亡和设备毁坏的事故。失落事故是起重机械事故中最常见也较为严重的事故。常见的失落事故有以下几种类型：

1）脱绳事故。脱绳事故是指重物从捆绑的吊装绳索中脱落溃散发生的伤亡毁坏事故。造成脱绳事故的主要原因是重物的捆绑方法不当，造成重物滑脱；吊装重心选择不当，造成偏载起吊或吊装中心不稳造成重物脱落；吊载遭到碰撞、冲击、振动等而摇摆不定，造成重物失落等。

2）脱钩事故。脱钩事故是指重物、吊装绳或专用吊具从吊钩口脱出而引起的重物失落事故。造成脱钩事故的主要原因是吊钩缺少护钩装置，护钩保护装置机能失效，吊装方法不当及吊钩口变形等。

3）断绳事故。断绳事故是指因起升绳或吊装绳破断而引起的重物失落事故。造成起升绳破断的主要原因为超载起吊拉断钢丝绳；起升限位开关失灵造成过卷拉断钢丝绳，斜吊、斜拉造成乱绳挤伤切断钢丝绳；钢丝绳因长期使用又缺乏维护保养造成疲劳变形等。造成吊装绳破断的主要原因为吊装角度太大，使用吊装绳的抗拉强度超过限值而拉断吊装钢丝绳，品种规格选择不当，或仍使用已达到报废标准的钢丝绳捆绑、吊装重物，造成吊装绳破断。吊装绳与重物之间接触无垫片等保护措施，因而造成菱角割断钢丝绳而出现吊装绳破断事故。

4）吊钩破断事故。吊钩破断事故是指吊钩断裂造成的重物失落事故。造成吊钩破断事故的主要原因为吊钩材质有缺陷，吊钩因长期磨损断面减小已达到报废极限标准却仍然使用，或经常超载使用造成疲劳破坏以至于断裂破坏。

（2）挤伤事故

挤伤事故是指在起重作业中，作业人员被挤压在两个物体之间所造成的挤伤、压伤、击伤等人身伤亡事故。造成挤伤事故的主要原因是起重作业现场缺少安全监督指挥管理人员，现场从事吊装作业和其他作业人员缺乏安全意识或从事野蛮操作等人为因素所致。常见的挤伤事故主要有以下几种：

1）吊具或吊臂与地面物体之间的挤伤事故。在车间、仓库等室内场所，地面作业人员处于大型吊具或吊臂与机械设备、土建墙壁、牛腿立柱等障碍物之间的狭窄场所，容易发生挤伤事故。

2）升降设备的挤伤事故。电梯、升降货梯、建筑升降机等的维修人员或操作人员，不遵守操作规程，被挤压在轿厢、吊笼与井壁井架之间造成的挤伤事故。

3）机体与建筑物间的挤伤事故。这类事故多指在高空从事桥式类型起重机维护检修人员，被挤压在起重机端梁与支撑轨梁的立柱或墙壁之间，或在高空承轨梁侧通道通过时被运行的起重机撞击击伤。

4）机体旋转击伤事故。这类事故多发生在野外作业的汽车起重机、轮胎起重机和履带起重机等作业中。

5）翻转作业中的撞伤事故。从事吊装司索、翻转、倒个等作业时，由于吊装方法不合理，装卡不牢，捆绑不当，吊具选择不合理，重物倾斜下坠，吊装选位不佳，指挥及操作人员站位不好，司机误操作等原因造成吊装失稳，吊载摆动冲击等均会造成翻转作业中的砸、撞、碰、击、挤、压等各种伤亡事故，这种类型事故在挤压事故灾害中尤为突出。

（3）坠落事故

坠落事故主要是指从事起重作业的人员，从起重机体等高空处向下坠落至地面的摔伤事故。常见的坠落事故有以下几类：

1）从机体上滑落摔伤事故。这类事故多发生在在高空的起重机上进行维护、检修作业中，检修作业人员由于缺乏安全意识，抱着侥幸心理不戴安全带，脚下滑动、障碍物绊倒或起重机突然起重造成晃动，均会使作业人员失稳而从高空坠落于地面摔伤。

2）机体撞击坠落事故。这类事故多发生在检修作业中，指因缺乏严格的现场安全监督制度，检修人员遭到其他正在作业的起重机端梁或悬臂撞击，从高空坠落摔伤。

3）维修工具零部件坠落砸伤事故。在高空起重机上从事检修作业中，常常因不小心，使维修更换的零部件或维护检修工具从起重机机体上滑落，造成砸伤地面作业人员和机械设备等事故。

（4）触电事故

触电事故是指从事起重操作和检修作业人员，由于触电遭到电击所发生的伤亡事故。触电事故按室内外不同场合和不同起重机类型可分为以下两类：

1）室内作业的触电事故。室内起重机的动力电源是电击事故的根源。

2）室外作业的触电事故。在室外施工现场从事起重运输作业的自行式起重机、塔式起重机、汽车起重机、轮胎起重机和履带式起重机越来越多，虽然这些起重机的动力源非电力，但出现触电事故并不少见。这主要是在作业现场往往有裸露的高压输电线，由于现场安全指挥监督混乱，常有自行式起重机的悬臂或起升钢丝绳摆动触及高压线使集体导电，进而造成操作人员或吊装司索人员间接遭到高压电线中的高压电击伤。

（5）机体毁坏事故

机体毁坏事故是指起重机因超载失稳等产生机体断裂、倾翻造成集体严重损坏及人身伤亡的事故。常见机体毁坏事故有以下几种类型：

1）断臂事故。各种类型的悬臂起重机，由于悬臂设计不合理，制造装配有缺陷，以及长期使用已有疲劳破坏隐患，一旦超载起吊就有可能造成断臂或悬臂严重变形等机毁事故。

2）倾翻事故。倾翻事故是自行式起重机的常见事故，自行式起重机倾翻事故大多是由起重机作业前支撑不当（如野外作业场地支撑基础松软、起重机支腿未能全部伸出、起重量限制器或力矩限制器等安全装置动作失灵、悬臂深长与规定起重量不符）、超载起吊等因素造成自行式悬臂起重机倾翻事故。

3）机体摔毁事故。无车轮止垫或无固定锚链等，或者上述安全设施机能失效，当遇到强风吹击时起重机往往会被大风吹跑、吹倒，甚至从栈桥上翻落造成严重的机体摔毁事故。

4）相互撞毁事故。在同一跨中的多台桥式类型起重机由于相互之间无缓冲撞保护措施，或缓冲碰撞保护设施毁坏失效，会导致起重机相互碰撞致伤。野外作业的多台悬臂起重机在悬臂旋转作业中，也会导致相互撞击而出现碰撞事故。

2. 起重机械事故的特点

(1) 发生在起重机械安装、拆除、维修作业中的伤害事故较多

起重机械安装、拆除、维修作业是危险性较大的作业，如起重机械碰撞挤压人、高处坠落等伤害事故，主要是在起重机械安装、拆除、维修作业中发生的。

(2) 起重机械事故的伤害类型比较集中

造成起重机械伤害事故的直接原因主要有机体倾翻、高处坠落、触电、吊载坠落和碰撞挤压，约占全部起重机械伤害事故总数的87%。其中，尤以吊载坠落和碰撞挤压两类最为突出，两项合计约占64%。

(3) 管理原因造成的伤害事故较多

发生在起重机械作业中的伤害事故有人的不安全行为、物的不安全状态、管理原因等，但主要还是管理原因。管理原因主要有：一是安全管理规章制度不健全，不落实；二是对起重机械作业有关人员缺乏安全教育，无证操作现象时有发生；三是管理不严格，监督检查力度不够，违章作业现象屡禁不止；四是维修保养不及时，带病运行现象屡见不鲜；五是起重机械的设计、制造、使用、维修不当或有质量缺陷；六是责任主体不明确。

(4) 起重机械伤害事故的机种比较集中

桥门式起重机、流动式起重机、升降起重机和塔式起重机四类起重机械发生的伤害事故较多，占全部起重机械伤害事故总数的70%～80%。特别是桥门式和流动式起重机，发生伤害事故概率最高，两类合计接近全部起重伤害事故的一半。

三、起重机械事故的预防

1. 起重机械的安全装置

起重机械属于特种设备，鉴于其安全至关重要，因此，在起重机械上需装设安全装置，以预防事故发生。不同类型的起重机，应安装不同类型和性能的安全装置。常见的安全装置有以下几种：

（1）过卷扬限制器

起重机的卷扬机构必须装有过卷扬限制器，当吊钩滑车起升距起重机构架300 mm时，可以自动切断电动机的电源，电动机停止运转。这样，可保证起重机的安全运行，避免由于过卷扬提升而造成的钢丝绳被拉断、重物坠落等事故的发生。

（2）行程限制器

行程限制器是防止起重机驶近轨道末端而发生撞击事故，或两台起重机在同一条轨道上发生碰撞事故，所采取的安全装置。行程限制器能保证距离轨道末端200 mm处以及起重机互相驶近距500 mm处时，立即切断电源，停止运行。

（3）自动联锁装置

桥式起重机上多有裸线通过，为了预防检修人员触电，要求在驾驶室通往车驾（或桥架）的仓门口处装设自动联锁装置，实现检修时停电，检修完后通电，保证检修作业的安全。

（4）缓冲器

缓冲器是一种吸收起重机与物体碰撞时的能量的安全装置，在起重机的制动器和终点开关失灵后起作用。当起重机与轨道端头立柱相接时，保证起重机较平稳地停车。起重机上常用的缓冲器有橡胶缓冲器、弹簧缓冲器和液压缓冲器。当车速超过120 m/min时，一般缓冲器不能满足要求，必须采用光线式防止冲撞装置、超声波式防止冲撞装置以及红外线反射器等。

（5）制动器

起重设备上的制动器，能使起重设备在升降、平移和旋转过程中随时停止工作，使重物停留在任何高度。它既能防止意外事故，又能满足工作要求。制动器的种类繁多，有弹簧式制动器、安全摇柄等。由于制动器的作用对于起重机来说十分重要，许多事故的发生往往是由于制动器的失灵或发生故障而造成的。因此，为保障起重作业安全，必须加强对制动器的检查与保养，一般要求每班检查一次。

（6）重量限制器

重量限制器是起重机的超载防护装置。按其结构方式和工作原理的不同，可分为机械式和电子式两种类型。在起重作业过程中，当起重量超过起重机额定起重量的10%时，重量限制器将起作用，使机构断电，停止工作，从而起到超载限制的作用。

（7）力矩限制器

对于动臂变幅的起重机（如塔式起重机、流动式起重机等），除考虑载荷的大小外，还应考虑随着动臂变幅引起的载荷重心至起重机的距离的变化，即起重力矩问题。力矩限制器就是一种综合起重量和起重机运行幅度两方面因素，以保证起重力矩始终在允许范围内的安全装置。可分为机械式和电子式两种类型。在起吊操作中，当起重量增大到限定值时，机械式力矩限制器能够带动控制块以触动控制开关而断开电源，停止工作。电子式力矩限制器在操作过程中能够通过仪表自动将实际起重力矩与额定起重力矩进行比较，若超载，继电器就会自动切断工作机构电源，保证安全。电子式力矩限制器克服了机械式力矩限制器的缺点，广泛应用于各种起重机上。

（8）危险电压警报器

臂架型起重机在输电线附近作业时，由于操作不当，臂架钢丝绳等过于接近甚至碰触电线，极易造成感电事故或触电事故。为了防止这类事故发生，特研制出了危险电压报警器，其原理是：报警器输电线路为三相交流电，各相间相位差为120°，空间电场分布是交变电场，根据电场分布特性，只要检测出触电位的绝对值和电位梯度，与预先设置的基准电压比较，就可以判断臂架距电线的距离，并及时发出警报。

2. 起重机械事故的预防措施

起重机械事故一般有挤压、高处坠落、重物坠落、倒塌、折断、倾覆、触电、撞击事故等。每一种事故都与其环境有关，有人为造成的，也有因设备缺陷造成的，或人和设备双重因素造成的。对于不同的起重机械事故，可以采取不同的预防措施。

（1）起重机挤压事故的预防

1）起重机机体与固定物、建筑物之间的挤压。这种事故多发生在运行起重机或旋转起重机与周围固定物之间。事故多数由于空间较小，被伤害者位于司机视野的死角，或是司机缺乏观察而造成的。该类事故预防措施是在起重机与固定物之间要有适当的距离，至少要有0.5 m的间距，作业时禁止人员通过。

2）吊具、吊装重物与周围固定物、建筑物之间的挤压。该类事故的预防措施是：首先，应合理布置场地、堆放重物。货物的堆放应有适当间隙，巨大构件和容易滚动及翻倒的货物要码放合理，便于搬运；其次，应选择适合所吊货物的吊具和索具，合理地捆绑与吊挂，避免在空中旋转或脱落。禁止直接用手拖拉旋转的重物，信号指挥人员要按原定的吊装方案指挥。

3）起重机、升降机自身结构之间的挤压事故。该类事故的预防措施是：操纵卷扬机的位置要得当；没有封闭的吊笼，其通道应该封闭，不准过人；通道入口应设防护栏杆；检修接近上极限装置时，要注意防止撞头；底坑工作时，要注意桥箱和配重落下，避免事故发生。

（2）起重作业高处坠落事故的预防

该类事故的预防措施是：在起重操作地点，必须按规定装设护圈、栏杆的平台，防止人员坠落；桥箱、吊笼运行时，不准超载；制动器和承重构件必须符合安全要求；防坠落装置必须可靠；电气设备要有保险装置，并要定期检查，防止事故。

（3）起重机械吊具或吊物坠落事故的预防

吊物或吊具坠落是起重机械事故中数量较多的一种。该类事故的预防措施是：首先，司机在作业前要检查提升高度限位器是否有效，失效时应不准启动，避免过卷扬事故；其次，检查吊钩是否有磨损或有无裂纹变形，该报废的不准使用；最后，要检查钢丝绳的状况，每班操作前都必须将钢丝绳从头到尾地细致检查一遍，检查是否有磨损、断丝、断脱，有无显著变形、扭结、弯折等。

（4）起重机倾翻、折断事故的预防

倾翻事故多数发生于流动式起重机和沿轨道运行的塔式起重机。该类事故的预防措施是：司机应该严格执行操作规程，防止麻痹大意；塔式起重机除防止超载外，还要注意按要求配重、压重、铺设轨道和安装合格。

折断事故包括结构折断和零部件折断，该类事故的预防措施是：每次使用都要对各主要部件和安全装置进行检查，防止由于机械部件的损坏而发生折断、倾翻事故。此外，在作业过程中，当风速超过 20 m/s 时，要停止作业。在安装中如果遇到 13 m/s 的风、下雨、下雪等恶劣天气，应停止作业。

（5）起重机械触电事故的预防

起重机发生触电事故比较多。该类事故的预防措施是：在维修作业时，必须拉闸停电，且有人监护。同时，要检查起重机的接地电阻和绝缘电阻，保证接地和绝缘良好。

3. 安全管理措施

（1）建立、健全安全责任制

要建立和健全起重机械安全管理岗位责任制，起重机械安全技术档案管理制度，起重机械司机、指挥作业人员、起重司索人员（捆绑吊持人）安全操作规程，起重机械安装、拆除、维修人员安全操作规程，以及起重机械维修保养制度等。要分工明确，落实责任，奖罚分明。

（2）加强教育培训

按照国家有关技术标准，对起重机械司机、指挥作业人员、起重司索人员进行安全技术培训考核，提高他们的安全技术素质，做到持证上岗作业。

（3）实行系统安全管理

起重机械安全管理是一个比较复杂的系统工程，必须对起重机械的设计、制造、安装、使用、维修等进行全过程的管理，做到科学、全面、规范、有序。

（4）强化安全监察力度

安全管理部门要依据国家有关安全法规、标准的规定，加强对起重机械的安全监察。一是要对起重机制造厂家的制造资格进行安全认证，对其生产的起重机械产品进行安全质量监督检验，安全质量不合格的起重机械产品不得出厂，把好起重机械产品制造的安全质量关；二是要对从事起重机械安装、拆除、维修的企业实行安全质量认证，不具备从事起重机械安装、拆除、维修能力的企业，不得承担起重机械安装、拆除、维修业务，把好起重机械安装、拆除、维修的安全质量关；三是要把好起重机械安全技术检验关，对新安装的、大修的、改变重要性能的起重机械进行特殊的安全技术检验，起重机械经检验合格并发给使用合格证后方可投入运行。对在用的起重机械进行定期（每两年）的常规安全技术检验，检验不合格的起重机不准继续使用；四是要按照“四不放过”原则对起重机作业中发生的伤亡事故进行严肃处理。

第五节　压力容器事故及预防

压力容器是指盛装气体或者液体，承载一定压力的密闭设备。为了与一般容器（常压容器）相区别，只有同时满足下列三个条件的容器，才能称为压力容器：

（1）工作压力大于或者等于 0.1 MPa。工作压力是指压力容器在正常工作情况下，其顶部可能达到的最高压力（表压力）。

（2）工作压力与容积的乘积大于或者等于 2.5 MPa・L。容积是指压力容器的几何容积。

（3）盛装介质为气体、液化气体以及介质最高工作温度高于或者等于其标准沸点的液体。

一、压力容器分类

1. 按压力大小分类

(1) 低压 (L) 容器。0.1 MPa$\leqslant p<$1.6 MPa。

(2) 中压 (M) 容器。1.6 MPa$\leqslant p<$10 MPa。

(3) 高压 (H) 容器。10 MPa$\leqslant p<$100 MPa。

(4) 超高压 (U) 容器。$p\geqslant$100 MPa。

2. 按生产过程中的作用分类

按生产过程中的作用可分为反应压力容器、换热压力容器、分离压力容器和储存压力容器。

3. 按安装方式分类

按安装方式可分为固定式压力容器和移动式压力容器。

4. 按安全技术监督和管理分类

为了更有效地实施科学管理和安全监检，我国《压力容器安全监察规程》中根据工作压力、介质危害性及其在生产中的作用将压力容器分为三类。

(1) 第三类压力容器

具有下列情况之一的，称为第三类压力容器：

1) 高压容器。

2) 中压容器（仅限毒性程度为极度和高度危害介质）。

3) 中压储存容器（仅限易燃或毒性程度为中度危害介质，且 pV 大于等于 10 MPa · m^3）。

4) 中压反应容器（仅限易燃或毒性程度为中度危害介质，且 pV 大于等于 0.5 MPa · m^3）。

5) 低压容器（仅限毒性程度为极度和高度危害介质，且 pV 大于等于 0.2 MPa · m^3）。

6) 高压、中压管壳式余热锅炉。

7) 中压搪玻璃压力容器。

8) 使用强度级别较高的材料制造的压力容器（指响应标准中抗拉强度规定值下限$\geqslant$540 MPa）。

9) 移动式压力容器。包括铁路罐车（介质为液化气体、低温液体）、罐式汽车（液化气体运输车、低温液体运输车、永久气体运输车）和罐式集装箱（介质为液化气体、低温液体等)。

10) 球形储罐(容积大于或等于 50 m^3)。

11) 低温液体储存容器(容积大于 5 m^3)。

(2) 第二类压力容器

具有下列情况之一的，称为第二类压力容器:

1) 中压容器。

2) 低压容器(仅限毒性程度为极度和高度危害介质)。

3) 低压反应容器和低压储存容器(仅限易燃介质或毒性程度为中度危害介质)。

4) 低压管壳式余热锅炉。

5) 低压搪玻璃压力容器。

(3) 第一类压力容器

除上述第三类压力容器和第二类压力容器以外的低压容器为第一类压力容器。

由于各国的经济政策、技术政策、工业基础和管理体系的差异，压力容器的分类方法也各不相同。采用国际标准或国外先进标准设计压力容器时，应采用相应的分类方法。

二、压力容器破裂的形式及其预防

一般机件的失效，有三种类型，即过量的变形、断裂和表面状态变化。而作为一种生产工艺设备的压力容器，也可能由于产生过量的弹性或塑性变形而失效。但从压力容器危及人身安全方面来看，最主要的是预防它在运行过程中突然破裂。根据压力容器破裂的形式和原因，一般把压力容器的破裂分为韧性破裂(或延性破裂)、脆性断裂、疲劳破裂、腐蚀破裂和蠕变破裂五种形式。

导致压力容器破裂失效的各种因素属于第二类危险源，即导致能量或危险物质约束或限制措施破坏或失效的各种因素。而压力容器内盛装的各种状态下的物质称为第一类危险源，即生产过程中存在的，可能发生意外释放的能量(能源或能量载体)或危险物质。因此，预防压力容器事故的发生就是要控制第一类危险源和第二类危险源。

1. 压力容器韧性破裂及其预防

韧性破裂是压力容器在内部压力作用下，器壁上产生的应力达到容器材料的强度极限，从而发生破裂破坏的一种形式，这种形式的破坏属于韧性破裂。

压力容器通常采用碳钢或低合金钢制造，材料中一般含有脆性夹杂物，容器内的压力使器壁受到拉伸，在拉应力的作用下，器壁产生较大的塑性变形，塑性变形严重的地方，特别是在材料中的夹杂物处首先破裂；或使夹杂物与基体界面分离而形成显微空洞（又称微孔），随着容器内压力的升高，空洞逐渐长大和聚集，形成裂纹，最后韧性破裂。压力容器的韧性破裂实际上是材料中显微空洞形成和长大的过程，而且一般是在器壁上发生较大塑性变形之后发生的。

（1）压力容器韧性破裂的原因

1）盛装液化气体介质的容器充装过量。

2）使用中的压力容器超温超压运行。

3）容器壳体选材不当或容器安装不符合安全要求。

4）容器日常维护保养不当，造成壳体大面积腐蚀变薄。

（2）压力容器韧性破裂的特征

压力容器发生韧性破裂，具有金属韧性破裂的一般特征。

1）破裂容器器壁有明显的伸长变形。金属的韧性破裂是在经过大量的塑性变形后发生的，因此，容器具有明显的形状变化。

2）断口呈暗灰色纤维状。碳钢或低合金钢韧性破裂时，由于显微空洞的形成、长大和聚集，最后成为锯齿形的纤维状断口，断口呈暗灰色。

3）容器一般不是碎裂。由于材料具有较好的塑性和韧性，韧性破裂的容器破裂方式一般不是碎裂，即不产生碎片，而只是裂开一个口。

4）容器实际破裂压力接近计算破裂压力。金属的韧性破裂是经过大的塑性变形，而且是外力引起的应力达到断裂强度时发生的，所以，韧性破裂的压力容器器壁上的平均应力是达到或接近材料的抗拉强度的，其实际破裂压力与计算值接近。

（3）压力容器韧性破裂的预防

要防止压力容器发生韧性破裂事故，最根本的措施是保证容器在任何情况下由内压在器壁上引起的总体薄膜应力低于器壁材料的屈服极限，并留有适当的安全裕度。因此，必须做到以下几点：

1）在设计和制造压力容器时，要选用有足够强度和厚度的材料，以保证压力容器在规定的工作压力下安全使用。

2）压力容器应按核定的工艺参数运行，安全附件应安装齐全、正确，并保证灵敏可靠。

3）使用中加强巡回检查，严格按照工艺参数进行操作，严禁压力容器超温、超压、超负荷运行，防止过量充装。

4）加强维护保养工作，采取有效措施防止腐蚀性介质对压力容器的腐蚀。

2. 压力容器脆性破裂及其预防

压力容器脆性破裂没有明显的塑性变形，破裂时器壁的压力远远低于材料的强度极限，甚至低于材料的屈服极限，这种破坏与脆性材料的破裂很相似，称为脆性破裂。

脆性破裂包括开裂和裂纹扩展两个阶段。开裂是指从已经存在的缺陷处开始发生不稳定的裂纹。一般缺陷处的韧性较差，在开裂时，缺陷尖端处的一小块材料所产生的应变速度与容器的工作载荷速度相同。通常由于石油化学工业所用的低温压力容器所受的是静荷载，则缺陷尖端处的小块材料所产生的应变速度也是静载速度。裂纹扩展是指容器开裂后形成的裂纹不断扩大的过程。脆性破裂的扩展速度非常快（接近于声速 340 m/s），因此，在裂纹扩展过程中，裂纹尖端处材料的应变速度相当于动载的极高速度。当裂纹尖端处材料的应变超过材料的负荷极限时，裂纹便开始迅速扩展，造成材料或容器在低应力状态下发生脆性破裂。

（1）压力容器脆性破裂的原因

压力容器脆性破裂都是在较低的应力水平（破裂时的应力一般都低于材料的屈服极限）下发生的。从国内外许多压力容器脆性破裂事故来看，造成脆性破裂的主要因素有两个：一是构件存在缺陷，二是材料的韧性差。而在低温下由于钢对缺口的敏感性增大，更容易发生冷脆，因此，低温也是造成压力容器脆性破裂的一个外在因素。

（2）压力容器脆性破裂的特征

压力容器发生脆性破裂时，在破裂形状、断口形貌等方面具有一些与韧性破裂正好相反的特征。

1）容器器壁没有明显的伸长变形。脆性破裂的容器一般都没有明显的伸长变形，许多在水压试验时脆裂的容器，其试验压力与容积增量的关系在破裂前基本还是线性关系，即容器的容积变形还是处于弹性状态。

2）裂口齐平、断口呈金属光泽的结晶状。脆性破裂一般是正应力引起的节理断裂，所以裂口齐平，并与主应力方向垂直。容器脆断的纵缝，裂口与器壁表面垂直，环向脆断时，裂口与容器的中心线垂直。

3）容器常破裂成碎块。由于脆性破裂的容器材料韧性较差，而且脆断的过程又是裂縠迅速扩展的过程，破裂往往都是在一瞬间发生，容器内的压力难以通过一个小裂口释放，所以，脆性破裂的容器常裂成碎块，且常有碎片飞出。

4）破裂事故多数在温度较低的情况下发生。由于金属材料的断裂韧性随着温度的降低而下降，所以，脆性破裂一般都发生在温度较低的情况下。

5）脆性破裂常见于用高强度钢制造的容器。

（3）压力容器脆性破裂的预防

防止压力容器脆性破裂最基本的措施就是减小或消除构件的缺陷，要求材料具有良好的韧性，符合使用温度的要求。就压力容器来说，主要应该注意以下几个方面：

1）减少容器结构及焊缝的应力集中。裂纹是造成压力容器脆性破裂的主要因素，而应力集中往往又是产生裂纹的重要原因。

2）容器材料要具有较好的韧性。材料的韧性差是造成脆性破裂的另一个重要因素，要防止压力容器的脆性破裂，制造容器的材料必须具有较好的韧性。应根据容器的使用条件（主要是使用温度）选用合适的材料，要求选用的材料在使用温度下具有规范规定的韧性指标。

3）消除残余应力。钢构件残余应力的存在也是产生脆性破裂的一个影响因素。所以，消除残余应力也是防止容器发生脆性破裂的一个重要措施。

4）加强对容器的检验。对已经制成的或正在使用的压力容器，加强技术检验，及早发现缺陷，也是防止压力容器发生脆性破裂事故的一项措施。

3. 压力容器疲劳破裂及其预防

疲劳破裂是指压力容器在反复加压、泄压过程中，壳体材料长期受到交变载荷作用，由于疲劳而在低应力状态下突然破裂。

疲劳破裂按机理分为高应力低循环疲劳（低周疲劳）破裂和低应力高循坏疲劳（高周疲劳）破裂。金属材料的疲劳破裂过程分为疲劳裂纹的萌生和疲劳裂纹的扩展两个阶段。

（1）压力容器疲劳破裂的原因

压力容器的疲劳破裂，绝大多数属于金属的低周疲劳。低周疲劳的特点是承受较高的交变应力，而应力交变的次数并不需要太高。

1）存在较高的局部应力。这在压力容器的个别部位是可能存在的。在压力容器的接管、开孔、转角以及其他几何形状不连续的地方，在焊缝附近，以及在钢材存有缺陷的区域内，都有程度不同的应力集中，这些部位的应力接近甚至超过材料的屈服极限，具备产生低周疲劳的条件。

2）存在交变载荷。压力容器器壁上的交变应力主要是在以下的情况中产生：间歇操作的容器经常进行反复的加压和泄压；容器在运行过程中压力在较大幅度的范围（如超过20%）内变化和波动；容器的操作温度发生周期性的较大幅度的变化，引起器壁温度应力的反复变化；容器有较大的强迫振动并由此而产生较大的局部应力；容器受到周期性的外载荷作用等。

（2）压力容器疲劳破裂的特征

压力容器疲劳破裂，一般具有以下特征：

1）容器没有明显的变形。压力容器的疲劳破裂也是先在局部应力较高的地方产生微细的裂纹，然后逐步扩展，到最后所剩下的截面积的应力达到材料的断裂强度因而发生开裂。所以，它也和脆性破裂一样，一般没有明显的变形，壁厚也没有明显的减薄。

2）破裂断口存在两个区域。疲劳破裂的断口形貌与脆性破裂有明显的区别。疲劳破裂断口一般都存在比较分明的两个区域，一个是疲劳裂纹产生及扩展区，另一个是最后断裂区。

3）压力容器常因开裂泄漏而失效。疲劳破裂的压力容器一般不像脆性破裂那样，常常会产生脆片，而只是开裂一个缝口，使容器泄漏而失效。

4）破裂总是在容器经过反复的加压和泄压以后发生。容器的疲劳破裂是器壁在交变应力作用下，经过裂纹的产生和扩展最后才断裂的，所以，它总是发生在容器反复多次的加压和泄压以后。

（3）压力容器疲劳破裂的预防

要防止压力容器的疲劳破裂事故，除了在运行中尽量避免不必要的频繁加压和泄压、过分的压力波动和悬殊的温度变化等载荷因素外，主要的还在于设计容器时采取适当的措施。一方面，尽可能地减少应力集中，使容器器壁的个别部位的局部应力不超过材料的伺服极限；另一方面，如果容器上确实难以避免出现较高的局部应力，则应作疲劳分析和疲劳设计。具体措施如下：

1）压力容器的制造质量应符合要求，避免先天性缺陷，以减少过高的局部应力。

2）在压力容器安装中应注意防止外来载荷的影响，以减少压力容器本体的交变载荷。

3）在运行中要注意操作的正确性，尽量减少加压、泄压的次数，操作中要防止温度压力波动过大。

4）对无法避免外来载荷，无法减少开停次数的压力容器，制造前应作疲劳设计，以保证压力容器不致发生疲劳破裂。

4. 压力容器腐蚀破裂及其预防

腐蚀破裂是指压力容器材料在腐蚀性介质作用下，引起的容器由厚变薄或材料组织结构改变、力学性能降低，是压力容器承载能力不够而发生的破坏形式。腐蚀破裂的形式大致可分成五类，即均匀腐蚀、点腐蚀、晶间腐蚀、应力腐蚀和疲劳腐蚀。而其中最危险而又较常见的是壳体金属被应力腐蚀破坏而产生的破裂。

压力容器的防腐蚀措施是各式各样的，需要根据不同的设备条件和不同的工作介质采用不同的方法。在压力容器中，通常采用以下几种防腐蚀措施：

（1）选择合适的抗腐蚀材料

大多数的工作介质对设备材料的腐蚀作用都是有选择性的，即它只能对某一些材料或在某一种操作条件下产生腐蚀。因此，在设计制造压力容器时，可以根据工作介质的腐蚀特点选用合适的抗腐蚀材料。

（2）使容器壳体与腐蚀性介质隔离

为了避免腐蚀性介质对容器壳体产生腐蚀，可以采用耐腐蚀的材料把工作介质与容器壳体隔离开来。常用的方法是在容器内壁涂上防腐层或内加衬里。

（3）消除能引起应力腐蚀的因素

在压力容器的各种腐蚀破坏形式中，最危险的是应力腐蚀，而应力腐蚀又往往要在一定的条件下才能产生。因此，可以在容器的设计、制造和使用过程中，采取相应的措施消除可能引起应力腐蚀的各种因素。

5. 压力容器蠕变破裂及其预防

在高温下操作的压力容器，壳体会由于长期处在高温的条件下，因应力的作用而产生缓慢而连续的塑性变形，使容器的直径逐步增大，严重时会导致容器破裂。这种由于金属材料的蠕变而造成容器的破裂，称为蠕变破裂。

金属材料在高温下，其组织会发生明显的变化，晶粒长人，珠光体和某些合金成分有球化或团絮状倾向，钢中碳化物还能析出石墨等，有时还可能出现蠕变的晶间开裂或疏松微孔。某些情况下，材料的金相组织发生改变，使韧性下降，严重时在低应力状态下便会发生蠕变破裂。一般材料的蠕变破裂温度为它熔化温度的25%～35%，发生蠕变的温度为300～350℃。钛钢及合金钢的蠕变温度通常为400～450℃。

（1）压力容器蠕变破裂的原因

压力容器蠕变破裂的原因有：

1）选材不当。例如，由于设计时的疏忽或材料管理的混乱，错用碳钢来代替抗蠕变性能较好的合金钢束制造高温容器部件。

2）结构不合理，使部件的局部区域过热。

3）制造时材料组织改变，抗蠕变性能降低。

4）操作不正常，维护不当，致使容器部件局部过热，也是造成蠕变破裂的一个主要原因。

（2）压力容器蠕变破裂的特征

压力容器发生蠕变破裂时，一般都有比较明显的变形。变形量的大小取决于材料在高温下的塑性。有些材料在常温下进行加载试验时具有良好的塑性，却会在较高的使用温度下变脆，这时，破裂的部件常常没有明显的变形，呈脆性破坏。

（3）压力容器蠕变破裂的预防

预防压力容器的蠕变破裂，主要从以下几个方面来考虑：

1）选择满足高温力学性能要求的合金材料制造压力容器。

2）选用结构合理、制造质量符合标准的压力容器。

3）在使用中防止容器局部过热。经常维护保养，清除积垢、结炭，可有效防止容器蠕变破裂事故的发生。

三、压力容器破裂爆炸事故及预防

压力容器内介质发生异常的物理或化学变化使容器内压力急剧升高而超过容器材料的极限承载能力时，将导致容器破裂而爆炸。对于可燃气体，容器爆炸后，在容器外还会形成二次化学爆炸。爆炸破坏的危害极大，不但造成人员中毒和发生火灾，而且爆炸引起的冲击波和爆炸碎片还可能造成对建筑物的破坏和人员伤亡。

1. 压力容器爆炸事故的类型

压力容器的爆炸是一种极其迅速的物理的和化学的能量释放过程。压力容器破裂时，带压气体突然外泄，气体瞬间膨胀，释放出大量的能量，这就是物理爆炸。如果容器内充装的是可燃的液化气体，在容器破裂后，它立即蒸发并与周围的空气形成可爆性混合气体，遇到明火或容器碎片撞击设备产生火花或高压气流所产生的静电作用，会立即发生化学爆炸，即通常所说的二次爆炸。因此，压力容器破裂时，其爆炸能量的大小不但与它原有的压力和容器的容积有关，而且还与介质特性及其在压力容器内的物理状态有关。

压力容器的气体介质从形态上大致可分为两类，即压缩气体和液化气体。容积与压力相同而性态不同的介质，在容器破裂时的爆炸过程不是完全一样的，释放的能量也有差别。

（1）压缩气体容器爆炸事故

大部分压力容器内的介质都是以气态存在的，即所谓永久气体。永久气体在容器破裂时，不产生物质状态的变化，而仅仅是降压膨胀，这一过程是气体由容器破裂前的压力降至大气压力的简单膨胀过程。由于这一过程所经历的时间一般都很短，因此，不管容器内的工作介质与周围大气存在多大的温差，都可以认为容器内的气体与大气没有热量交换，即气体的膨胀是在绝热状态下进行的，所以，永久气体容器的爆破能量也就是气体绝热膨胀所做之功。

气体绝热膨胀的能量可用下式计算：

$$U_g=\frac{pV}{k-1}\left[1-\left(\frac{0.1013}{P}\right)^{(k-1)/k}\right] \tag{5—5}$$

式中　U_g——气体的爆破能量，MJ；

p——容器内气体的绝对压力，MPa；

V——气体的体积（压力容器的容积），m^3；

k——气体的绝热指数，即气体的质量定压热容与质量定容热容的比值。气体的绝热指数可以按分子组成确定其近似值，如双原子气体，$k=1.4$；三原子和四原子气体，$k=1.2\sim1.3$。

压力容器中常用的压缩气体绝热指数的精确值见表5—2。

表5—2　　常用压缩气体的绝热指数

气体名称	空气	氮气	氧气	氢气	甲烷	乙烷	一氧化碳	二氧化碳
绝热指数 k	1.4	1.4	1.397	1.412	1.315	1.18	1.395	1.295

从表5—2可以看出，常用气体空气、氧气、氮气、氢气以及一氧化碳等的绝热指数均为1.4或接近1.4，故将$k=1.4$代入式（5—5）即得到这些常用气体的爆炸能量为：

$$U_g=2.5PV\left[1-\left(\frac{0.1013}{P}\right)^{0.2857}\right] \tag{5—6}$$

设：

$$C_g=2.5P\left[1-\left(\frac{0.1013}{P}\right)^{0.2857}\right] \tag{5—7}$$

则

$$U_g=C_gV \tag{5—8}$$

式中　C_g——永久气体的爆炸能量系数，MJ/m^3。

由式（5—8）可知，压缩气体爆炸能量系数C_g是容器压缩气体的绝对压力P的函数，随P值变化而变化。压力容器常用压力（绝对）下压缩气体爆炸能量系数见表5—3。

表5—3　　压力容器常用压力（绝对）下压缩气体爆炸能量系数

绝对压力/MPa	0.3	0.5	0.7	0.9	1.1	1.7	2.7	4.1	5.1	6.5	15.1	32.1	40.1
爆炸能量系数/MJm^{-3}	0.2	0.46	0.75	1.06	1.37	2.37	3.9	6.72	8.63	11.35	28.8	64.9	82.2

压缩气体爆炸能量的计算公式也可用于蒸气，但蒸气的绝热指数 k 与一般压缩气体的差别较大。因为它与饱和蒸气的干度及是否过热有关，过热蒸气 $k=1.135$，湿饱和蒸气 $k=1.035+0.1X$（X 为蒸气干度）。

若将 $k=1.135$ 带入式（5—5）得干饱和蒸气的爆炸能量 U_s：

$$U_s=7.4PV\left[1-\left(\frac{0.1013}{P}\right)^{0.1189}\right] \tag{5—9}$$

用式（5—9）计算的蒸气爆炸能量，因为没有考虑到蒸气的干度及泄压膨胀后蒸气干度的变化和其他一些影响，故存在较大误差。但它使用方便，不用查蒸气热力性质图表即可直接计算，计算结果可作为参考依据。

对于常用压力下饱和蒸气的爆炸能量，可以按下式计算：

$$U_s=C_sV' \tag{5—10}$$

式中　U_s——蒸气的爆炸能量，MJ；

V'——蒸气的体积，m^3；

C_s——干饱和蒸气爆炸能量系数，MJ/m^3。

压力容器常用压力（绝对）下干饱和蒸气爆炸能量系数见表 5—4。

表 5—4　　压力容器常用压力（绝对）下干饱和蒸汽爆炸能量系数

绝对压力/MPa	0.4	0.5	0.6	0.8	0.9	1.1	1.4	1.7	2.6	3.1
爆炸能量系数/MJm^{-3}	0.447	0.64	0.864	1.29	1.52	2.0	2.78	3.58	6.16	7.67

（2）液化气体容器爆炸事故

介质为液化气体的压力容器，破裂时的情况与压缩气体的压力容器不尽相同。因为除了其气体的部分与压缩气体一样迅速膨胀外，其液体部分也因膨胀降压而急剧蒸发，所以，液化气体压力容器破裂时释放的能量更巨大。

当液化气体压力容器破裂时，容器内气体首先迅速膨胀，使容器内的压力瞬间降至大气压力。此时，由于容器内的液体是被液化了的气体（常温常压下），因此，其温度必定高于其在常压（大气压力）下的沸点。液体处于过热状态，气、液两相失去平衡，液体迅速大量蒸发，内部充满气泡，气体体积急剧膨胀，迅速充满整个容器空间，使壳体进一步受到很高压力的冲击，容器的破裂进一步扩大。这种因压力突然下降而使原来处于平衡状态的饱和液体在大气压下过热而迅速沸腾蒸发，体积激烈膨胀而显示出的爆炸现象，称为暴沸或蒸气爆炸。这种现象发生时，延塑性好的材料制成的容器，壳体的整个形状都会发生改变，圆筒体甚至会反向卷曲；延塑性差的材料，破裂面有时会出现受冲击破裂的特征。

根据以上分析，这类压力容器在破裂爆炸时所释放出的能量应包括两部分，即饱和蒸气的爆炸能量和处于过热状态下的液体暴沸的能量。但在实际计算中，因大多数情况下，液化气体的压力容器内饱和液体占容器内介质的绝大部分，它的爆炸能量要比饱和蒸气的爆炸能量大得多，所以，在计算时可将饱和蒸气的膨胀功忽略不计。同样，蒸气爆炸一般也是在瞬间内完成的，故它也是一个绝热过程。因此，处于过热状态下液体的爆炸能量就是有压力的饱和液体在绝热条件下膨胀至常压时所做的功，其计算公式为：

$$U_L = [(h_1 - h_2) - (S_1 - S_2)T]W \quad (5\text{—}11)$$

式中　U_L——过热状态下液体的爆炸能量，kJ；

h_1——在容器破裂前的压力或温度下饱和液体的质量焓，kJ/kg；

h_2——在常压（大气压力）下饱和液体的质量焓，kJ/kg；

S_1——在容器破裂前的压力或温度下，饱和液体的质量熵，kJ/（kg·K）；

S_2——在常压（大气压力）下饱和液体的质量熵，kJ/（kg·K）；

T——介质在常压（大气压力）下的沸点，K；

W——饱和液体的质量，kg。

各种液体介质的 h_1、h_2、S_1、S_2、T 等参数可从相关的化学手册中查阅。

在压力容器中的废热锅炉的气包和其他带压蒸发的液体加热器等，都具有与液化气体压力容器相同的特性，工作介质温度都高于它们在大气压下的沸点，容器内的饱和蒸气压大于大气压力，介质都是以饱和液体的状态处于容器中，其爆炸能量的计算公式同样用式（5—11）。

以废热锅炉气包为例，气包的水为饱和水，其爆破能量的大小由它的压力决定，根据不同压力下饱和水的物理化学特性（焓、熵及密度等）将式（5—8）简化为：

$$U_w = C_w V'' \quad (5\text{—}12)$$

式中　U_w——饱和水的爆破能量，kJ；

C_w——饱和水的爆破能量系数，kJ/m³；

V''——容器内饱和水所占的容积，m³。

压力容器常用压力下的饱和水爆破能量系数见表 5—5。

表 5—5　　常用压力下的饱和水爆破能量系数

绝对压力 p/MPa	0.4	0.6	0.9	1.4	2.6	3.1
能量系数 C_w/MJ·m^{-3}	23.8	32.5	45.6	63.5	95.6	106.0

比较表5—4与表5—5可以看出，饱和水的能量系数约为饱和蒸气的几十倍。也就是说，饱和水的能量约为同体积、同压力的饱和蒸气的几十倍。所以，在一个气包内即使饱和蒸气与饱和水各占一半的容积，饱和蒸气的能量也不到全部能量的10％。

（3）可燃气体容器爆炸事故

工作介质为可燃气体的压力容器爆破时，除了容器内气体膨胀释放能量以外，往往还会产生容器外第二次爆炸，释放出更大的能量。容器一旦破裂，其内部的可燃气体瞬间大量涌出，并迅速与容器外部空间的空气混合，很快便形成了一定爆炸浓度的混合气体。由于气体高速流出产生的静电或容器破裂时的碎片撞击设备或其他设施产生火花，混合气体马上发生空间爆炸，即在压力容器爆破后很快又发生化学性爆炸，这就是通常所说的压力容器的二次爆炸。这两次爆炸是相继产生的，中间间隔的时间很短，难以分辨两次爆炸的声音，通常感觉是一声爆炸后稍拉长的声音的效果。第二次爆炸的能量比第一次气体膨胀的能量大得多。

要准确地计算这部分爆炸性混合气体发生二次爆炸时的爆炸能量是比较困难的，因为有许多不可确定因素。虽然容器内可燃气体的量是已知的，而且在容器爆炸时几乎全部流出，但是，可燃气体流出后一般都是以球状或其他形状的形式在空间扩散，只有外围一部分可燃气体能与大气体中的氧充分混合形成爆炸性混合浓度，这种混合浓度以爆破容器破坏部位为中心形成一定的浓度梯度。越靠近爆破容器，混合气中氧含量越低，甚至没有机会与氧混合，故二次爆炸并不是全部外泄的可燃气体都参与了反应，而且参与反应的可燃气体量的多少与许多因素有关。例如，容器周围的气流情况、出现火源的时间及气体爆炸极限范围等，但可以估算其爆炸能量范围，最大爆炸能量是全部可燃气体的燃烧热，最小爆炸能量则是这种可燃气体在它的爆炸上限条件下的燃烧热。

2. 压力容器爆炸的危害

压力容器爆炸的危害有物理危害和化学危害。物理危害是指压力容器爆炸时，其爆破能量产生的冲击波对爆破现场及附近设施所造成的危害。化学危害是指压力容器介质为毒性或可燃介质，容器发生爆破时，除造成物理危害外，由于毒性气体或可燃气体的迅速外泄扩散造成对环境的污染和对人体的毒害，或造成空间爆炸和引发火灾等。因此，压力容器爆炸的危害性是较为严重的。

（1）压力容器爆炸能量造成的破坏作用

1）爆炸冲击波及其破坏作用。冲击波是一种强扰动的传播，或者说是一种介质状态突跃变化的传播，这种突跃变化是介质受到外界作用而产生的。压力容器破裂时，容器内的高压气体大量冲出，使它周围的空气受到冲击而发生扰动，使其压力密度、温度等产生突跃变化，这种扰动在空气中传播就成为冲击波。空气冲击波中状态突跃变化最明显表现在空气瞬间压力上的变化，在离爆炸中心有一定距离 s 的地方，空气压力会随时间发生迅速变化，开始时压力突然升高，产生一个很大的压力，接着又迅速衰减。压力传递出去，使正压在极短的时间内迅速降至零且还要降至小于大气压的负压。如此反复循环波动数次，但压力的变化随着时间的推移、次数的增多而变得一次比一次小得多，直至衰减为零。这种压力变化中最大的正压力（开始时产生的）就是冲击波阵面上的超压$\triangle P$。$\triangle P$ 随着距离 s 的增大而不断衰减，存在着一定的衰减梯度，$\triangle P$ 越大，其所传播的距离就越远。冲击波的破坏性主要与$\triangle P$ 有关。

在爆炸中心附近，空气冲击波的$\triangle P$ 可以达到几个甚至十几个大气压，极具破坏力，爆炸中心附近的建筑物、设备、管道等在如此高的压力冲击下，将被摧毁。即使是在一个大气压力以内的冲击波，也具有很大的破坏作用。接近 0.005 MPa 的超压就可以将门窗玻璃破碎。冲击波的超压对建筑物的破坏作用见表 5—6。

表 5—6　　不同超压对建筑物的破坏作用

超压$\triangle P$/MPa	对建筑物的破坏情况
0.005～0.006	门窗玻璃部分破碎
0.006～0.01	受压面的门窗玻璃大部分破碎
0.015～0.02	窗框损坏
0.02～0.03	墙体产生裂缝
0.04～0.05	墙体大裂缝、屋瓦掉下
0.06～0.07	木建筑厂房柱折断、房架松动
0.07～0.10	砖墙倒塌
0.10～0.20	防震钢筋混凝土破坏，小房屋倒塌
0.20～0.30	大型钢架结构破坏

冲击波除破坏建筑物外，它的超压还会直接危害其波及范围内的人身安全。表 5—7 是空气冲击波对人体的伤害作用。

表 5—7　　空气冲击波对人体的伤害作用

超压$\triangle P$/MPa	对人体的伤害作用
0.02～0.03	轻微损伤

续表

超压△P/MPa	对人体的伤害作用
0.03～0.05	听觉器官损伤或骨折
0.05～0.10	内脏严重损伤或死亡
>0.10	大部分人员死亡

空气冲击波对人体的伤害，除波阵面超压外，高速气流的危害也不容忽视，速度高达几十米每秒的气流夹杂着沙石碎片等杂物往往会加重对人体的损害。

冲击波超压的大小与气体爆炸能量的大小有关。爆炸能量越大，冲击波强度越大，波阵面上的超压△P 也越大。但冲击波危害除与超压△P 有关外，还与其传播的距离有关。冲击波的强度随着传播距离的增大而逐渐衰减。因为冲击波正压区随着时间的增加而不断变宽，压缩区的空气量不断增大而消耗能量，加之在传播过程中由于阻力而引起的能量消耗，波的强度就自然会随传播距离的增大而迅速减弱。

此外，压力容器破坏时，其爆炸能量释放的反作用力和零部件、碎片在爆炸能量作用下高速飞出所造成的危害也不容忽视。

因此，在了解压力容器的爆炸中冲击波破坏的特性后，在压力容器安装布局上，除考虑前后工序和生产工艺的关联性外，还应考虑其可能发生事故时造成的破坏和相关的影响。

在防止压力容器破裂事故发生的同时，为力求避免压力容器爆破事故造成的关联性危害和事态进一步扩大、恶化，在容器布置设计时就必须考虑压力容器在生产系统中与关联设备、设施及建筑物的布置和距离、方位等，应配套的防护设施及防护规格（如电器的防爆等级等）。

2）爆破碎片造成的破坏作用。压力容器破裂时，气体高速喷出的反作用力可以将整个壳体向开裂的反方向推出，有些壳体则可能裂成大小不等的碎块或碎片向四周分散，这些具有较高速度或较大质量的碎片，在飞出的过程中具有较大的动能，也可能造成较大的危害。

碎片对人体的伤害程度或对设备的损坏程度主要取决于它的动能。碎片具有的动能与它的质量及速度的平方成正比，即：

$$E=\frac{1}{2}mv^2 \quad (5—13)$$

式中　E——碎片的动能，J；

m——碎片的质量，kg；

v——碎片的速度，m/s。

压力容器碎片在离开壳体时常具有 80～120 m/s 的初速度，即使在飞离较远的地方也会有 20～30 m/s 的速度。在此速度下，质量为 1 kg 的碎片，动能即可达 200～450 J，足以致人受伤或死亡。此外，碎片还可能损坏附近的设备、管道，引起连续爆炸或酿成火灾，造成更大危害。碎片对周围环境的破坏能力，可以用穿透能力来衡量。对于被击物为钢板等一类塑性材料，碎片的穿透能力可按式（5—14）计算：

$$S=\frac{KE}{A} \tag{5—14}$$

式中　S——碎片能穿透的厚度，mm；

E——碎片所具有的动能，J；

A——碎片穿透方向的截面积，mm^2；

K——材料的穿透系数。对钢板，$K=1$；对木材，$K=40$；对钢筋混凝土，$K=10$。

从式（5—14）可以看出，容器破裂成碎片时，周围的设备是比较容易被击穿的。例如，质量为 1 kg 的碎片，如穿透方向的面积为 500 mm^2，则只要击中时的速度不小于 100 m/s，厚度为 10 mm 的钢制设备将被击穿。

（2）毒性介质压力容器破裂所造成的危害

毒性介质的压力容器一旦破裂，毒性物质迅速外泄，在空气中扩散造成一定面积的毒害区域，对毒害区域内的人和动植物造成较大的伤害，甚至污染水源。特别是液化气体压力容器，因其所充装的液化气体中有很多是有毒物质，如液氨、液氯、二氧化硫、二氧化氮、氢氰酸等，容器破裂时，这些液化气体容器中的饱和液体瞬间大量蒸发，生成体积庞大的有毒蒸气，并在空气中迅速扩散。在常温下，大多数液化气体蒸气爆炸生成的蒸气体积约为液体体积的 100～250 倍。这些蒸气生成以后，在周围的大气中很快形成足以令人死亡或严重中毒的毒气浓度。压力容器中常见有毒气体的危险浓度及其危害见表 5—8。

表 5—8　有毒气体的危害浓度对人体的危害

有毒气体名称	吸入 5～10 min 致死浓度/%	吸入 0.5～1 h 致死浓度/%	吸入 0.5～1 h 致重病浓度/%
氨	0.5		
氯	0.09	0.003 5～0.005	0.001 4～0.002 1
二氧化硫	0.05	0.053～0.065	0.015～0.019
硫化氢	0.08～0.1	0.042～0.06	0.036～0.05

续表

有毒气体名称	吸入 5～10 min 致死浓度/%	吸入 0.5～1 h 致死浓度/%	吸入 0.5～1 h 致重病浓度/%
二氧化氯	0.05	0.032～0.053	0.011～0.021
氢氰酸	0.027	0.011～0.014	0.01

液化气体在容器破裂时产生的有毒蒸气的体积，可由式（5—15）进行计算：

$$V_g = [22.4mc\ (t-t_b)\ /M\gamma] \times [\ (273+t_b)\ /273] \qquad (5\text{—}15)$$

式中 V_g——有毒蒸气的体积，m^3；

M——介质的相对分子质量；

m——容器内液化气体的质量，kg；

γ——介质气体的潜热，kJ/kg；

c——介质的比热容，kJ/（kg·℃）；

t——容器破裂时容器内介质的温度，℃；

t_b——介质的标准沸点，℃。

如果容器内的液化气体量已知，则可按公式（5—15）先计算出它破裂时蒸发生成的毒气的空气体积U，然后根据表 5—9 的各种浓度算出可以造成中毒的空气体积。

（3）压力容器事故造成的火灾危害

压力容器发生破裂爆炸等事故时，往往伴随而来的是火灾。因为很多压力容器的介质都是可燃介质，特别是可燃液化气介质的压力容器，这些可燃气大量外泄并与空气混合，除发生前面所介绍的二次爆炸外，还会酿成重大的火灾事故。这些火灾事故造成的危害有时甚至超过容器本体爆炸造成的危害。以可燃液化气体储罐为例，储罐破裂时，虽然只有一部分液体被蒸发生成气体，但由于这部分气体在空气中的爆炸，另一部分未被蒸发而以雾状的液滴散落在空气中的液体也会与周围的空气混合而起火燃烧。所以，这种容器一旦破裂，并在容器外发生二次爆炸时，容器内的全部可燃液化气体几乎全部烧净。这些可燃气体爆炸燃烧所释放出的热和燃烧后生成的气体（水蒸气、二氧化碳）及空气中的氮气升温膨胀，因而形成体积巨大的高温燃气团，使周围很大的一片地区变成火海，在这一片地区范围内的所有可燃物都将起火燃烧，在此范围内的人员也被烧伤，并随周围可燃物的燃烧，高温气团不断膨胀、扩大，使燃烧范围不断扩大，造成恶性事故。

除了可燃介质压力容器发生事故会引发火灾外，非可燃高温气体介质也会因压力容器事故而引发火灾，但这种火灾往往不是直接火灾而是间接火灾。如外泄的高温气体引燃附近低燃点可燃物或易燃介质的设备装置等，而引发火灾。甚至有时连常温的气液介质压力容器也会引发一些偶然的火灾事故，这也是不可忽视的。

3. 压力容器爆炸的原因

压力容器的爆炸主要有以下几方面的原因：

(1) 超压超温。

(2) 压力容器有先天性缺陷。

(3) 未按规定对压力容器进行定期检验和报废。

(4) 压力容器内腐蚀和容器外腐蚀。

(5) 安全阀卡涩，未按规定进行定期校验，排气量不够。

(6) 操作人员违章操作。

(7) 压力容器同时进入发生化学反应的物质而引发爆炸。

4. 压力容器爆炸事故的预防

(1) 在压力容器设计阶段，要查明所设计容器的性能要求，包括温度、压力、内部介质及其性质，有关的腐蚀问题，负荷性质，适用的规范及标准等；根据容器的性能要求选择合适的材料和规格，并按照国家标准规定进行结构设计。

(2) 压力容器制造阶段，必须加强施工质量监督管理，保证生产出的压力容器质量稳定。具体措施为，必须是有资质的单位才能加工压力容器，生产中加强各个生产环节的管理，确保产品质量。

(3) 根据压力容器使用的条件采取相应的安全技术措施。如安装超压泄放装置、安全阀、爆破片等多重安全保险装置，确保压力容器中的压力不超过容器最大许用压力。

(4) 在压力容器使用过程中抓好安全管理。具体措施有：操作人员应持有相应级别的作业证并进行培训考核；制定安全操作规程和安全管理制度；定期检验容器及其安全附件，使其处于良好的工作状态；配备必要的防火、防爆、防毒设施；重视压力容器的技术档案资料管理等。

第六节　机械事故案例

一、常见机械事故

1. 铸造混砂机死亡事故

(1) 事故经过

某工厂铸造车间配砂组老工人张某经常早上提前上班检修混砂机内舱，以保证上班时间正常运行。某年某月某日早上 7 时 20 分，张某来到车间打开混砂机舱门，没有在混砂机的电源开关处挂上“有人工作，禁止合闸”的警告牌便进入机内检修。他怕舱门开大了影响他人行走，便将舱门带到仅留 150 mm 的缝隙。7 时 50 分左右，本组配砂工人李某上班后，没有预先检查机内是否有人工作，便随意将舱门推上，顺手开动混砂机试车，当听到机内有人喊叫时，大惊失色，立即停机，但滚轮在惯性作用下继续转动，混砂机停稳后，李某与刚上班的其他职工将张某救出，张某头部流血不止。事故发生后，车间领导立即上报，7 时 55 分工厂卫生所医务人员闻讯立即赶到现场，对张某做了止血包扎，随车立即将张某送往医院救治，但张某由于头部受伤严重，经抢救无效死亡。

（2）事故分析

1）张某进入混砂机内检修，未挂“有人工作，禁止合闸”的警告牌，是事故的主要原因。

2）配砂工人李某试车前，没有预先检查机内是否有人就推上舱门，致使混砂机的舱门联锁开关安全装置失效，随后又启动混砂机，是发生这次事故的直接原因。

3）车间领导对配砂工人的安全教育不够，执行“挂警告牌、并有人监护，不准一人独自作业”的制度不严格，职工安全意识淡薄，操作程序失控，存在随意性。

（3）事故预防

1）车间技术股组织对所有混砂机的门机联锁安全控制装置进行检查，保证其灵敏可靠。

2）对混砂机舱门进行改造，加装限制关门机构，由进入机舱维修者控制，否则不能将舱门关闭，保证联锁开关的有效性。

3）加强企业管理，认真贯彻落实安全生产责任制，建立健全项目安全管理规章制度和标准规范。

4）加强对作业人员的安全教育培训，加强安全监督人员的现场检查，杜绝工人违章作业行为。

5）充实《检修混砂机安全技术操作规程》内容，在进入混砂机内工作时，除了切断电源，挂上“有人工作，禁止合闸”的警告牌外，必须请电工取下电源的熔丝，由进入机内的检修人员随身保管，并派人在机外监护，防止事故发生。

2. 缠绕事故

（1）事故经过

2004 年 3 月 20 日上午 7 时上班后，瑞安市某紧固件厂带钢打卷机操作工谭某与同班职工杨某、秦某一起操作带钢打卷机。谭某在打卷机北端操作卷带，秦某在南端操作发料，杨某在该机中间负责带钢加热。上午 7 时 20 分左右，设备中间的操作工杨某去拉煤，当他回来时，谭某已被传动轴卷进打卷机内。在南端操作的秦某未看见，但听到有人说出事了，他立即去拉断总闸，看见谭某的衣服被传动轴缠住，看样子人还有一点知觉，并有呼吸，身上也没有出多少血，但脸色苍白，喘气比较大。然后秦某马上出去拿把刀子把谭某被传动轴缠住的衣服割断。大约七八分钟后，打 120 电话求救，但 120 救护车在渔墩路阻。此时已到场的厂长叫来车子立即与秦某一起将谭某送到塘下医院抢救，这时 120 车也到了塘下医院。经医院全力抢救无效，谭某于当天上午 8 时许死亡。

（2）事故分析

1）事故直接原因：谭某忽视安全生产，操作时没有扣好工作服的扣子，衣角被传动轴卷进。

2）事故间接原因：

①该紧固件厂平时对职工安全教育仅在开会时口头提醒，没有制定岗位操作规程，职工在操作时无规程可循，这是造成事故的主要间接原因；

②该紧固件厂的设备传动部位没有设置防护装置。

（3）事故预防

1）建立健全安全生产责任制，制定科学合理的岗位操作规程。

2）加强工人的培训教育，努力提高工人的安全意识，使工人树立“不伤害自己，不伤害别人，不被别人伤害”的安全意识。

3）加强机械设备的安全管理与安全防护，预防事故发生。

二、起重机械事故

1. 钢水包坠落事故

（1）事故经过

2007 年 4 月 18 日，辽宁省铁岭市某公司发生钢水包整体脱落事故，共造成 32 人死亡，6 人轻伤。

该事故发生在 4 月 18 日 7 时 45 分左右，装有约 30 t 钢水的钢水包在吊运下落至就位处 2～3 m 时，突然滑落，钢水洒出，冲进车间内 5 m 远的一间房屋，造成在屋内正在交接班的 32 人全部死亡，车间内 6 名操作工轻伤。

（2）事故分析

1）直接原因

①电气控制系统故障及设计缺陷导致钢水包失控下坠。起重机电气控制系统在运行过程中，由于下降接触器控制回路的一个联锁常闭辅助触点锈蚀断开，上升、下降接触器均失电，电动机电源被切断，失去电磁转矩，而制动器接触器仍在闭合状态，制动器不抱闸。起升控制屏的线路存在制动器接触器线圈有自保回路的重大缺陷，当上升接触器或者下降接触器接通后，制动器接触器闭合并自保，不再受上述三接触器的控制，制动器仍维持打开状态，不能自动抱闸，钢水包在自身重力作用下，以失控状态快速下坠。

②制动器制动力矩不足，未能有效阻止钢水包下坠。当主令控制器回零后，由于两台制动器的制动衬垫磨损严重，制动轮表面均有不同程度的磨损，并有明显的沟痕，事故单位未对其及时更换和调整，致使制动力矩严重不足，未能有效阻止钢水包继续失控下坠。

③班前会地点选择错误导致重大人员伤亡。据调查，班前会地点原本是由立柱和 VD 真空炉平台构成的开放空间，2006 年 11 月在各立柱间砌起砖墙，形成房间，用做临时堆放杂物的工具间。该工具间离铸锭坑仅 7 m，长期处于高温危险范围内，没有供人员紧急撤离的通道和出口。北面窗户又被墙外的多个铁柜挡住。2007 年春节后，各工段逐渐将此工具间作为班前会地点。钢水包倾覆后，正在工具间内开班前会的人员无法及时撤离，导致重大人员伤亡。

2）间接原因

①起重机选型错误。根据《炼钢安全规程》（AQ 2001—2004）第 8.4.4 条的规定，吊运重罐铁水、钢水或液渣，应使用带有固定龙门钩的铸造起重机。铸造起重机的主起升机构为双驱动力系统，且每套驱动系统有两套制动装置，当一套驱动系统出现故障时，另一套系统可完成一个工作循环。铸造起重机一般有 4 根起升钢丝绳，当任一根钢丝绳断裂时，能将钢水包安全放下，其安全可靠性要明显高于通用起重机。而事故起重机却是安全可靠性等级较低的通用桥式起重机。

②检测检验机构未正确履行职责。铁岭市特种设备监督检验所的检验人员在炼钢车间主厂房内，按照通用桥式起重机的检验标准，对用于提升钢水包的事故起重机进行了检验，且在图纸资料不全的情况下，仅用一个多小时就完成了全部检测检验工作，并出具检验合格的报告，导致事故起重机在不符合运行条件的情况下运行。

③制造厂家超许可范围生产。事故起重机由开原市起重机器修造厂生产，该厂经国家质量监督检验检疫总局核准的资质为生产 20 t 及以下通用桥式起重机，不

具备生产 80/20 t 通用桥式起重机的资质；事故起重机电气系统设计有缺陷；未向事故单位提供相关技术资料，造成设备运行、维护缺乏依据。

④事故单位建设项目设计不规范。事故单位炼钢项目仅土建厂房委托吉林冶金设计院设计，其余部分均无正规设计，无法正确进行设备选型；在土建厂房设计委托中提供的依据不正确，如委托资料为 50 t 吊车，实际采用 80 t 吊车。

⑤起重机司机缺乏处理突发事件的能力。起重机司机缺乏必要的岗位培训和职业技能训练，对起重机的基本性能缺乏了解，未掌握紧急情况下的处置手段和程序，致使其在发现钢水包的下降速度异常时，将主令控制器回零，未切断起重机电源。

⑥设备日常维护不善。事故单位在没有起重机相关图纸、资料的情况下，由维护工凭经验进行日常设备维护，维护内容和要求均不能满足设备正常运行的需要。如制动器制动衬垫磨损严重，未及时更换；制动器电磁铁拉杆行程不足，未及时调整；制动轮表面磨损严重；主钩卷筒上的钢丝绳绳头固定压板严重松动；控制屏积尘严重，触点锈蚀等。

⑦机构不健全，管理混乱。事故单位未按照《安全生产法》的要求，设置专门的安全管理机构和配备专职安全管理人员。管理制度不健全，现场管理混乱，员工培训不力，起重机司机无证上岗现象严重，员工安全意识薄弱，缺乏处理突发事件的能力。

⑧生产组织不合理，关键岗位工作时间过长。炼钢车间采用三班两倒工作制，每班工作时间为 12 h，时间过长。

(3) 事故预防

1) 进一步加强和规范特种设备的设计、制造、安装、使用和检测检验工作，确保特种设备安全可靠运行。

2) 重点加强对起重机等关键设备、设施的日常维护与保养，健全维护保养制度，完善维护保养记录，防止设备、设施带病运行。

3) 针对冶金生产工艺链长，高温高压、有毒有害因素多的特点，认真开展危险辨识工作，对重大危险源进行登记建档，加强监控。

4) 新建、改建和扩建工程项目要符合国家相关产业政策，建设项目要委托有资质的设计单位进行正规设计，切实把好工艺设计和设备选型关，提高企业本质安全程度。

5) 建立健全安全生产责任制和安全管理制度，加强安全管理机构建设和人员培训，加强作业现场的安全管理。

2. 吊装特大事故

（1）事故经过

2001年7月17日早7时，沪东造船厂公司施工人员按现场指挥的布置，通过陆侧（远离江河一侧）和江侧（靠近江河一侧）卷扬机先后调整刚性腿的两对内、外两侧缆风绳，现场测量员通过经纬仪监测刚性腿顶部的基准靶标志，并通过对讲机指挥两侧卷扬机操作工放缆作业（据陈述，调整时，控制靶位标志内外允许摆动20 mm）。放缆时，先放松陆侧内缆风绳，当刚性腿出现外偏时，通过调松陆侧外缆风绳减小外侧拉力进行修偏，直至恢复至原状态。通过10余次放松及调整后，陆侧内缆风绳处于完全松弛状态并已被推上小车机房顶棚。此后，又使用相同方法和相近的次数，将江侧内缆风绳放松调整为完全松弛状态。7时55分左右，当地面人员正要通知上面工作人员推移江侧内缆风绳时，测量员发现基准标志逐渐外移，并逸出经纬仪观察范围。也有现场人员发现刚性腿不断地在向外侧倾斜，直到刚性腿倾覆，主梁被拉动横向平移并坠落，另一端的塔架也随之倾倒。

事故造成600 t起重量、跨度为170 m的巨型龙门起重机在吊装主梁过程中倒塌，造成36人死亡，2人重伤，1人轻伤。事故造成经济损失约1亿元，其中直接经济损失8 000多万元。

（2）事故分析

1）刚性腿在缆风绳调整过程中受力失衡是导致事故发生的直接原因。经过有关专家对吊装主梁过程中刚性腿处的力学机理分析及受力计算，认定造成这起事故的直接原因是：在吊装主梁过程中，由于违规指挥、操作，在未采取任何安全保障措施情况下，放松了内侧缆风绳，致使刚性腿向外侧倾倒，并依次拉动主梁、塔架向同一侧倾坠、垮塌。

2）施工作业中违规指挥是导致事故发生的主要原因。该公司施工现场指挥在发生主梁上小车碰到缆风绳需要更改施工方案时，违反吊装工程方案中关于“在施工过程中，任何人不得随意改变施工方案的作业要求。如有特殊情况需要调整，必须通过一定的程序以保证整个施工过程安全”的规定。未按程序编制修改作业指令和逐级报批，在未采取任何安全保障措施的情况下，下令放松刚性腿内侧的两根缆风绳，导致事故发生。

3）吊装工程方案不完善、审批把关不严是导致事故发生的重要原因。由该公司编制、其上级公司批复的吊装工程方案中，提供的施工阶段结构倾覆稳定验算资料不规范、不齐全；对造船厂600 t龙门起重机刚性腿的设计特点，特别是刚性腿顶部外倾710 mm后的结构稳定性没有予以充分的重视；对主梁提升到47.6 m时，主梁上小车碰刚性腿内侧缆风绳这一可以预见的问题未予考虑，对此情况下如何保持刚性腿稳定的这一关键施工过程更无定量的控制要求和操作要领。

吊装工程方案及作业指导书编制后，虽经规定程序进行了审核和批准，但有关人员及单位均未发现存在的上述问题，使得吊装工程方案和作业指导书在重要环节上失去了指导作用。

4）施工现场缺乏统一严格的管理，安全措施不落实是事故伤亡扩大的原因。施工现场组织协调不力。在吊装工程中，施工现场甲、乙、丙三方立体交叉作业，但没有及时形成统一、有效的组织协调机构对现场进行严格管理。在主梁提升前10日成立的“600 t龙门起重机提升组织体系”，由于机构职责不明、分工不清，并没有起到施工现场总体调度及协调作用，致使施工各方不能相互有效沟通。乙方在决定更改施工方案，放松缆风绳后，未正式告知现场施工各方采取相应的安全措施；甲方也未明确将事故当日的作业具体情况告知乙方，导致造船厂23名在刚性腿内作业的职工死亡。

安全措施不具体、不落实。事故发生前1个多月，由工程各方参加的“确保主梁、柔性腿吊装安全”专题安全工作会议，在制定有关安全措施时，没有针对吊装施工的具体情况，由各方进行充分研究并提出全面、系统的安全措施，在有关安全的要求中，既没有对各单位现场人员作出明确规定，也没有关于现场人员如何进行统一协调管理的条款。施工各方均未制定相应程序及指定具体人员对会上提出的有关规定进行具体落实。例如，为吊装工程制定的工作牌制度就基本没有落实。

综上所述，该特大事故是一起由于吊装施工方案不完善，吊装过程中违规指挥、操作，并缺乏统一、严格的现场管理而导致的重大责任事故。

（3）事故预防

1）工程施工必须严格按照规章制度办事。此次事故主要是由于现场施工违规指挥所致，而施工单位在制定、审批吊装方案和实施过程中，未对600 t龙门起重机刚性腿的设计特点给予充分的重视，只凭以往在大吨位门吊施工中曾采用过的放松缆风绳的“经验”处理这次缆风绳的干涉问题。对未采取任何安全保障措施就完全放松刚性腿内侧缆风绳的做法，现场有关人员均未提出异议，致使该公司现场指挥人员的违规指挥得不到及时纠正。此次事故的教训证明，安全规章制度是长期实践经验的总结，是用鲜血和生命换来的，在实际工作中，必须进一步完善安全生产的规章制度，并坚决贯彻执行，以改变那种纪律松弛、管理不严、有章不循的情况。

今后在进行起重吊装等危险性较大的工程施工时，应当明确禁止其他与吊装工程无关的交叉作业，无关人员不得进入现场，以确保施工安全。

2）必须落实建设项目各方的安全责任。这次事故的最大教训是“以包代管”。为此，在工程的承发包中，要坚决杜绝以包代管、包而不管的现象。首先是严格市场的准入制度，对承包单位必须进行严格的资质审查。在多单位承包的工程中，发包单位应当对安全生产工作进行统一协调管理。在工程合同的有关内容中，必须对施工各方的安全责任作出明确的规定，并建立相应的管理和制约机制，以保证其在实际工作中得到落实。同时，在社会主义市场经济条件下，由于多种经济成分共同发展，出现利益主体多元化、劳动用工多样化趋势。特别是在建设工程中，目前大量使用外来劳动力，增加了安全管理的难度。为此，一定要重视对外来施工队伍及临时用工的安全管理和培训教育，必须坚持严格的审批程序，必须坚持先培训后上岗的制度，对特种作业人员要严格培训考核、发证，做到持证上岗。

三、压力容器爆炸事故

1. 液氨钢瓶爆炸事故

(1) 事故经过

2005 年 7 月 4 日 12 时左右，上海市奉贤区某交通管理站一辆装运奉贤区某液氨气体有限公司液氨钢瓶的运输车辆，在南汇区某有限公司卸完两瓶液氨后，途经一饭店，驾驶员和押运员离车用餐。约 20 min 后，在烈日的曝晒下，1 只 200 kg 的钢瓶突然爆裂，泄放的液氨气体导致现场附近 108 人次先后送至区中心医院救治。

事故发生时，车载 10 只液氨钢瓶，其中 6 只为 200 kg，4 只为空瓶，其中 2 只为某有限公司刚卸完液的钢瓶，爆裂钢瓶是刚卸完液的一只。事后经称重发现，有 1 只 200 kg 钢瓶内尚有残余液氨 31 kg。驾驶员和押运员持有相关证件。钢瓶运输过程没有遮阳措施。

气瓶充装时间为 2005 年 6 月 27 日（事发前 8 日），充装单位没有相关瓶号的记录。用户单位采购资料中没有相关瓶号的记录，也没有现场卸液氨操作的相关记录，无法真实反映卸液氨瓶号、卸液前后压力变化、储槽液位记录等。

满液气瓶于事发日 9 时 30 分左右到达用户作业现场，卸氨后约 11 时 15 分离开。卸第一瓶液用了 20 min；卸第二瓶液时由于钢瓶下方的液相接口连接出现问题，便将卸液导管接在了上方的气相接口上，连接导管用时 10 多分钟，然后用了近 1 h 卸液，其间操作人员曾对液氨管路系统的阀门进行操作，以瓶体结霜为确认液氨是否卸完的依据。用户无卸液计量设施，储槽液位计模糊不清，难以正确确定液位，且没有配置防止倒灌的装置，在系统压缩机工作的情况下，存在操作失误导致系统内液氨倒灌至钢瓶的条件。

在对钢瓶表面除漆后，未见气瓶制造单位钢印。发现四处检验钢印，其中“03”钢印明显有误，反映该气瓶检验单位管理混乱，也不排除是不具备资质的非法检验单位。破口呈塑性断裂，断口上未见明显的金属缺陷，破口沿筒体中部纵向破裂，长约 710 mm，宽约 50 mm，距下焊缝约 410 mm，破口中央在纵焊缝的热影响区近熔合线处，断口处测得的最小壁厚为 3.1 mm。筒体周长约 1 978 mm，破口最大处筒体周长约 2 030 mm。事故瓶外表面腐蚀较严重，瓶体表面存在大量点状腐蚀，尤其是近焊缝处。

对事故瓶筒体进行测厚、金相、磁粉、射线、化学、母材和焊缝机械性能等检验和试验，发现严重超标缺陷。

（2）事故分析

在排除了气瓶设计、制造、材料不合格等因素外，造成气瓶爆炸破裂的主要原因有如下三种可能：

1）气瓶内存有过量气体（液氨）。在气瓶设计制造时，规定按照 60℃条件设计，可以保证在 60℃条件下正常工作。《气瓶安全监察规程》（劳锅字［1989］12 号）给定的规定条件下，氨的临界温度 $Tc>70℃$。据了解，在气温 40℃、太阳直晒条件下，涂有黑色、铁红色、黄色防锈漆的金属温度分别为 58～60℃、56～58℃、54～56℃。液氨气瓶外涂黄色防护漆，若在标准充装下或瓶内气体在正常储量范围，在 38～39℃的气温条件下，不足以使液氨汽化压力上升至气瓶塑性变形导致爆裂。因此，只有当气瓶内存有过量气体时，在阳光下直晒，才可能发生膨胀爆裂。从充装单位和使用单位的装卸情况与记录分析，其过量气体来源可能有：一是充装单位过量充装，二是使用单位卸车出现故障引起倒灌。

2）液氨钢瓶超期使用严重腐蚀。经核查，事故瓶上没有可辨认的制造钢印，钢瓶爆裂处腐蚀严重，最早的检验钢印是 1990 年 8 月，违反《钢质焊接气瓶定期检验与评定》（GB 13075—1999）“使用年限超过 12 年的盛装腐蚀性气体的气瓶……按报废处理……”的规定。从对残破气瓶的检验中发现，有较深的腐蚀痕迹（起爆点尚未发现更深的腐蚀），其气瓶的强度虽未低于最低限度，但大大低于气瓶的安全系数，在瓶内存有过量气体时，不排除爆裂的可能。

3）高气温促发事故。事故当日平均气温高达 35℃，上海市中心气象台测得最高温度为38.7℃，在前述条件存在的前提下，高气温对事故发生形成促发条件。

(3) 事故预防

1) 充装单位对充装环节应当严格管理，按规定如实记录，并至少存档1年。严格执行充装人员岗位责任制和充装前检查制度，防止气瓶超装、混装、错装引发事故。对超期气瓶或瓶号等规定标记不详者，不得充装。

2) 用户单位对卸液工作必须高度重视，严格管理。明确现场操作人员职责范围，建立并严格执行装卸液氨的操作规程。用户单位必须采取措施，保证安全附件的灵敏可靠，设置防止倒灌的阀门或系统，从根本上杜绝液氨倒灌的可能。

3) 运输单位应当严格按照《气瓶安全监察规程》规定运输，夏季运输应有遮阳设施，避免曝晒；在城市的繁华地区应当避免白天运输。对运输和作业人员应当进一步加强安全教育。

4) 有关部门要严格规范气瓶充装企业的资格许可和安全管理工作。加强气瓶定期检验工作的监督检查，重点检查气瓶定期检验情况，对超期未检或附件不符合规定要求的气瓶，要责令立即停止使用。气瓶检验应送交有资格的单位进行，严肃查处检验单位和废品收购站将报废气瓶进行翻新、倒卖的行为。对检验工作质量和程序不符合安全技术规范要求的检验机构，应按照有关规定处理。

5) 有关部门要加强对气瓶的维护保养和报废处理情况的检查。特别要督促气瓶充装使用单位对气瓶钢印标记进行重点检查，对超过标准规定使用年限或钢印标记模糊不清等不符合安全要求的气瓶必须报废，进行破坏性解体处理。对气瓶附件损坏、不全或不符合规定的气瓶，应当交由气瓶检验单位更换。

6) 有关部门要加强气瓶充装人员的监督管理工作。要按照《特种设备作业人员监督管理办法》(国家质量监督检疫总局令第70号) 的规定，强化气瓶充装人员的培训考核工作，提高充装人员持证上岗率。

2. 煤气管道爆炸事故

(1) 事故经过

1996年1月3日，山东省济南市某街发生爆炸，爆炸沿地下电缆沟以极快的速度向两端递次发展，覆盖在地面上的水泥盖板被掀翻，造成3 000 m路面及附近房屋、汽车等被炸毁，死亡13人，重伤12人，轻伤40多人，直接经济损失200万元。这是我国历史上因煤气管线泄漏导致的最大一次爆炸事故。

(2) 事故分析

1) 事故直接原因是煤气管道裂纹泄漏，煤气透过泥土和电缆沟壁的孔隙进入附近电缆沟内，遇火 (地沟上玻璃店蜂窝煤炉) 发生爆炸。导致煤气管道裂纹 (脆性裂纹）的主要原因是使用直径 300 mm 铁铸管且铸造质量差。

2）煤气管道和高压电缆线同设于宽仅 4 m 的街道地下，间距仅 1 m（要求 5 m 以上），埋地较浅，填土密度不符合要求，管壁有石块及受动静载作用等因素，是造成这起事故的重要原因。

（3）事故预防

1）地下管线建设必须统筹规划，管道之间的安全距离必须严格执行国家标准规定，从设计、施工、设备等多方面严把质量关，严格审批、验收和监督制度，以保证公共设施的安全运行。

2）加强地下管道监测，提高人们的防范意识。对铸铁管煤气和液化气站要缩短检测周期，强化现代化检测手段。

3）防止管道埋地过浅，覆土要有一定的承压能力。

本章小结

本章从机械安全工程的角度，介绍了机械能释放的危险性，以及机械安全设计与机械设备使用安全基本知识，阐述了机械伤害的种类及预防机械伤害的措施，重点介绍了起重机械事故和压力容器事故的预防措施。

复习思考题

1. 机械能意外释放主要有哪几种类型？
2. 机械事故主要有哪几种类型？
3. 机械设备的安全防护装置主要有哪几种类型？
4. 简述机械设备的安全技术。
5. 机械伤害事故发生的原因主要有哪些？
6. 起重机械事故主要有哪几种类型？
7. 简述压力容器爆炸的危害。
8. 简述压力容器破坏的类型及预防。
9. 什么是高压容器的一次爆炸和二次爆炸？

第六章 电气安全工程

本章学习目标

1. 了解自然界及生产过程中的电现象、电气安全技术的概况、电气事故的类型、绝缘防护的基本知识、防止触电的基本方法、静电的特性和危害、雷电的基本参数和雷电的种类与危害。

2. 掌握电气安全的屏障防护和间距防护、电气设备和设施的保护接地与保护接零、安全供电技术、电气防火防爆措施、消除静电的基本途径、防雷分类及装置、基本的防雷技术。

3. 通过电气事故案例分析，进一步加深对电气安全的认识，提高生产安全用电的综合素质。

第一节 电能释放的危险性

一、电（能）的基本知识

电是能的一种形式，包括负电和正电两类，它们分别由电子和质子组成，也可能由电子和正电子组成，从摩擦生电物体的吸引和排斥上可以观察到它的存在，在一定自然现象中（如雷电等）也能观察到它，通常以电流的形式得到利用。

电能是一种重要的能源，可以发光、发热、产生动力等，被广泛应用在动力、照明、冶金、化学、纺织、通信、广播等各个领域，是科学技术发展、国民经济飞跃的主要动力。但是，使用不当就会酿成灾祸。电能是表示电流做多少功的物理量，指电以各种形式做功的能力。分为直流电能、交流电能，这两种电能均可相互转换。

人类使用的电能主要来自其他形式能量的转换，包括水能（水力发电）、内能（俗称热能、火力发电）、原子能（原子能发电）、风能（风力发电）、化学能（电池）及光能（光电池、太阳能电池）等。电能也可转换成其他形式的能量。它可以采用有线或无线的方式进行远距离传输。

电的发现和应用极大地节省了人类的体力劳动和脑力劳动。电对人类生活的影响有两方面：能量的获取、转化和传输，电子信息技术的基础。

二、电能释放的危险性

电的发现和应用在给人类带来巨大利益和便利的同时，也给人类带来无数血的教训。电能只有在人们的有效控制下有序流动，才能为人们服务。否则，电能失去控制而无序流动，就会造成因电能意外释放而产生的各种电能伤害。

因此，在日常生活和生产过程中，在使用电能的同时，也存在着电能意外释放的各种危险性。

1. 电能的意外释放

电能的应用是从电力生产开始的，通过变换、传输到用电设备，完成某一做功目的而结束。这里只讨论电能以有线的方式进行传输的过程（无线传输将涉及电磁辐射及危害问题），在这一过程中，根据使用的目的，通过相关的控制手段，电能沿着特定的路线进行流动，最终通过用电设备而实现某一生产目的。

如果电流在流动中，因流动路线的问题、控制问题、用电设备问题、人为因素等问题，而使电流未按规定的程序流动，这就是电能的意外释放。电能的意外释放是造成电气安全事故的本质原因，电能意外释放的危险性与电能在不同的流动环节密切相关。

电能意外释放的原因主要有：

（1）线路及用电设备自身的绝缘问题等，不能满足电流流动的安全需求。

（2）线路的短路，包括人体直接接触的短路。

（3）控制系统故障。

（4）接触不良。

（5）屏护失效，包括屏障防护失效、安全防护间距不足、接地保护失效等。

（6）过负荷运行。

（7）电气工具存在的问题。

（8）工作环境问题。

（9）电气安全管理等问题。

2. 电能意外释放的危险性

电能的意外释放将会造成各种危险性，给安全生产带来严重的威胁。其主要危险性表现在：

(1) 电能直接流向人体，造成人员的触电危险性（一次危险性）；

(2) 电能的意外释放，可形成电火花、电晕等现象，造成绝缘损坏、粉尘集聚、电阻增加等，造成设备损坏的危险性（一次危险性）；

(3) 安全控制系统对电的使用有相当高的要求，电能的变化将影响安全控制系统的正常工作，造成安全控制系统的危险性（一次危险性）；

(4) 短路、接触不良等都会产生电火花，有引发火灾的危险性（二次危险性）；

(5) 在有爆炸性气体形成的爆炸环境中，电能的意外释放可引发爆炸的危险性（二次危险性）；

(6) 引发其他的危险性（二次危险性）。

第二节　电气事故的预防

一、供电系统事故及其原因

1. 电气事故的类型

在企业生产中发生的电气事故，可以归纳为三种类型：

(1) 由于电气设备或电气线路的故障及损坏造成停电而导致的停产事故。

(2) 人身触电的伤亡事故。

(3) 由于电气原因引起的火灾爆炸事故。

2. 电气事故的主要原因

(1) 生产管理混乱，企业停送电权限没有归口统一管理，工作票签发不严格，造成工厂的误停电或误送电，导致停工、停产或人员伤亡。

(2) 电气工作人员玩忽职守，不按工作票要求进行操作或是不开工作票进行盲目操作，造成停电、崩烧或人员伤亡。

(3) 供电系统的继电保护不完善，定值不配套或定试不严格，发生开关误动或拒动，造成停电或扩大事故范围。

(4) 设备维修不当，不按期进行检修，电气设备绝缘水平下降，设备接地不良或外壳带电，从而发生设备损坏、火灾或人员伤亡。

(5) 违章作业，在带电的电气设备上违规作业，造成电气设备短路崩烧、人员触电等事故。

(6) 对小动物防范不力，变电所、配电室有小动物进入的通道，当小动物跳上电气设备的裸露部分时，造成短路崩烧，以致大面积停电。

(7) 在易燃易爆场所使用的电气设备，由于选用不当或检修时防爆面破坏等原因，在设备内部发生故障引起周围易燃易爆物质的燃烧或爆炸。

(8) 在化工、塑料、化纤、合成橡胶等合成材料的生产过程中产生的静电火花引起火灾和爆炸，有时静电也直接危及人身安全。

二、安全供电

从电气安全事故分析可以知道，很多电气事故在现有的条件下是可以避免的。为了避免电气事故，必须做好大量的电气安全管理工作。采取相应的措施，包括管理措施和技术措施。

1. 电气安全的管理措施

电气安全管理措施内容很多，主要有以下几个方面：

(1) 企业必须建立电气副总工程师负责制的电气安全管理体系

为保证企业的电气安全，全厂应设置一名电气副总工程师（或副总动力师），负责企业全面电气管理工作，特别应对企业供电可靠性、电气设备使用安全和更新改造等一系列重大问题进行决策，并对全厂电气管理的归口部门进行电气安全工作的指导。

(2) 建立健全规章制度

应坚持化工企业长期推广且行之有效的“三三、二五制”。即三图（操作系统模拟图、设备状况指示图、二次结线图）、三票（运行操作票、检修工作票、临时用电票）、三定（定期检修、定期清扫、定期试验）；五规程（运行规程、检修规程、试验规程、事故处理规程、安全工作规程）、五记录（运行记录、检修记录、试验记录、事故记录、设备缺陷记录）。

(3) 制订安全措施计划

企业应根据本部门的具体情况制订安全措施计划，使电气安全工作有计划地进行，不断提高电气安全水平。

(4) 安全检查

应坚持定期群众性的电气安全检查，发现问题及时解决。特别是应该注意雨季前和雨季中的电气安全检查。检查内容包括检查电气设备的绝缘有无损坏，绝缘电阻是否合格，设备裸露部分是否有防护，保护接零或保护接地是否正确、可靠，保护装置是否合乎要求，手提行灯和局部明灯电压是否是安全电压或是否采取了其他安全措施，安全用具和电气灭火器材是否齐全，电气设备安装是否合格，安装位置是否合理，有静电产生的工艺过程是否采取了防静电措施，制度是否健全等。

(5) 教育和培训

安全教育和培训主要是为了使工作人员懂得电的基本知识，认识安全用电的重要性，掌握安全用电的基本方法，从而能安全地、有效地进行工作。

对于独立工作的电工，应该懂得电气装置在安装、使用、维护、检修过程中的安全要求，熟知电工安全操作规程，学会扑灭电气火灾的方法，掌握触电急救的技能，还要通过考试，取得岗位合格证。

一般职工应懂得电和安全用电的知识，使用电气设备的生产工人还应懂得有关安全规程。

(6) 组织事故分析

一旦发生电气事故，应组织有关人员对事故进行分析，找出发生事故的原因和防止事故再次发生的对策，从中吸取教训。

2. 电气安全的技术措施

企业电气安全技术措施应满足一般安全用电的技术要求，主要包括以下几个方面：

(1) 绝缘

绝缘即用绝缘材料防止触及带电体。

(2) 屏蔽

屏蔽即用屏障或围栏防止触及带电体。

(3) 障碍

障碍即设置障碍防止无意触及或接近带电体。

(4) 间隔

间隔即保持间隔以防止无意触及带电体。

(5) 安全电压

安全电压即根据场所特点，采用相应等级的安全电压。

(6) 自动断开电源

即根据电网运行方式和安全需要，采用可靠的自动化元件和连接方法，发生故障时能在规定时间内自动断开电源。

(7) 电气隔离

采用隔离变压器，以实现电气隔离，防止带电导体裸露时造成电击。

3. 电气作业的安全技术措施

保证电气作业的安全技术措施主要有以下几个方面：

（1）停电

采取停电措施的条件包括：

1）对设备进行检修。

2）带电设备与工作人员的安全距离小于表 6—1 规定的安全距离。

3）设备带电部分在工作人员后面或两侧无可靠安全措施。

表 6—1　　工作人员中正常活动范围与带电设备的安全距离

电压（kV）		≤10	20～35	60～110
安全距离（m）	无遮栏	0.7	1.00	1.50
	有遮栏	0.35	0.60	1.50

（2）验电

在检修电气设备时一般要验电，以防止发生带电装设接地线或带电合闸等恶性事故。验电时必须使用与电压等级适合而且合格的验电器。验电前，应先在带电设备上进行试验以确定验电器是否良好。验电时，应在检修设备进、出两侧各相分别验电。如果在木杆、木梯或木构架上验电，不接接地线验电器就不能指示，可在验电器上加接接地线，但必须经值班负责人许可。

高压验电时，必须戴绝缘手套。若因电压高且没有专用验电器时，可用绝缘棒代替，依据绝缘棒有无火花和放电声来判断是否有电。

验电部位应符合表 6—2 的要求。

表 6—2　　对验电部位的要求

工 作 场 所	验 电 部 位
电气设备	电源侧、负荷侧的各相分别验电
线路	逐相验电
母联断路器或隔离开关	在两侧各相上分别验电
同杆架设的多层电力线路	先验低压，后验高压；先验下层，后验上层

（3）装设接地线

装设接地线的目的，一方面是为了防止工作地点突然来电，另一方面可以消除停电设备或线路上的静电感应电压和驱放停电设备上的剩余电荷，以保证工作人员的安全。

接地线应设置在停电设备有可能来电的部位和停电设备或线路上有可能产生感应电压的部位。装设接地线的方法如下：

1）装、拆接地线均应使用绝缘棒或戴绝缘手套。

2）接地线应采用多股裸铜线，其截面应依据短路电流热稳定性的要求确定，但不得小于25 mm^2。接地线必须采用专用线夹固定在导体上，严禁采用缠绕方式；带有电容的设备或电缆线路，应先行放电，然后装设接地线。

3）装设接地线应由两人进行。用接地隔离开关接地，也必须有监护人在场。

4）装设接地线必须先接接地端，后接导体端，连接接触要良好，拆接地线的顺序则与上述相反。

5）检修部分若分为几段，并在电气上不相连接，则各段应分别验电和装设接地线。当检修母线时，应根据母线的长短和有无感应电压等实际情况确定接地线的数量。

6）杆塔无接地引下线时，可采用临时接地棒，接地棒在地下的深度不得小于0.6 m。

（4）悬挂标示牌和装设遮栏

为了防止工作人员走错场所，误合断路器及隔离开关而造成事故，应在下列场所悬挂相应的标示牌或装设遮栏。

1）在一经合闸即可送电到工作地点的断路器和隔离开关的操作把手上，均应悬挂“禁止合闸，有人工作!”的标示牌。

2）若线路上有人工作，应在线路断路器和隔离开关操作把手上悬挂“禁止合闸，有人工作!”的标示牌。

3）在部分停电设备上工作时，停电设备与未停电设备之间的距离小于安全距离，应装设临时遮栏。临时遮栏与带电部分的距离不得小于规定的距离。在临时遮栏上悬挂“止步，高压危险!”的标示牌。

4）在工作地点处悬挂“在此工作!”的标示牌。

5）在工作人员上下用的梯子上，应悬挂“从此上下”的标示牌。

6）在邻近其他可能误登的架构上，应悬挂“禁止攀登，高压危险!”的标示牌。

三、防止触电

1. 直接接触触电的防护措施

（1）绝缘防护

将带电体进行绝缘，以防止与带电部分接触。被绝缘的设备必须满足国家现行的绝缘标准。

（2）屏护防护

采用遮栏和外护物以防止人员触及带电部分，遮栏和外护物在技术上必须遵照有关规定设置。

（3）障碍防护

采用阻挡物进行保护。对于设置的障碍必须防止两种情况的发生：一是身体无意识地接近带电部分；二是在正常工作中，无意识地触及运行中的带电设备。

（4）保证安全距离

为了防止人和其他物体触及或接近电气设备而造成事故，要求带电体与地面之间、带电体与其他设施之间、带电体与带电体之间，都必须保持一定的安全距离。凡能同时触及不同电位的两部位之间的距离，严禁在伸臂范围以内。在计算伸臂范围时，必须将手持较大尺寸的导电物体考虑在内。

（5）采用漏电保护装置

这是一种后备保护措施，可与其他措施同时使用。在其他保护措施一旦失效或者使用者不小心的情况下，漏电保护装置会自动切断供电电源，从而保证工作人员的安全。

2. 间接接触与直接接触交叉触电的防护措施

通常采用安全超低压的防护方法，其通用条件是供电电压值的上限不超过 50 V（有效值），在使用中应根据用电场所的特点，采用相应等级的安全电压。一般条件下，采用超低电压供电，就可以防护间接接触触电和直接接触触电。

3. 间接接触触电的防护措施

（1）采用自动切断供电电源的保护，并辅以总电位连接

自动切断供电电源的保护是根据低压配电网的运行方式和安全需要，采用适当的自动化元件和连接方法，使得发生故障时能够在预期时间内自动切断供电电源，以防止接触电压的危害。通常采用过电流保护（包括接零保护）、漏电保护、故障电压保护（包括接地保护）、绝缘监视器等防护措施。

为了防止上述保护失灵，辅以总电位连接，可大幅度降低接地故障时人所遭受的接触电压。

（2）采用双重绝缘或加强绝缘的电气设备

Ⅱ类电工产品具有双重绝缘或加强绝缘的功能，因此，采用Ⅱ类低压电气设备可以起到防止间接触电的作用，而且不需要采用保护接地措施。

（3）将有触电危险的场所绝缘，以构成不导电环境

这种措施是当设备工作绝缘损坏时可以防止人体同时触及不同电位的两点。电气设备所处使用环境的墙和地板系绝缘体，当发生设备绝缘损坏时，若出现不同电位两点之间的距离超过 2 m，即可满足这种保护条件。

（4）采用不接地的局部等电位连接的保护

对于无法或不需要采取自动切断供电电源防护的装置中的某些部分，可以将所有可能同时触及的外露可导电部分以及装置外的可导电部分，用等电位连接线相互连接起来，从而形成一个不接地的局部等电位环境。

（5）采用电气隔离

采用隔离变压器或有同等隔离能力的发电机供电，以实现电气隔离，防止裸露导体故障带电时造成电击。被迫隔离的回路电压不应超过 500 V，其带电部分不能同其他电气回路或大地相连，以保持隔离要求。

四、防止电气火灾和爆炸

在火灾和爆炸事故中，电气火灾爆炸事故占有很大的比例。据统计，由于电气原因所引起的火灾，仅次于明火所引起的火灾，在整个火灾事故中居第二位。发生电气火灾及爆炸事故，要具有两个必要条件：一是释放源，即可释放出爆炸性气体、粉尘及可燃物质的场所；二是由于电气原因产生的引燃源。在化工生产、储存和运输过程中，极易形成易燃、易爆的环境，因此，在化工设计、生产中，应根据危险场所的等级，正确选择防爆电气设备的类型，保证其安全运行，预防电气火灾及爆炸事故。

1. 电气火灾和爆炸原因

（1）易燃易爆物质和环境

在生产和生活场所中，广泛存在着易燃易爆易挥发物质，化工企业存在的天然气、煤炭、各种化工原料、中间体、产品等物料以及泄漏在仓库、生产场所的挥发物质、粉尘等形成了爆炸性混合物。在办公、生活场所乱堆乱放的杂物，木结构房屋明设的电气线路等，也都形成了易燃易爆环境。

电气设备本身除多油断路器、电力变压器、电力电容器、充油套管等充油设备可能爆裂外，一般不会出现爆炸事故。以下情况可能引起空间爆炸：

1）周围空间有爆炸性混合物，在危险温度或电火花作用下引起空间爆炸。

2）充油设备的绝缘油在电弧作用下分解和汽化，喷出大量油雾和可燃气体，引起空间爆炸。

3）发电机氢冷却装置漏气、酸性蓄电池排出氢气等，形成爆炸性混合物，引起空间爆炸。

(2) 引燃源

在生产场所的动力、照明、控制、保护、测量等系统和生活场所中的各种电气设备和线路，在正常工作或事故中常常会产生危险的高温或电弧、火花而成为引燃源。

1) 危险温度。电气线路或电气设备过热可能产生危险温度，成为引燃源。常见的过热原因有短路、线路或设备长时间过载、接触不良、电气设备铁芯过热和散热不良等。

2) 电火花。电火花温度很高，能量集中释放，不仅能引起绝缘物质的燃烧，甚至还可能使导体金属熔化、飞溅，是很危险的引燃源。常见电火花有工作火花、电气设备事故火花、雷电火花、静电火花、电磁感应火花等。

在生产或生活场所中存在的易燃易爆物质在空气中的含量超过了其危险浓度时，在电气设备和线路正常或事故状态下产生的火花、电弧或在危险高温的作用下，就会造成电气火灾和爆炸。电气火灾和爆炸原因分析，为采取有效措施减小电气火灾和爆炸事故发生的概率提供了依据。

除上述外，电动机转子和定子发生摩擦（扫膛）或风扇与其他部件相碰也都会产生火花，这是由碰撞引起的机械性质的火花。

还应当指出，灯泡破碎时，2 000～3 000℃的灯丝有类似火花的危险作用。

就电气设备着火而言，外界热源也可能引起火灾。如变压器周围堆积杂物、油污，并由外界火源引燃，可能导致变压器喷油燃烧甚至发生爆炸事故。

2. 电气防火防爆措施

防火防爆措施是综合性的措施，包括选用合理的电气设备，保持必要的防火间距，电气设备正常运行并有良好的通风，采用耐火设施，有完善的继电保护装置等。

(1) 正确选用电气设备

1) 选用电气设备的基本原则

①根据爆炸危险区域的分区、电气设备的种类和防爆结构的要求，应选择相应的电气设备。

②选用的防爆电气设备的级别和组别，不应低于该爆炸性气体环境内爆炸性气体混合物的级别和组别。当存在有两种以上易燃物质形成的爆炸性气体混合物时，应按危险程度较高的级别和组别选用防爆电气设备。

③爆炸危险区域内的电气设备，应符合周围环境内化学的、机械的、热的、霉

菌以及风沙等不同环境条件对电气设备的要求。电气设备结构应满足电气设备在规定的运行条下不降低防爆性能的要求。

④除可燃性非导电粉尘和可燃纤维的环境11区采用防尘结构（标志为DP）的粉尘防爆电气设备外，爆炸性粉尘环境10区及其他爆炸性粉尘环境11区均采用尘密结构（标志为DT）的粉尘防爆电气设备，并按照粉尘的不同引燃温度选择不同引燃温度组别的电气设备。

2）防爆电气设备类型及其结构性能。防爆电气设备依其结构和防爆性能的不同分为以下几种：

①隔爆型（d）。是指把能点燃爆炸性混合物的部件封闭在一个隔爆外壳内，该外壳能承受内部爆炸性混合物的爆炸压力并阻止向周围的爆炸性混合物传爆的电气设备。设备外壳一般用钢板、铸钢、铝合金、灰铸铁等材料制成，一般能承受0.78～0.98 MPa的内部压力。

②增安型（e）。是指在正常运行条件下，不会产生点燃爆炸性混合物的火花或危险温度，并在结构上采取措施，提高其安全程度，以避免在正常和规定的过载条件下出现点燃现象的电气设备。

③本质安全型（i）。是指在正常运行或在标准实验条件下所产生的火花或热效应均不能点燃爆炸性混合物的电气设备。按其安全程度分成ia和ib两级。前者是在正常工作和一个故障或两个故障时不能点燃爆炸性气体混合物的电气设备，可用于0级区域；后者是在正常工作和一个故障时不能点燃爆炸性气体混合物的电气设备。

④正压型（p）。是指具有保护外壳，且壳内充有保护气体，其压力保持高于周围爆炸性混合物气体的压力，以避免外部爆炸性混合物进入外壳内部的电气设备。按其充气结构可分为通风、充气、气密三种形式。保护气体可以是空气、氮气或其他非可燃性气体，其外壳内不得有影响安全的通风死角。正常时，其出风口处风压或充气气压不得小于200 Pa。

⑤充油型（o）。是指全部或某些带电部件浸在绝缘油中，使之不能点燃油面以上或外壳周围的爆炸性混合物的电气设备。其外壳上应有排气孔，孔内不得有杂物；油量必须足够，最低油面以下深度不得小于25 mm，且油面应高出发热和可能产生火花部位10 mm以上；油面指示必须清晰；油质必须良好；油面温度T1～T4组不得超过100℃，T5组不得超过80℃，T6组不得超过70℃。充油型设备应水平安装，其倾斜度不得超过5°；运行中不得移动。

⑥充砂型（q）。是指外壳内充填细颗粒材料，以便在规定使用条件下，外壳内

产生的电弧、火焰传播，壳壁或颗粒材料表面的过热温度均不能点燃周围的爆炸性混合物的电气设备。其外壳应有足够的机械强度。细粒填充材料应填满外壳内所有空隙，颗粒直径为0.25～1.6 mm。填充时，细粒材料含水量不得超过0.1%。

⑦无火花型（n）。是指在正常运行条件下不产生电弧或火花，也不产生能够点燃周围爆炸性混合物的高温表面或灼热点，且一般不会发生有点燃作用的故障电气设备。

⑧防爆特殊型（s）。是指在结构上不属于上述各型，而是采取其他防爆形式的电气设备。例如，将可能引起爆炸性混合物爆炸的部分设备装在特殊的隔离室内或在设备外壳内填充石英砂等。

⑨浇封型（m）。它是防爆型的一种。是指将可能产生点燃爆炸性混合物的电弧、火花或高温的部分浇封在浇封剂中，在正常运行和认可的过载或认可的故障下不能点燃周围的爆炸性混合物的电气设备。

3）防爆设备的标志。防爆设备标志由四部分组成，以字母或数字表示。第一部分表示防爆类型，如e为增安型；第二部分表示适用的爆炸性混合物的类别，如Ⅰ表示混合物为矿井甲烷，适用设备为煤矿用防爆电气设备，Ⅱ表示混合物为爆炸性气体，适用设备为工厂用防爆电气设备；第三部分表示爆炸性混合物的级别；第四部分表示爆炸性混合物的组别。例如，dⅡBT3表示隔爆型设备，用于有ⅡB级、T1～T3组的爆炸性混合物的场所；epⅡT4表示增安型设备，有正压型部件，用于有Ⅱ级、T1～T4组爆炸性混合物的场所等。

火灾危险场所电气设备防护结构的选择、危险场所的电气线路、变（配）电所等其他电气装置的要求，可参阅《爆炸和火灾危险环境电力装置设计规范》。

（2）保持防火间距

为防止电火花或危险温度引起火灾，开关、插销、熔断器、电热器具、照明器具、电焊器具、电动机等，均应根据需要适当避开易燃易爆建筑构件。天车滑触线的下方，不应堆放易燃易爆物品。

变、配电站是工业企业的动力枢纽，电气设备较多，而且有些设备工作时产生火花和较高温度，其防火、防爆要求比较严格。室外变、配电装置距堆场、可燃液体储罐和甲、乙类厂房和库房的距离不应小于25 m，与其他建筑物的距离不应小于10 m，与液化石油气罐的距离不应小于35 m。变压器油量越大，防火间距也越大，必要时可加防火墙。石油化工装置的变、配电室应布置在装置的一侧，并位于爆炸危险区范围以外。

10 kV及以下的变、配电室不应设在火灾危险区的正上方或正下方，且变、配电室的门窗应向外开，通向非火灾危险区域。10 kV 及以下的架空线路，严禁跨越火灾和爆炸危险场所，当线路与火灾和爆炸危险场所接近时，其水平距离一般不应小于杆柱高度的 1.5 倍。在特殊情况下，采取有效措施后，允许适当减小距离。

(3) 保持电气设备正常运行

电气设备运行中产生的火花和危险温度是引起火灾的重要原因。因此，保持电气设备的正常运行对防火防爆有着重要意义。保持电气设备的正常运行包括保持电气设备的电压、电流、温升等参数不超过允许值，足够的绝缘能力和连接良好等。

保持电压、电流、温升不超过允许值是为了防止电气设备过热。在这方面，要特别注意线路或设备连接处的发热。连接不牢或接触不良都容易使温度急剧上升而过热。

保持电气设备绝缘良好，除可以免除造成人身事故外，还可以避免由于泄漏电流、短路火花或短路电流造成火灾或其他设备事故。

此外，保持设备清洁有利于防火。设备脏污或灰尘堆积既降低设备的绝缘性，又妨碍通风和冷却。特别是正常运行时有火花产生的电气设备，很可能由于过分脏污引起火灾。因此，从防火的角度出发，应定期或经常清扫电气设备，保持清洁。

(4) 通风

在爆炸危险场所，如有良好的通风装置能降低爆炸性混合物的浓度，使其达到不致引起火灾和爆炸的限度，这样还有利于降低环境温度，这对可燃易燃物质的生产、储存、使用及对电气装置的正常运行都是必要的。

变压器室一般采用自然通风，当采用机械通风时，其送风系统不应与爆炸危险环境的送风系统相连，且供给的空气不应含有爆炸性混合物或其他有害物质。几间变压器室共用一套送风系统时，每个送风支管上应装防火阀，其排风系统独立装设。排风口不应设在窗口的正下方。

防爆正压型电气设备的通风系统应符合下列要求：

1) 通气系统必须采用非燃烧性材料制作，结构应坚固，连接应紧密。

2) 通气系统内不应有阻碍气流的死角。

3) 电气设备应与通气系统连锁，运行前必须先通风，通过的气流量不小于该系统容积的 5 倍时才能接通电气设备的电源。

4) 进入电气设备及其通气系统内的气体不应含有爆炸危险物质或其他有害物质。

5) 在运行中，电气设备及通气系统内的正压不低于 196 Pa，当低于 98 Pa 时，应自动断开电气设备的主电源或发出信号。

6) 通气过程排出的废气，一般不应排入爆炸危险场所。

7）电气设备外壳及其通气系统内的门或盖子上，应有警告装置或联锁装置，防止运行中错误打开。

（5）接地

爆炸和火灾危险场所内的电气设备的金属外壳应可靠地接地（或接零），以便在发生相线碰壳时迅速切断电源，防止短路电流长时间通过设备而产生高温。

防爆厂房内各工艺设备、管道（水管除外）、各种金属构件、电气设备正常不带电的金属外壳、工艺管道，在建筑物的进出口处均应直接与静电接地干线作可靠的电气连接，以防止静电火花的产生。

（6）其他方面的措施

1）爆炸危险场所不准使用非防爆手电筒，应尽量少用其他携带式（或移动式）设备，以免因铁壳之间的碰撞、摩擦以及落在水泥地面时产生火花，少用插销座。

2）在爆炸危险场所内，因条件限制，如必须使用非防爆型电气设备，应采取临时防爆措施。如安装电气设备的房间，应用非燃烧体的实体墙与爆炸危险场所隔开，只允许一面隔墙与爆炸危险场所贴邻，且不得在隔墙上直接开设门洞；采用通过隔墙的机械传动装置，应在传动轴穿墙处采用填料密封或有同等密封效果的密封措施；安装电气设备的房间出口，应通向非爆炸危险区域和非火灾危险区域环境，当安装电气设备的房间必须与爆炸危险场所相通时，应保持相对的正压，并有可靠的保护措施。

3）密封也是一种有效的防爆措施。密封有两个含义：一是把危险物质尽量装在密闭的容器内，限制爆炸性物质的产生和逸散；二是把电气设备或电气设备可能引爆的部件密封起来，消除引爆的因素。

4）变、配电室建筑的耐火等级不应低于二级，油浸电变压室应采用一级耐火等级。

3．电气火灾的扑救常识

电气火灾对国家和人民生命财产有很大威胁，因此，应贯彻预防为主的方针，防患于未然。同时，还要做好扑救电气火灾的充分准备。用电单位发生电气火灾时，应立即组织人员使用正确方法进行扑救，同时向消防部门报警。

（1）电气火灾的特点

电气火灾与一般火灾相比，有以下两个突出的特点：

1）在一定范围内存在着危险的接触电压和跨步电压，灭火时如不注意或未采取适当的安全措施，会引起触电伤亡事故。

2）有些电气设备本身充有大量的油，如变压器、油开关、电容器等，受热后有可能喷油，甚至爆炸，造成火灾蔓延并危及救火人员的安全。所以，扑灭电气火灾时，应根据起火场所和电气装置的具体情况，采用特殊灭火方法。

（2）断电灭火

发生电气火灾时，应尽可能先切断电源，而后再灭火，以防人身触电。切断电源应注意以下几点：

1）停电时，应按规程所规定的程序进行操作，防止带负荷拉闸。

2）切断带电线路电源时，切断点应选择在电源侧的支持物附近，以防导线断落后触及人体或短路。

3）剪断低压线路电源时，应使用绝缘钳等绝缘工具；相线和零线应在不同部位处剪断，防止发生线路短路；剪断电源的位置应适当，防止切断电源后影响扑救工作。

4）夜间发生电气火灾，切断电源时，应考虑临时照明措施。

（3）带电灭火

发生电气火灾，如果情况危急，或因其他原因不允许和无法及时切断电源时，就要带电灭火。为防止人身触电，应注意以下几点：

1）扑救人员与带电部分应保持足够的安全距离。

2）高压电气设备或线路发生接地在室内，扑救人员不得进入故障点 4 m 以内的范围；在室外，扑救人员不得进入故障点 8 m 以内的范围；进入上述范围的扑救人员必须穿绝缘靴。

3）应使用不导电的灭火剂，如二氧化碳和化学干粉灭火剂。因泡沫灭火剂导电，在带电灭火时严禁使用。

4）如遇带电导线落于地面，要防止跨步电压触电。

（4）充油电气设备的灭火措施

充油电气设备着火时，应立即切断电源，然后扑救灭火。备有事故储油池时，应设法将油放入池内，池内的油火可用干粉扑灭。池内或地面上的油火不得用水喷射，以防油火飘浮水面而蔓延。

第三节　静电事故的预防

一、静电

常见的气体、液体和固体等物质都是由分子、原子组成的，而每一原子又由带正电的原子核和带负电的电子所构成。在正常状态下，原子核外围电子的数目，等于原子核内质子的数目，因而原子呈电中性。如果原子或分子由于外来的原因，失去若干个电子，就成为带正电的正离子，反之，如果获得若干个电子，则成为带负电的负离子。此时，物质上即附着了静电。

研究表明，静电的产生与许多因素有关，是一个复杂的过程。利用管线输送汽油、煤油、苯、乙醚等导电性能差的液体时，容易积聚静电。这些物质的电阻率 ρ 在 $10^{11}\sim10^{15}$ Ω. cm 之间，是防静电的重点。除了电阻率以外，介电常数也决定着静电产生的结果和状态。如果液体的相对介电常数大于 20，如纯水、乙醇、乙醛等以连续相存在时，在有接地装置的条件下，不管是储运还是管道输送，一般都不可能产生静电。当两种不同固体接触时，其间距达到或小于 25×10^{-8} cm 时，在逸出功的作用下，接触面上就会产生电子转移。逸出功较大的一方获得电子，称为亲电子物质；逸出功较小的一方失去电子，称为疏电子物质。这样，在接触面的一侧带正电，另一侧带负电，形成了所谓的双电层。可按逸出功由小到大的顺序，列出静电带电序列表（见表 6—3）。表中相距越远的物质，静电的起电量越多。需要注意的是，如果迅速分离接触面，即使是导体也会带电。物质的撕裂、剥离、拉伸、压碾、撞击，物料的粉碎、筛分、滚压、搅拌、喷涂和过滤等工序，都存在着增加附着带电。极化起电也是产生静电的主要因素。只要物质本身具有一定的特性，在适当的外界条件下，固体、液体、粉体、气体都可能产生静电。人体在许多条件下也可以带静电。

表 6—3　　**静电带电序列**

(+) 正电性	粘胶丝	铁	沙兰树脂
石棉	皮肤	铜	聚酯树脂
玻璃	酪素	镍	丙烯腈混纺品
毛发	醋酸酯	黄铜	碳化钙
云母	铝	银	聚乙烯
尼龙	锌	硫黄	赛璐珞
羊毛	镉	黑橡胶	玻璃纸
人造丝	铬	铂	氯乙烯
铅	纸	维尼龙	聚四氟乙烯
棉纱	黑硬质橡胶	聚苯乙烯	硝酸纤维素
真丝	麻	腈纶	(−) 负电性

二、静电的特性和危害

1. 静电的特性

(1) 静电的电量及电压

带静电的物体表面所具有的电压V、电量Q与电容C具有下述关系:

$$Q=CV \tag{6—1}$$

电量随电容而变化，分布电容又与对地距离有关。当电量一定时，改变电容便可以获得很高的电压。静电对地电压可达上万伏，甚至是几十万伏，因此，尽管电量不大，却很危险。电压为300～3 000 V时，产生的电火花足以引燃可燃气体、蒸气和液体。如苯和汽油蒸气可由电压为300 V的电火花引燃，几乎所有可燃气体都可由3 000 V以下的电火花引燃，而大多数的可燃粉尘会由电压为5 000 V的电火花引燃。

(2) 静电非导体上静电的衰减

静电非导体上所产生的静电，有一部分随时间而消失，称为电荷的衰减。电荷全部衰减，理论上需要无限长的时间，将带电体上的电荷衰减到原有电荷的一半所需要的时间，称为半衰期，用以衡量静电衰减的快慢，计算公式为:

$$t_{1/2}=0.69RC \tag{6—2}$$

固体带电为表面带电，由于对地电容值相差不大，所以，表面电阻R越大，半衰期$t_{1/2}$就越长。液体带电时，由于物质的介电常数ε相差很大，其电容值各不相同，所以，可用经验公式求半衰期:

$$t_{1/2}=6.5\times10^{-14}\varepsilon\rho \tag{6—3}$$

半衰期的长短关系到静电危险性的大小。如果根据实践经验规定静电安全半衰期的上限，那么在此条件下，物体即使产生静电，也不会积累起来，因此是安全的。

(3) 绝缘导体与静电非导体的危险性

绝缘的静电导体所带的电荷，平时没有衰减，当具备放电点时一次性放掉。而静电非导体所带的电荷，平时就有衰减，当具备放电条件时，只是放电点附近的静电荷被释放掉，邻近的其他电荷并没有释放。相对而言，绝缘的静电导体比静电非导体的危险性更大。

(4) 远端放电

带静电的物体能使附近不相连的导体出现正、负电荷的现象即是感应起电。根据这个原理，如果一条金属管道或金属零件产生了静电，其周围与地绝缘的金属设备就会在感应下将静电扩散到远处，并可在预想不到的地方放电，使人受到电击，这就是远端放电。远端放电发生在绝缘的静电导体上，电荷经放电点一次性放掉，危险性很大。

(5) 尖端放电

静电电荷在导体表面上的分布是不均匀的，表面曲率增大，电荷密度随之升高。导体尖端处曲率最大，电荷密度也最高，电场最强，能够产生尖端放电。尖端放电不但会使产品质量下降，还可导致火灾、爆炸事故的发生。

2. 静电的危害

(1) 火花放电

静电放电火花具有点燃能，当其大于爆炸性混合物点燃所需要的最小能量时，便成为引起可燃、易燃液体蒸气、可燃性气体以及可燃性粉尘着火爆炸的能源。这是静电引起各种危害的根本原因。

静电事故绝大多数是由于溶剂的蒸气造成的，而石化厂使用溶剂的工艺很多，并且经常处理易带静电的高分子物质，在输送、灌装、摩擦、搅拌等工艺过程中，特别容易发生事故。例如，高压乙烯气体由法兰泄漏喷出，产生静电导致乙烯与空气爆炸性混合物的爆炸；在搅拌已带有静电的树脂时，会在摩擦过程中引起的爆炸；将航空煤油通过聚乙烯软管输送到残存汽油蒸气的槽车，因流速过高产生静电导致槽车内汽油混合物爆炸；ABS 树脂粉末在铝管内高速输送，因粉末颗粒与铝管内壁摩擦带电并产生积累，由静电放电火花导致的爆炸等。粉末颗粒的直径超过 1 mm 时，因所需的引爆能较大，难以被静电火花引爆。

(2) 伤害人体

人体以不同方式与高介电性质的材料制成的物品接触时，可能长时间处在起电过程。如在地板、地毯上行走时，人体内将聚集电位为 15 kV 甚至 15 kV 以上的静电。人体积累的静电，当与接地物品接触时，完全可能形成火花放电，同样可以引起火灾爆炸事故。静电因为电流不大，对人体的作用虽没有致命危险，但会使人受到不同程度的灼伤或刺激，这种突然的刺激可能使人惊恐，由于反射的作用，人体可能本能地移动，导致从高处坠落、摔倒或碰到机器没有防护的运转部分等，造成二次性事故。静电长时间的作用不利于操作人员的健康，会影响他们的心理状态和生理状态。

人体可带的安全电位 U，取决于所处场所的最小点火能 W 和人体电容 C：

$$U=\sqrt{2W/C} \tag{6—4}$$

人体电容一般为 100～200 pF，其大小与所穿鞋的鞋底厚度、地面状况有关。

(3) 妨碍生产

静电具有一定的静电引力或斥力，会妨碍某些生产工艺过程的正常进行。如由于静电力的存在，粉体会堵塞网、吸附设备，影响粉体的过滤和输送。例如，在纺织中，使纤维缠绕，吸附尘土，造成织布机停车；在印刷中，使薄薄的印刷纸吸附而难以剥离，影响印刷速度和质量；静电火花还能使胶片感光，降低胶片质量；引起电子元件误动作，使生产操作受影响，降低设备的生产效率。

三、静电危害的消除

1. 静电导致火灾爆炸的条件

(1) 具备产生静电电荷的条件。

(2) 具备产生火花放电的电压。

(3) 有引起火花放电的合适间隙。

(4) 产生的电火花要有足够的能量。

(5) 在放电间隙及周围环境中有易燃易爆混合物。

上述五个条件必须同时具备，才会酿成火灾爆炸危害。只要消除了其中之一，就可以达到防止静电引起燃烧爆炸危害的目的。

2. 消除静电的基本方法

(1) 工艺控制法

在工艺上，采取材料选择、设备结构和操作管理等方面的措施，控制静电的产生，使其不能达到危险程度的方法，称为工艺控制法。如利用静电序列优选原料配方和使用材质，使相互摩擦或接触的两种物质尽可能是静电序列表中位置相近的，以减少静电的产生。在有爆炸、火灾危险的场所，如传动部分为金属体时，尽量不采用带传动，必须采用时，要选用导电的胶带，运转速度要慢，防止因过载而打滑或脱落，要经常检查胶带的张力、张角，胶带与防护罩不应接触，胶带的连接应采用缝合和粘接的方法，胶带与带轮表面应保护清洁。对于输送固体物料所用的胶带、托辊、料斗、倒运车辆和容器等，应采用导电材料制造并接地，使用中要定期清扫，但不要使用刷子清扫。输送速度要合适、平稳，不要使物料振动、窜位。

对于液体物料的输送，主要通过控制流速来限制静电的产生。这是因为，流速增大，产生的静电量也随之增大。如果在管道和工艺设备内没有爆炸危险的蒸气与空气混合物生成的可能性，可以不控制流速。不过，这需要确保设备的密封，无氧化剂存在，设备和管道处于正压下，充填惰性气体或蒸气，而这些条件往往难以实现。所以，必须对液体物料的流速加以控制，对于乙醚、二硫化碳等特别易燃、易爆物质，流速的控制更为严格。

液体物料装卸时，插入管要深入容器底部，不应该在液体注入时冲击器壁引起飞溅。在向空罐注液时，应先控制流速为 1 m/s 直至液面高出液口 0.6 m 以上，或浮顶罐的浮顶开始浮动后，再提高流速到 4.6～6 m/s。当将相对密度小的液体物料输入密度大且易产生静电的液体储罐时，也要求将其流速控制在 1 m/s。对于存有易燃混合物的拱顶罐，要求低速输送 30 min 后，才能恢复正常流速。液体流经过滤器后，其带电量增加 10～100 倍。

输送液体的管路应尽量减少弯曲和变径。液体物料中不应混入空气、水、灰尘和氧化物等杂质，也不可混入可溶性物品。

液体由喷口喷出时，其喷出压力应在 1 MPa 以下，喷口附近不应设障碍物，并要注意对喷口材质、形态的选择，以产生静电最小者为佳。由于静电发生量大约与喷出压力的平方成正比，所以，控制喷出压力是有效的方法。

液体物料的计量最好采用流量计，避免现场检尺。若现场需检尺时，采样也应缓慢进行，以避免液体飞溅、滴落。采样工具应接地。

气体物料输送或喷出前，应当用过滤器将其中的水雾、尘粒除去。在喷出过程中，要求喷出量小、压力低。水蒸气的喷出压力要限制在 1 MPa 以下，对着物体喷射时，喷嘴不要距其太近。当液态氢泄压放空时，应使放空管出口温度超过 90 K 或保证管内处于正压，以防空气倒流生成固体氧和固体空气晶粒。

（2）泄漏导走法

采用空气增湿，加抗静电添加剂，静电接地，使带电体上静电荷向大地泄漏消散，以保证安全的方法，称为泄漏导走法。

经管路注入容器、储罐的液体物料，会带入一定量的静电荷，这些电荷将向器壁、液面集中泄漏消散，这个过程需要一定时间。如向燃料罐装液体，当装到 90%时停泵，液面电压峰值常常出现在停泵后的 6～10 s 以内，然后经 70～80 s，电荷逐步衰减掉。因此，不允许停泵后马上检尺、取样。小容积槽车装完 1～2 min 后即可取样；对于大储罐，则需要含水物完全沉降后才能进行检尺工作，一般要静止数小时。

对于带静电的导体，可通过接地连接的方法，将其表面的自由电荷导入大地。凡加工、储存、运输能够产生静电的管道、设备，如各种储罐、混合器、物料输送设备、排注器、过滤器、反应器、吸附器、粉碎机械等，应连成一个连续的导电整体并接地。不允许设备内部有与地绝缘的金属体。在有火灾、爆炸危险的场所或静电对产品质量、人身安全有影响的地方，所使用的金属用具均应接地。对于能产生静电的旋转体，可采用导电性润滑油或采用滑环碳刷、金属触头接地。

静电接地时，与工艺设备、管道的跨接端及引出端的位置，应选择在不受外力伤害，便于检查维修，便于与接地干线相连的地方。静电接地引出端连接板截面 40 mm×4 mm。螺栓与接板间的接触面积应大于 20 cm^2，螺栓规格为 M10。管道、设备用法兰连接，至少应当用两个以上螺栓妥善连接。

室外大型储罐如有非独立的避雷装置，可不另设静电接地；储罐应有沿外围的距离不超过 30 m 的两处以上的接地点，接地点要避开进液口。金属管道系统的末端、分叉、变径、主控阀门、过滤器，以及直线管道等，每隔 200～300 m 均应设接地点，车间内的管道系统接地点不应少于两个。

罐车、油槽汽车、油船、手推车以及移动式容器的停留、停泊处，要在安全场所装设专用的接地接头。当罐车、油槽汽车到达后，要在停机刹车、关闭电路、打开罐盖之前先行接地。注液完毕，拆掉软管，经一定时间静止后，再将接地线拆除。油罐汽车如用链条接地，只在停车时才起放电作用，行车中反而会产生静电，故不宜采用。移动设备要合理选择接地时间和场所，在存在可燃性混合气体的场所，接地会引起放电，成为引火源。故必须在不带电状态，不存在溶剂及可燃性气体的场所才能接地。

当设备的接地不能防止积累危险静电的时候，可采用空气增湿以降低静电非导体的绝缘性。湿空气在物体表面覆盖一层导电的液膜，提高了电荷经物体表面泄放的能力，即降低物体的泄漏电阻。带电体任何一处对地的总泄漏电阻小于 100 万欧时，该带电体的静电接地是良好的。在工艺条件允许的条件下，空气增湿取相对湿度为 70%较为合适。增湿的具体方法分普遍增湿和局部增湿，可采用通风系统进行调温，地面洒水以及喷放水蒸气等方法。这些方法对表面可被水湿润的纸张、橡胶、醋酸纤维素、硝酸纤维素等材料效果较好。如果带电材料是表面不可被水湿润的材料，如纯涤纶、聚四氟乙烯、聚氯乙烯等，或者带电材料的温度高于周围温度，则空气增湿的效果就很差。空气增湿不仅有利于静电的导出，而且还有利于提高爆炸性混合物的最小点能量，有利于防爆。

抗静电添加剂可使非导体材料增加吸湿性或离子性。抗静电添加剂的种类繁多，如无机盐表面活性剂、无机半导体、有机半导体、高聚物以及电解质高分子成膜物等。要根据使用对象、目的、物料的工艺状态以及成本、毒性、腐蚀和使用场合的有效性等具体情况进行选择。例如，在橡胶中加入炭黑，在纤维纺织品中加入季铵盐型阳离子抗静电油剂等，效果都很好。对于悬浮的粉状或雾状物质，任何防静电添加剂都无效。

(3) 中和电荷法

由静电的产生机理可知，静电是由于物质失去若干个电子，或获得若干个电子而形成的。那么就可利用物体所带静电极性相反的离子或电荷相接触，达到正、负电荷（离子）的中和，减少带电体上静电量，从而消除静电危险性的方法消除静电，这种方法称为中和电荷法。

选用合适的静电消除器、合理匹配相接触的物质、增加表面湿度等方法是中和电荷法的实际运用。

自感应式静电消除器适用于静电消除要求不严格的场合；外接电源式静电消除器消静电效果好，但也可能使带电体载上相反电荷；放射线式静电消除器在使用时要有防射线装置；离子流式静电消除器适于在防火、防爆场合使用。

消除薄膜、布、纸和橡胶板等表面的静电，可根据场所选用自感应式或外接电源式静电消除器。对罐、反应器里的可燃带电体，可使用放射线式静电消除器消除；在成型、涂漆、手工作业等工序，可选用枪型静电消除器消除静电；在管道中流动的粉体或高速移动的线纱，可采用法兰型外接电源式静电消除器消除静电；在卷取、橡胶混合工序中，对移动物体消除静电应选用自感应式、离子流式静电消除器；对悬浮粉体消除静电，应选用离子流式静电消除器；在印刷、卷板工序，物体高速移动，带电极性一定，采用直流型外接电源式静电消除器较好。

物质匹配消除静电，是利用静电带电序列表中的带电规律，能动地匹配相互接触的物质，使生产过程中产生的不同极电荷得以相互中和。

静电非导体所带静电的极性在不同情况下表现不一样，平时电荷不能相互串通中和。增加表面湿度后，电阻下降，这些电荷便可转移中和。

(4) 封闭削尖法

利用静电的屏蔽、尖端放电和电位随电容变化的特性，能动地使带电体不致造成危害的方法，称为封闭削尖方法。

静电屏蔽的作用前已述及。尖端放电可以引起事故，作为积极消除静电的一种有效方法，是使尖端产生不造成着火源的微弱放电，以此来中和带电体的电荷。在液体储罐的液面上方，使用带有突刺的金属棒，就是根据这个道理。但是，不是通过放电来消除静电的场合，其他所有部件都要求表面光滑，无棱角和突起，设备、管道上的毛刺要除掉。带电体附近如有接地金属体，可使带电体电位大幅度下降，从而减少静电放电的可能性。在不便消电，又必须降低带电体电位的场合，可采用此法。

(5) 人体防静电

人体防静电除采取必要的接地措施外，还要加强规章制度和安全技术教育。

操作者工作时，应穿电阻小于 $10^8\Omega$ 的防静电鞋，不穿羊毛或化纤织的厚袜子，不穿厚毛衣，应穿戴防静电工作服、手套和帽子。在人体必须接地的场所应设金属接地棒，赤手接触即可导出人体静电。坐着操作时，可在手腕上佩戴接地腕带。

在有爆炸危险的场所，为保证不断地从人体、移动的器具和设备上导走静电，地面应该是导电的。其泄漏电阻既要小到防止人体静电积累，又要防止误触动力电而致人体伤害。往地面上洒水是最简单的方法。每日最少洒一次水，当相对湿度为30%以下时，应每隔几小时洒一次。

在工作中，尽量不要做与人体带电有关的事情。如接近或接触带电体，处于与地相绝缘的工作环境，在工作场所不要穿、脱衣服等。在有静电的危险场所操作、巡视、检查，不得携带与工作无关的钥匙、硬币等金属物品。

第四节　雷电事故的预防

雷电造成的灾害越来越严重，各行业遭受雷电灾害的频率越来越高，经济损失也逐年加重，尤其是高层建（构）筑物、易燃易爆场所等极容易遭受雷电袭击。要防御雷电造成的灾害，就需要认识雷电及其活动规律，了解雷电防护的有关知识。

一、雷电及其危害

1. 雷电形成及放电过程

雷电是一种自然现象，雷击是一种自然灾害。雷击房屋、电力线路、电力设备等设施时，会产生极高的过电压和极大的过电流，在所波及的范围内，可能造成设施或设备毁坏、大规模停电、火灾或爆炸事故，还可能直接伤及人畜。

雷电形成的前提条件是雷云的产生。当太阳把地面晒得很热时，地面水分部分转化为蒸气，同时，地面空气受热变轻而上升，上升气流中的水蒸气在上空遇冷凝成小水滴。此外，当水平移动的冷暖气流相遇时，冷气团下降，暖气团上升，水汽在高空中凝成水滴并上下沉浮形成宽度达几千米的峰面积云。这种积云易形成较大范围的雷害，当云中悬浮的水滴很多时便成为乌云。乌云起电机理是由于宇宙射线或地面大气层的放射使气体分子游离，在大气中存在着正负两种离子，由于大气空间场的作用，雷云中电荷的分布是不均匀的，而形成许多堆积中心。通常有二极型（即云层上部积聚正电荷，下部积聚负电荷）和三极型（即云层上部积聚正电荷，中部积聚次正电荷，下部积聚负电荷）。

不论是在云中或是在云对地之间，电场强度是不一致的，当云中电荷密集处的电场强度达到 26～30 kV/cm 时，就会由云向地开始先导放电（对于高层建筑，雷电先导可由地面向上发出，称为上行雷），当先导通道的顶端接近地面时，可诱发迎面先导（通常起自地面的突出部分），当先导与迎面先导会合时，即形成了从云到地面的强烈电离通道，这时即出现极大的电流，这就是雷电的主放电阶段，此时雷鸣和电闪都伴随着出现。主放电存在的时间极短，约 60～100 μs，主放电过程是逆着先导通道发展的，速度约为光速的 1/21～1/2，主放电的电流可达数十万安培，是全部雷电电流中最主要部分。主放电到达云端时就结束了，然后，云中的残余电荷经过主放电通道流下来称为余光阶段。由于云中电阻较大，余光阶段对应的电流不大（约数百安培），持续时间却较长（0.03～0.16 s）。由于云中可能同时存在几个电荷中心，所以，第一个电荷中心的上述放电完成之后，可能引起第二个、第三个电荷中心向第一通道放电。因此，雷电往往是多重性的，每次放电相隔 600～800 μs，放电的数目平均为 2～3 次。

2. 雷电的种类及其危害

(1) 直击雷及其危害

在雷暴活动区域内，雷云与大地上某一点之间发生迅猛的放电现象，称为直接雷击。此时雷电的主要破坏力在于电流特性而不在于放电产生的高电位。雷电击中人体、建筑物或设备时，强大的雷电流转变成热能。据估算，雷击点的发热量为 600～2 000 J，放电时的温度可达 20 000℃。因此，雷电流的高温热效应将灼伤人体，引起建筑物燃烧，使设备部件熔化。在雷电流流过的通道上，物体水分受热汽化而剧烈膨胀，产生强大的冲击性机械力。该机械力达到 6 000 N 时，可使人体组织、建筑物结构、设备部件等断裂破碎，从而导致人员伤亡、建筑物破坏，以及设备毁损等。

雷电流在闪击中直接进入金属管道或导线时，沿着金属管道或导线可以传送到很远的地方。除了沿管道或导线产生电或热效应，破坏其机械和电气连接之外，当它侵入与此相连的金属设施或用电设备时，还会对金属设施或用电设备的机械结构和电气结构产生破坏作用，并危及操作和使用人员的安全。雷电流从导线传送到用电设备，如电气或电子设备时，将出现一个强大的雷电冲击波及其反射分量。反射分量的幅值尽管没有冲击波大，但其破坏力大大超过半导体或集成电路等微电子器件的负荷能力，尤其是它与冲击波叠加，形成驻波的情况下，会形成一种强大的破坏力。

(2) 感应雷及其危害

感应雷也称为雷电感应或感应过电压。感应雷的破坏称为二次破坏。雷电流变化梯度很大，会产生强大的交变磁场，使周围的金属构件产生感应电压和电流。感应电压可能向周围物体放电，如果附近有可燃物就会引发火灾和爆炸，而感应到正在联机的导线上就会对设备产生强烈的破坏作用。感应渠道可能是电容性的、电感性的或电阻性的，通常有以下几种形式：

1）静电感应雷。带有大量负电荷的雷云所产生的电场将会在架空明线上感生出被电场束缚的极性电荷。当雷云对地放电或云间放电时，云层中的负电荷在一瞬间消失了（严格说是大大减弱），在线路上感应出的电荷也就在瞬间失去了束缚，在电势能的作用下，这些电荷将沿着线路产生大电流冲击，从而对电气设备产生不同程度的影响。

2）电磁感应雷。雷击发生在供电线路附近，或击在避雷针上，会产生强大的交变电磁场。交变电磁场的能量将感应于线路并最终作用到设备上（由于避雷针的存在，建筑物上落雷机会增加，内部设备遭感应雷危害的机会和程度增加），对用电设备造成极大危害。

3）地电位反击。雷击时强大的雷电流经过引下线和接地体泄入大地，在接地体附近呈放射型的电位分布，若有连接电子设备的其他接地体靠近时，即产生高压地电位反击，入侵电压可高达数万伏。

（3）球雷及其危害

球雷是雷电放电时形成的发红光、橙光、白光或其他颜色光的火球。球雷出现的概率约为雷电放电次数的2%，其直径多为20 cm左右，运动速度约为2 m/s或更高一些，存在时间为数秒钟到数分钟。球雷是一团处在特殊状态下的带电气体，它是包有异物的水滴在极高的电场强度作用下形成的。在雷雨季节，球雷可能从门、窗、烟囱等通道侵入室内，造成雷击伤害事故。

（4）浪涌及其危害

最常见的电子设备危害不是由于直接雷击引起的，而是由于雷击发生时在电源和通信线路中感应的电流浪涌引起的。一方面，由于电子设备内部结构高度集成化，设备耐压、耐过电流的水平下降，对雷电（包括感应雷及操作过电压浪涌）的承受能力下降；另一方面，由于信号来源路径增多，系统较以前更容易遭受雷电波侵入。浪涌电压可以从电源线或信号线等途径窜入电子设备。

1）电源浪涌。电源浪涌并不仅源于雷击，当电力系统出现短路故障、投切大负荷时都会产生电源浪涌。电网绵延千里，不论是雷击还是线路浪涌，发生的概率都很高。当距很远的地方发生了雷击时，雷击浪涌通过电网传输，经过变电站等衰减，但到达电子设备时可能仍然有上千伏，这个高压持续只有几十到几百微秒，不足以烧毁电子设备，或者使电子设备内部的半导体元件遭到很大的损害。据美国GE公司测定，一般低压配电线（110 V）在10 000 h（约一年零两个月）内发生的超出原工作电压一倍以上的浪涌电压次数可达到800余次，其中超过1 000 V的有300余次。

2）信号系统浪涌。信号线电压等级低，且多与敏感设备相连，极易受雷电流的冲击。信号系统浪涌电压的主要来源是感应雷击、电磁干扰、无线电干扰和静电干扰。信号线受到干扰信号的影响，会使传播中的数据产生误码，影响传输的准确性和传输速率。

二、雷电的基本参数

雷电参数是防雷设计的重要依据之一。雷电参数包括雷暴日、雷电流幅值、雷电流陡度、雷电冲击过电压等。

1. 雷暴日

为了统计雷电活动的频繁程度，经常采用年雷暴日数来衡量。只要一天之内能听到雷声的就算一个雷暴日。通常说的雷暴日都是指一年内的平均雷暴日数，单位d/a。雷暴日数越大，说明雷电活动越频繁。

我国广东省的雷州半岛（琼州半岛）和海南岛一带雷暴日在80 d/a以上，长江流域以南地区雷暴日为40～80 d/a，长江以北大部分地区雷暴日为20～40 d/a，西北地区雷暴日多在20 d/a以下。西藏地区因印度洋暖流沿雅鲁藏布江上溯，很多地方雷暴日高达60～80 d/a。就大城市来说，广州、昆明、南宁为70～80 d/a，重庆、长沙、贵阳、福州为60 d/a，北京、上海、武汉、南京、成都、呼和浩特为40 d/a，天津、郑州、沈阳、太原、济南为30 d/a。

我国把年平均雷暴日不超过16 d/a的地区划为少雷区，把超过40 d/a的地区划为多雷区。在防雷设计时，应考虑当地雷暴日条件。

2. 雷电流幅值

雷电流幅值是指主放电时，冲击电流的最大值。雷电流幅值可达数十千安至数百千安。根据实测雷电流幅值，可绘制雷电流概率曲线。

3. 雷电流陡度

雷电流陡度是指雷电流随时间上升的速度。雷电流冲击波波头陡度可达60 kA/μs，平均陡度约为30 kA/μs。雷电流陡度与雷电流幅值和雷电流波头时间的长短有关，雷电流波头时间仅数微秒。做防雷设计时，一般取波头形状为斜角波，时间按2.6 μs考虑。雷电流陡度越大，对电气设备造成的危害也越大。

4. 雷电冲击过电压

雷击时的冲击过电压很高，具有很大的破坏性。直击雷冲击过电压由两部分组成，前一部分取决于雷电流的大小和雷电流通道的电阻，后一部分取决于雷电流通道的电感。直击雷冲击过电压可高达数千千伏。

雷电感应过电压取决于被感应导体的空间位置及其与带电积云之间的几何关系。雷电感应过电压可达数百千伏。

三、防雷分类及装置

1. 建筑物的防雷分类

根据《建筑物防雷设计规范（GB 60067—94）》（2000 修改版），以建筑物的重要性、使用性质、发生雷电事故的可能性和后果，将建筑物分为三类。

（1）第一类防雷建筑物

1）凡制造、使用或储存炸药、火药、起爆药、火工品等大量爆炸物质的建筑物，因电火花而引起爆炸，会造成巨大破坏和人身伤亡者。

2）具有 0 区或 10 区爆炸危险环境的建筑物。

3）具有 1 区爆炸危险环境的建筑物，因电火花而引起爆炸，会造成巨大破坏和人身伤亡者。

（2）第二类防雷建筑物

1）国家级重点文物保护的建筑物。

2）国家级的会堂、办公建筑物、大型展览和博览建筑物、大型火车站、国宾馆、国家级档案馆、大型城市的重要给水水泵房等特别重要的建筑物。

3）国家级计算中心、国际通信枢纽等对国民经济有重要意义且装有大量电子设备的建筑物。

4）制造、使用或储存爆炸物质的建筑物，且电火花不易引起爆炸或不致造成巨大破坏和人身伤亡者。

5）具有 1 区爆炸危险环境的建筑物，且电火花不易引起爆炸或不致造成巨大破坏和人身伤亡者。

6）具有 2 区或 11 区爆炸危险环境的建筑物。

7）工业企业内有爆炸危险的露天钢质封闭气罐。

8）预计雷击次数大于 0.06 次/a 的部、省级办公建筑物及其他重要或人员密集的公共建筑物。

9）预计雷击次数大于 0.3 次/a 的住宅、办公楼等一般性民用建筑物。

(3) 第三类防雷建筑物

1) 省级重点文物保护的建筑物及省级档案馆。

2) 预计雷击次数大于或等于0.012次/a，且小于或等于0.06次/a的部、省级办公建筑物及其他重要或人员密集的公共建筑物。

3) 预计雷击次数大于或等于0.06次/a，且小于或等于0.3次/a的住宅、办公楼等一般性民用建筑物。

4) 预计雷击次数大于或等于0.06次/a的一般性工业建筑物。

5) 根据雷击后对工业生产的影响及产生的后果，并结合当地气象、地形、地质及周围环境等因素，确定需要防雷的21区、22区、23区火灾危险环境。

6) 在平均雷暴日大于16 d/a的地区，高度在16 m及以上的烟囱、水塔等孤立的高耸建筑物；在平均雷暴日小于或等于16 d/a的地区，高度在20 m及以上的烟囱、水塔等孤立的高耸建筑物。

2. 按雷击能量的分布划区保护

将建筑物需要保护的空间划分为几个防雷保护区，有利于指明对防雷电电磁脉冲（LEW）有不同敏感度的空间，有利于根据设备的敏感性确定合适的连接点，推荐合适的保护。

IEC的防雷分区主要有LPZOA、LPZOB、LPZ1、LPZ2等。

(1) LPZOA区

本区内的各物体都可能遭到直接雷击，本区内电磁场没有衰减。

(2) LPZOB区

本区内的各物体不可能遭到直接雷击，但本区内电磁场没有衰减。

(3) LPZ1区

本区内的各物体不可能遭到直接雷击，流往各导体的电流比LPZOB区进一步减少，电磁场衰减的效果取决于整体的屏蔽措施。

(4) LPZ2区（后续的防雷区）

如果需要进一步减少所导引的电流和电磁场，就应引入后续防雷区，按照需要保护的系统所要求的环境区选择后续防雷区的要求条件。设置防雷保护区是为了避免因高能耦合而损坏设备，序号更高的防雷区是为了防止信息失真和信息丢失而设置的。保护区序号越高，预期的干扰能量和干扰电压越低。在现代雷电防护技术中，防雷区的设置具有重要意义，它可以指导屏蔽、接地、等电位连接等技术措施的实施。

3. 防雷装置

一套完整的防雷装置包括接闪器、引下线和接地装置。

(1) 接闪器

避雷针、避雷线、避雷网和避雷带都可作为接闪器，建筑物的金属屋面可作为第一类防雷建筑物以外的其他各类建筑物的接闪器。这些接闪器都是利用其高出被保护物的突出地位，把雷电引向自身，然后通过引下线和接地装置把雷电流泄入大地，以此保护被保护物免受雷击。

接闪器的保护范围可根据模拟实验及运行经验确定。由于雷电放电途径受很多因素的影响，要想保证被保护物绝对不遭受雷击是很困难的，一般只要求保护范围内被击中的概率在0.1%以下即可。接闪器的保护范围有两种计算方法：对于建筑物，接闪器的保护范围按滚球法计算；对于电力装置，接闪器的保护范围按折线法计算。

(2) 避雷器

避雷器并联在被保护设备或设施上，正常时处在不通的状态。出现雷击过电压时，击穿放电，切断过电压，发挥保护作用。过电压终止后，避雷器迅速恢复不通状态，恢复正常工作。避雷器主要用来保护电力设备和电力线路，也用做防止高电压侵入室内的安全措施。避雷器主要有保护间隙、管型避雷器和阀型避雷器，应用最多的是阀型避雷器。

(3) 引下线

防雷装置的引下线应满足机械强度、耐腐蚀和热稳定的要求。引下线一般采用圆钢或扁钢，其尺寸和防腐蚀要求与避雷网、避雷带相同。如用钢纹线做引下线，其截面积不得小于 26 mm^2。用有色金属导线做引下线时，应采用截面积不小于 16 mm^2的铜导线。

引下线应沿建筑物外墙敷设，并应避免弯曲，经最短途径接地。建筑艺术要求高者可以暗敷设，但截面积应加大一级。建筑物的金属构件（如消防梯等）可用做引下线，但所有金属构件之间均应连成电气通路，并且连接可靠。

采用多条引下线时，宜在各引下线距地面高约 1.8 m 处设断接卡。

采用多条引下线时，第一类和第二类防雷建筑物至少应有两条引下线，其间距离分别不得大于 12 m 和 18 m；第三类防雷建筑物周长超过 26 m 或高度超过 40 m 时，也应有两条引下线，其间距离不得大于 26 m。

在易受机械损伤的地方，地面以下 0.3 m 至地面以上 1.7 m 的一段引下线应加角钢或钢管保护。采用角钢或钢管保护时，应与引下线连接起来，以减小通过雷电流时的电抗。引下线截面锈蚀 30%以上者应予以更换。

(4) 接地装置

接地装置是防雷装置的重要组成部分。接地装置向大地泄放雷电流，限制防雷装置对地电压不致过高。

除独立避雷针外，在接地电阻满足要求的前提下，防雷接地装置可以和其他接地装置共用。

1）防雷接地装置材料。防雷接地装置应作热稳定校验。

2）接地电阻值和冲击换算系数。防雷接地电阻一般指冲击接地电阻，接地电阻值视防雷种类和建筑物类别而定。独立避雷针的冲击接地电阻一般不应大于10 Ω；附设接闪器的每一条引下线的冲击接地电阻一般也不应大于10 Ω，但对于不太重要的第三类建筑物可放宽至30 Ω。防感应雷装置的工频接地电阻不应大于10 Ω。防雷电侵入波的接地电阻，视其类别和防雷级别，冲击接地电阻不应大于6～30 Ω，其中，阀型避雷器的接地电阻不应大于6～10 Ω。

（5）消雷装置

消雷装置由顶部的电离装置、地下的电荷收集装置和中间的连接线组成。消雷装置与传统避雷针的防雷原理完全不同。避雷针是利用其突出的位置，把雷电吸向自身，将雷电流泄入大地，以保护其保护范围内的设施免遭雷击。而消雷装置是设法在高空产生大量的正离子和负离子，与带电积云之间形成离子流，缓慢地中和积云电荷，并使带电积云受到屏蔽，消除落雷条件。

除常见的感应式消雷装置外，还有利用半导体材料，或利用放射性元素的消雷装置。地下的电荷收集装置（接地装置）宜采用水平延伸式接地装置，以利于收集电荷。

四、防雷技术

1. 直击雷防护

（1）应用范围和基本措施

第一类防雷建筑物、第二类防雷建筑物和第三类防雷建筑物的易受雷击部位应采取防直击雷的防护措施；可能遭受雷击，且一旦遭受雷击后果比较严重的设施或堆料（如装卸油台、露天油罐、露天储气罐等）也应采取防直击雷的措施；高压架空电力线路、发电厂和变电站等也应采取防直击雷的措施。

装设避雷针、避雷线、避雷网、避雷带是直击雷防护的主要措施。避雷针分独立避雷针和附设避雷针。独立避雷针是离开建筑物单独装设的。一般情况下，其接地装置应当单设，接地电阻一般应不超过10 Ω。严禁在装有避雷针的构筑物上架设通信线、广播线或低压线。利用照明灯塔做独立避雷针支柱时，为了防止将雷电冲击电压引进室内，照明电源线必须采用铅皮电缆或穿入铁管，并将铅皮电缆或铁管埋入地下（埋深 0.6～0.8 m），经 10 m 以上的水平距离才能引进室内。独立避雷针不应设在人经常通行的地方。

附设避雷针是装设在建筑物或构筑物屋面上的避雷针。如系多支附设避雷针，相互之间应连接起来，有其他接闪器者（包括屋面钢筋和金属屋面）也应相互连接起来，并与建筑物或构筑物的金属结构连接起来。其接地装置可以与其他接地装置共用，宜沿建筑物或构筑物四周敷设，其接地电阻不宜超过 1～2 Ω。如利用自然接地体，还应装设人工接地体。人工接地体的接地电阻不宜超过 6 Ω。装设在建筑物屋面上的接闪器应当互相连接起来，并与建筑物或构筑物的金属结构连接起来。建筑物混凝土内用于连接的单一钢筋的直径不得小于 10 mm。

露天设置的有爆炸危险的金属储罐和工艺装置，壁厚不小于 4 mm 时，一般不再装设接闪器，但必须接地。接地点不应少于两处，其间距离不应大于 30 m。冲击接地电阻不应大于 30 Ω。如金属储罐和工艺装置击穿后不对周围环境构成危险，则允许其壁厚降低为 2.6 mm。

（2）二次放电防护

防雷装置承受雷击时，其接闪器、引下线和接地装置呈现很高的冲击电压，可能击穿与之邻近的导体之间的绝缘，造成二次放电。二次放电可能引起爆炸和火灾，也可能造成电击。为了防止二次放电，不论是空气中或地下，都必须保证接闪器、引下线、接地装置与邻近导体之间有足够的安全距离。冲击接地电阻越大，被保护点越高，避雷线支柱越高及避雷线挡距越大，则要求防止二次放电的间距越大。在任何情况下，第一类防雷建筑物防止二次放电的最小间距不得小于 3 m，第二类防雷建筑物防止二次放电的最小间距不得小于 2 m。不能满足间距要求时，应予跨接。

为了防止防雷装置对带电体的反击事故，在可能发生反击的地方，应加装避雷器或保护间隙，以限制带电体上可能产生的冲击电压。降低防雷装置的接地电阻，也有利于防止二次放电事故。

2. 感应雷防护

雷电感应也能产生很高的冲击电压，在电力系统中应与其他过电压同样考虑。在建筑物和构筑物中，应主要考虑由二次放电引起爆炸和火灾的危险。无火灾和爆炸危险的建筑物及构筑物一般不考虑雷电感应的防护。

（1）静电感应防护

为了防止静电感应产生的高电压，应将建筑物内的金属设备、金属管道、金属构架、钢屋架、钢窗、电缆金属外皮，以及突出屋面的放散管、风管等金属物件与防雷电感应的接地装置相连。屋面结构钢筋宜绑扎或焊接成闭合回路。

根据建筑物的不同屋顶，采取相应的防止静电感应的措施：对于金属屋顶，应将屋顶妥善接地；对于钢筋混凝土屋顶，应将屋面钢筋焊成边长 6～12 m 的网格，连成通路并予以接地；对于非金属屋顶，宜在屋顶上加装边长 6～12 m 的金属网格，并接地。

屋顶或其上金属网格的接地可以与其他接地装置共用。防雷电感应接地干线与接地装置的连接不得少于两处，其间距离不得超过 16～24 m。

（2）电磁感应防护

为了防止电磁感应，平行敷设的管道、构架、电缆相距不到 100 mm 时，须用金属线跨接，跨接点之间的距离不应超过 30 m；交叉相距不到 100 mm 时，交叉处也应当用金属线跨接。

此外，管道接头、弯头、阀门等连接处的过渡电阻大于 0.03 Ω 时，连接处也应当用金属线跨接。在非腐蚀环境，对于 6 根及 6 根以上螺栓连接的法兰盘，以及对于第二类防雷建筑物可不跨接。

防电磁感应的接地装置也可与其他接地装置共用。

3. 雷电波侵入防护

属于雷电冲击波造成的雷害事故很多。在低压系统，这种事故占总雷害事故的 70%以上。

雷电波侵入防护措施主要有：

（1）选择适合的电源线路进线方式

电源线路进入建筑物通常有两种方式：架空线路或埋地引入。为了防止或减少雷电波的侵入，室外电源线路宜全线埋地敷设或距建筑物 15 m 处采用铠装电缆段或无铠装电缆穿钢管埋地引入，进入建筑物内总配电箱或电源配电柜，然后分线进入用户。

（2）电源线路的接地与等电位连接

电源供电系统通常采用 TN—C—S 系统，在电源进线点进行总等电位联结(MEB)。另外，电缆外导体对内导体有静电屏蔽作用，电缆的外导体同内导体形成电容很容易将芯线上高频性质的感应电荷泄放入地，可一定程度限制较低的感应雷电波侵入。这就要求将电缆金属外皮、钢管等在进出建筑物处同电气设备的接地极相连。这种方式将极大减少高电位引入的威胁。在电缆进用出户处将电缆外皮及保护钢管与电气设备接地极连接，在转换处应装设低压配电线路适用的避雷器，另要将避雷器、电缆金属外皮、绝缘子铁脚、金具连在一起接地。

建筑物防直击雷接地极同电气接地极共同泄放直击雷电流时，会出现接地极上雷电流经电阻耦合的高电位引入情况，这就需要在线路进户处必须装设一组避雷器，将高电位钳制在安全值。对保护耐压较低的家电产品而言，有必要在分配电箱处加装避雷器作为二级防护，以便逐级泄放雷电能量，逐步降低所钳制的雷电压值。鉴于信息系统的重要性，有必要采取电源三级防雷。

4. 人身防雷

雷暴时，由于带电积云直接对人体放电，雷电流入地产生对地电压，以及二次放电等都可能对人造成致命的电击。

雷暴时，应尽量减少在户外或野外逗留；在户外或野外最好穿塑料等不浸水的雨衣。如有条件，可进入有宽大金属构架或有防雷设施的建筑物、汽车或船只；如依靠建筑屏蔽的街道或高大树木屏蔽的街道躲避，要注意离开墙壁或树干 8 m 以外。

雷暴时，应尽量离开小山、小丘、隆起的小道，离开海滨、湖滨、河边、池塘旁，避开铁丝网、金属晒衣绳以及旗杆、烟囱、宝塔、孤独的树木附近，还应尽量离开没有防雷保护的小建筑物或其他设施。

雷暴时，在户内应注意防止雷电侵入波的危险，应离开照明线、动力线、电话线、广播线、收音机和电视机电源线、收音机和电视机天线，以及与其相连的各种金属设备，以防止这些线路或设备对人体二次放电。调查资料表明，户内 70%以上对人体的二次放电事故发生在与线路或沿设备相距 1 m 以内的场合，相距 1.6 m 以上者尚未发生死亡事故。

雷雨天气，还应当关闭门窗，以防止球雷进入户内造成危害。

第五节　电气事故案例分析

一、安全保护系统事故

1. 事故经过

1989 年 8 月 12 日 9 时 55 分，青岛市黄岛油库某 2.3 万 m^3 原油储量的 6 号混凝土油罐突然爆炸起火。到下午 2 时 35 分，青岛地区西北风，风力增至 4 级以上，几百米高的火焰向东南方向倾斜。燃烧了 4 个多小时，5 号罐里的原油随着轻油馏分的蒸发燃烧，形成速度大约每小时 1.5 m、温度为 150～300℃的热波向油层下部传递。当热波传至油罐底部的水层时，罐底部的积水、原油中的乳化水以及灭火时泡沫中的水汽化，使原油猛烈沸溢，喷向空中，撒落四周地面。下午3时左右，喷溅的油火点燃了位于东南方向相距5号油罐37 m处的另一座相同结构的4号油罐顶部的泄漏油气层，引起爆炸。炸飞的4号罐顶混凝土碎块将相邻30 m处的1号、2号和3号的金属油罐顶部震裂，造成油气外漏。约1分钟后，5号罐喷溅的油火又先后点燃了3号、2号和1号油罐的外漏油气，引起爆燃，整个老罐区陷入一片火海。失控的外溢原油像火山喷发出的岩浆，在地面上四处流淌。大火分成三股，一部分油火翻过5号罐北侧1 m高的矮墙，进入储油规模为30万 m^3 全套引进日本工艺设备的新罐区的1号、2号和6号浮顶式金属罐的四周。烈焰和浓烟烧黑3罐壁，其中2号罐壁隔热钢板很快被烧红。另一部分油火沿着地下管道沟流淌，汇同输油管网外溢原油形成地下火网。还有一部分油火向北，从生产区的消防泵房一直烧到车库、化验室和锅炉房，向东从变电站一直引烧到装船泵房、计量站、加热炉。火海席卷着整个生产区，东路、北路的两路油火汇合成一路，烧过油库1号大门，沿着新港公路向位于低处的黄岛油港烧去。大火殃及青岛化工进出口黄岛分公司、航务二公司四处、黄岛商检局、管道局仓库和建港指挥部仓库等单位。18时左右，部分外溢原油沿着地面管沟、低洼路面流入胶州湾。大约600 t油水在胶州湾海面形成几条十几海里长、几百米宽的污染带，造成了胶州湾有史以来最严重的海洋污染。

2. 事故分析

事故原因极大可能是由于该库区遭受对地雷击产生感应火花而引爆油气。根据是：①8月12日9时55分左右，有6人从不同地点目击，5号油罐起火前，在该区域有对地雷击；②中国科学院空间中心测得，当时该地区曾有过2～3次落地雷，最大一次电流为104 A；③5号罐的罐体结构及罐顶设施随着使用年限的延长，预制板裂缝和保护层脱落，使钢筋外露。罐顶部防感应雷屏蔽网连接处均用铁卡压固。油品取样孔采用九层铁丝网覆盖。5号罐体中钢筋及金属部件的电气连接不可靠的地方颇多，均有因感应电压而产生火花放电的可能性；④根据电气原理，50～60 m以外的天空或地面雷感应，可使电气设施100～200 mm的间隙放电。从5号油罐的金属间隙看，在周围几百米内若有对地的雷击时，只要有几百伏的感应电压就可以产生火花放电；⑤5号油罐自8月12日凌晨2时起到9时55分起火时，一直在进油，共输入1.5万 m^3 原油。与此同时，必然向罐顶周围排放同等体积的油气，使罐外顶部形成一层达到爆炸极限的油气层。此外，根据油气分层原理，罐内大部分空间的油气虽处于爆炸上限，但由于油气分布不均匀，通气孔及罐体裂缝处的油气浓度较低，仍处于爆炸极限范围。

3. 事故预防

（1）根据事故原因的分析可知，本次事故主要是防雷保护系统存在缺陷，因此系统不但要建有防雷保护系统，而且要加强维护和定期检测，保证防雷保护系统的完善与有效。

（2）建立有效的事故应急系统，防止事故的传播、扩大和二次事故的发生。

（3）建立自动检测系统。在进行油库作业时，要通过检测系统，密切注意系统本身及周边环境的变化，并对油气浓度进行检测，防止油气爆炸系统的形成。

二、静电事故

1. 事故经过

某炼油厂于1981年11月9日22点55分，805# 汽油罐发生着火爆炸，经4小时扑灭。该罐20003拱顶钢油罐，直径约15.8 m，高度12.7 m，罐上设有“称重式油罐计量仪”系统。事故前该罐于6日曾输出85# 汽油29 t。此后油料未有进出，是静止状态。当时罐内有汽油178 t，油高1.8 m，计量仪采用常补气法，正常工作，当时气象情况为晴天，温度0～2℃，湿度51%，风速4 m/s。

2. 事故分析

（1）由于“称重式油罐计量仪”向油内钟罩通气，使气体与油及钟罩摩擦起电，油面电位升高，而引起油面对紫铜管放电引燃的可能性可以基本排除。根据国内外大量实验资料介绍，油面直接对接地导体放电，要使油气引燃，油面电位需在20 kV以上。而在806# 罐测到的油面电位，最大只有+140 V，远小于引燃油气的电位值。

（2）由于使用的“称重式油罐计量仪”没有固定接地线，又由于通气使塑料管、紫铜管和油摩擦，使钟罩、紫铜管带电，在透光孔盖 $\phi 8$ 孔处，紫铜管对孔盖放电而引起油罐爆炸的可能性也基本可以排除。钟罩被抬起时的绝缘状态带电电位最大只有+190 V，按其电容量计算，一旦与孔盖金属体发生放电，其能量最大也只有0.009 3 mJ，而油气最小点燃能量需0.2 mJ以上，实际比其低20倍。钟罩虽然没有固定接地线，但几次测量钟罩本身的自然接地电阻均在8～250 kΩ，所以，其带电后也不会集聚超过上面测到的钟罩绝缘状态下的电位。

（3）塑料管带电引爆的可能性分析。由试验数据看到现场使用的塑料管外皮相距20 mm的电阻为 1×10^{14} Ω以上，缆芯相距20 mm的电阻大于 1×10^{13} Ω，两者均为高绝缘介质，极易带电。同时，带电大小与空气的湿度、空气的流速及空气中的灰尘情况有关。测试得到塑料外皮在风吹情况下带电高达—20 060 V，按照此数据，其引燃危险性很大。从现场设备情况来看，在罐内、罐口附近均存在有塑料管外皮带电后对接地紫铜管放电的可能性。当有风吹时互相位置是变动的，间隙是不固定的，故无论罐内、罐外，随时有可能发生放电。

塑料管外部变脏后，一旦带电器放电，其能量将比清洁的塑料管相同电位条件下放电能量大得多。

日本1978年出版的《静电安全指南》中规定，在油气环境下，塑料表面带电5 kV为危险界限值，低于此电位值若能听到放电声也存在点燃危险。在现场测到的数据结果是，凡空气中风吹得稍大一点时，塑料表面电位都大于5 kV，因此，都在危险界限以内。

国外还有资料介绍，不同塑料管的管径，在己烷与空气混合比为2.8%爆炸浓度内，被塑料管壁的刷型放电引燃可能性的百分数，实验结果是，管径为6 mm时，点燃率为5%，管径为7 mm时，点燃率猛升为65%。事故现场的塑料管直径为8 mm，故点燃率大于65%。

综合分析事故原因，很可能是由于塑料管被风吹动而产生静电放电引起的爆炸事故。

3. 事故预防

（1）钟罩（系统）要有专门固定接地线。

（2）透光孔盖随时要保持可靠的接地。

（3）将塑料管埋在地下使用即可。

三、人体静电放电爆炸事故

1. 事故经过

从内贴聚乙烯衬里的桶中，连续把氰尿酰氯通过人孔投入丙酮槽，操作工穿着刚洗过的聚乙烯工作服，戴着氯乙烯手套，穿着橡胶长筒鞋，正在操作时发生了爆炸。

2. 事故分析

操作工穿的是聚乙烯工作服，戴着氯乙烯手套，当人体运动、手工操作时，聚乙烯工作服和氯乙烯手套因摩擦带电，且由于穿的是橡胶长筒鞋，静电不易泄漏，故引起静电积聚。在从人孔投料时，人体对人孔放电，火花引燃了人孔附近的甲醇蒸气而爆炸。

3. 事故预防

（1）穿戴棉质符合静电防护要求的劳动防护用品；

(2) 设置静电释放器，员工在操作前触摸静电释放器，释放人体所带静电；

(3) 建立完善的设备静电接地系统。

四、操作隔离刀闸事故

1. 接地保护线竟然成了烧人线

(1) 事故经过

2004年4月6日下午3时许，某变电站运行值班员接班后，312油开关大修负责人提出申请结束检修工作票，赶4时的班车离厂。而值班长临时提出要试合一下312油开关上方的（母线侧）3121隔离刀闸，看看该刀闸贴合情况。于是，值班长在没有拆开312油开关与3121隔离刀闸之间的接地保护线的情况下，擅自摘下了3121隔离刀闸操作把柄上的“已接地”警告牌和挂锁，取下闭锁插销，进行了合闸操作。只听“轰”的一声巨响，强烈的弧光将大修负责人和实习值班员严重灼伤。

(2) 事故分析

交接班之际，接班人员还没有完全熟悉设备状态，检修人员急不可待要下班，违背了“工作票制度”中“若扩大工作任务，必须由工作负责人通过工作许可人，在工作票上增填工作项目”的规定，临时增加工作内容，擅自操作，违反基本原则，错误地带地线合3121隔离刀闸，造成短路。

3121隔离刀闸高出人头约2 m，而且有铁柜遮挡，烧伤人的电弧光不是3121隔离刀闸的电弧光，而是两根接地（保护短路）线烧坏时产生的电弧光。两根接地线是裸露铜丝绞合线，操作员用卡钳卡住连接在设备上时，没有认真操作，没有仔细检查，致使一股线接触不牢；另一股绞合线还断了几根铜丝。违章操作时，强大的电流短路，不但烧坏3121隔离刀闸，而且接地（保护短路）线接触不良处振动脱落，发生强烈电弧光，另一股绞合线铜丝断开处发生强烈电弧光（直到整股绞合线烧断），将人烧伤。

(3) 事故预防

1) 交接班时以及交接班前后15 min内一般不要进行重要操作。

2)“已接地”警告牌改成“已接地，严禁合闸”。严格遵守规章制度，绝对禁止带地线合闸。

3) 当意外发生触电事故时，接地保护线起接地短路作用，使人不受到伤害，所以，保护线的质量要好、容量要够，连接要牢固可靠。

2. 安全措施“差一点”而导致隔离刀闸误合

(1) 事故经过

2006 年 1 月 31 日上午，某热电厂曲某等人在高压配电室检修 608 号油开关。10 时 40 分左右，正在工作的曲某下蹲时，臀部无意之中挤压了 608 号油开关上面的隔离刀闸的传力拐臂杆，导致隔离刀闸动、静触头接触。“轰”的一声巨响，引起该厂电力系统 602、600 油开关“过流保护”装置动作而跳闸，6 kV 高压二段母线和部分 380 V 母线均失电，2 号、3 号锅炉停止工作 40 多分钟，1 号发电机停止工作 1 h 许。

(2) 事故分析

油开关检修的安全措施包括本身的断路器必须是断开的，油开关上面的隔离刀闸是拉开的，必须在油开关与隔离刀闸之间的部件上可靠连接“接地保护短路”线，还要求隔离刀闸的传力拐臂杆上插入插销，而且要加锁（防止被误动）。但是，隔离刀闸的传力拐臂杆上的插销没有插入（更谈不上加锁）。所以，曲某无意之中挤压了隔离刀闸的传力拐臂杆而导致隔离刀闸动、静触头接触，静触头与母线连接带电，于是，强大的电流通过隔离刀闸动、静触头，再流经接地保护短路线，输入“大地”，形成短路放电，导致该电气系列的 602、600 油开关由于“过流保护”装置动作而跳闸。

此外，值班员、检修人员与管理干部安全意识与风险意识太差，也是导致事故发生的重要原因。

(3) 事故预防

必须强化安全管理、安全检查，完善安全装置，一点一滴不可忽视。

3.“阴错阳差”带负荷拉开隔离刀闸

(1) 事故经过

2006 年 6 月 17 日上午 8 时 40 分左右，某厂空气压缩机值班员何某接分厂调度员指令：启动 4# 机组；停运 1# 机组或 6# 机组中的一组。何某到电气值班室，与电气值班员王某（副班长）以及吴某商定：启动 4# 机组后停运 1# 或 6# 中的一组。王某随何某去现场操作——开和停空气压缩机，吴某留守监盘。9 时 4# 机组被现场启动，然后 6# 机组现场停止运行；配电室发出油开关跳闸的声音。电气值班室的吴某判断 6# 机组已经停运，于是，独自去高压配电室打算拉开 6# 油开关上方的隔离刀闸。但是，她错误地拉开了正在运行的 1# 机组的隔离刀闸，“嘭”的一声巨响，隔离刀闸处弧光短路，使得 314 线路全线停电。

(2) 事故分析

1) 直接原因。电气值班室的吴某在无人批准的情况下，擅自离开监盘岗位，违反“一人操作、一人监护”的规定，独自一人去高压配电室操作，没有看清楚动力柜编号和现场指示信号，也没有按照规程进行检查，就错误地拉开了正在运行的1#机组的隔离刀闸。

2）间接原因。问题如此突出，严重地表现在电气值班室的吴某身上，反映出管理方面存在着较大的欠缺。“启动4#机组后停运1#机组或6#机组中的一组”。应该明确，到底是1#还是6#，以使在场人员心中有数。负责人王某离开监盘岗位去现场，没有明确交代吴某的工作职责；在现场操作后又没有及时通知吴某，负有领导责任。事故发生看似偶然，实际上是平时管理不严、劳动纪律松弛、执行安全操作规程不严格、安全教育不落实、人员安全文化素质与综合素质较差的必然结果。

（3）事故预防

1）追究、处罚相关责任人，向全厂通报事故分析和处理结果，组织全厂电气运行岗位人员学习讨论、写出体会，提出本岗位、本人防范同类事故的具体措施。

2）出事故车间进一步完善管理规定，组织学习“两票三制”等制度。由机动科与安全科联合出题，进行安全技术考试和现场操作模拟考试。

3）安全教育持之以恒，开展好每周一次的安全活动；办好班组安全宣传园地。事故教训要经常讲、反复强调，提高管理水平，增强企业全体职工的安全意识。

本章小结

本章从电气安全工程的角度，介绍了电能释放的危险性、电气安全事故类型、绝缘防护基本知识以及静电和雷电的危害，阐述了电气安全屏障防护与相距防护、电气设备保护接地和保护接零、安全供电技术、电气防火防爆措施、静电与雷电消除措施等。

复习思考题

1. 如何认识和理解电能？
2. 认识自然界中的电现象。
3. 电能意外释放的原因主要有哪些？
4. 简述电气事故的类型。
5. 简述直接接触触电的防护措施。

6. 简述电气防火防爆措施。
7. 如何理解静电?
8. 简述静电的危害及消除静电的基本途径。
9. 简述雷电的形成及放电过程。
10. 简述雷电的种类与危害。
11. 从防雷设计的角度简述雷电的基本参数。
12. 简述建筑物的防雷分类及防雷装置。

第七章　职业危害与人机安全工程

本章学习目标

1. 掌握职业危害的来源、种类及防护措施。
2. 了解工作场所环境监测目的及工业场所的职业卫生要求。
3. 了解工业毒物的来源，掌握工业毒物危害控制措施。
4. 了解人机安全工程的主要研究内容，掌握人机系统常见事故及其原因。

第一节　职业危害与作业环境保护

在生产劳动过程中，不良的劳动条件存在各种职业危害，由于作业环境条件异常、设备设施缺陷或其他突发原因，职业危害因素可能损害作业人员的健康或造成职业性损伤，甚至危及生命。能量意外释放的事故致因理论认为，职业危害是各种危害性物质进入人体后，累积到一定的量，与体液和组织发生生物化学作用，释放出化学能，扰乱或破坏人体的正常生理功能，引起暂时性或持久性的病理改变，甚至危及生命。

因此，必须认识生产场所中的各种职业危害因素的能量来源及其可能对作业场所中人员造成的伤害，并采取有效的防护措施，预防与控制职业危害的发生，从而保护劳动者的健康，形成一个良好安全的作业环境。

一、职业危害的分类

在生产劳动过程中和作业环境中存在的危害从业人员健康的因素，称为职业危害因素。职业危害因素有多种分类方式。

1. 按来源分类

(1) 生产工艺过程

生产技术、机器设备、使用材料和工艺流程不同，产生的职业危害因素也不同。如与生产过程有关的工业毒物、粉尘、噪声、振动、高温、辐射及传染性因素等。

(2) 劳动过程

主要是由于生产工艺的劳动组织情况、生产设备布局、生产制度与作业人员体位和方式以及智能化程度等因素导致的职业危害。

(3) 作业环境

主要是作业场所的环境，如室外不良气象条件，室内厂房狭小、车间位置不合理、照明不良与通风不畅等因素都会对作业人员产生影响。

2. 按性质分类

(1) 环境因素

1) 物理因素。是生产环境的主要构成要素。不良的物理因素，或异常的气象条件如高温、低温、噪声、振动、高低气压、非电离辐射（可见光、紫外线、红外线、射频辐射、激光等）与电离辐射（如X射线、γ射线）等。

2) 化学因素。生产过程中使用和接触到的原料、中间产品、成品及这些物质在生产过程中产生的废气、废水和废渣等都会对人体产生危害，这些物质被称为工业毒物。毒物以粉尘、烟尘、雾气、蒸气或气体的形态遍布于生产作业场所，接触毒物可对人产生刺激或使人产生过敏反应，还可能引起中毒。

3) 生物因素。生产过程使用的原料、辅料及在作业环境中都可能存在某些微生物和寄生虫，如炭疽杆菌、霉菌、布氏杆菌、森林脑炎病毒和真菌等。

(2) 与职业有关的其他因素

劳动组织和作息制度的不合理，工作的紧张程度等；不良的个人生活习惯，如过度饮酒、缺乏锻炼等；劳动负荷过重，长时间的单调作业、夜班作业，动作和体位的不合理等都会对人产生影响。

(3) 其他因素

社会经济因素，如国家的经济发展速度、国民的文化教育程度、生态环境、管理水平等因素都会对企业的安全、卫生的投入和管理带来影响。另外，职业卫生法制的健全、职业卫生服务和管理系统化等制度因素，对于控制职业危害的发生和减少作业人员的职业危害也是十分重要的。

二、粉尘危害与防护

生产性粉尘是指在生产过程中产生的，较长时间悬浮在生产环境空气中的固体微粒。如果防护措施不力，长期吸入生产性粉尘，可引起鼻、咽、气管、支气管乃至肺部的疾病。一些生产性粉尘还可引起全身中毒（包括皮肤病）。

1. 影响生产性粉尘危害的因素

（1）粉尘性质

1）化学组成。主要指粉尘中的游离二氧化硅的含量，含量越高，危害越大。如含10%以上游离二氧化硅的花岗岩（石英石）粉尘，可引起矽肺；煤尘含游离二氧化硅比较少，危害相对比较小；有机粉尘如聚乙烯、聚氯乙烯等含游离二氧化硅很少，产生矽肺的可能性甚微。

2）浓度。指单位体积空气中（m^3）粉尘的含量（mg）。同一种粉尘，空气中浓度越高，吸入量相对越大，尘肺病发生的可能性越大。

3）分散度。指物质被粉碎的程度，用粉尘粒子大小的百分比构成来表示。直径较小的粒子所占的百分比大，即分散度高；反之，直径较大的粒子所占的百分比大，分散度就低。粉尘分散度高，沉降的速度很慢，吸入肺内的机会就多；反之，粉尘分散度低，颗粒大的被鼻毛、气管黏膜上的纤毛等挡住得就多，进入肺内的可能性就小，产生的危害相对比较小。

上述情况说明，粉尘对人体健康的危害，取决于三个因素，即游离二氧化硅的含量、浓度和分散度。游离二氧化硅含量高、浓度高、粒子直径小，危害就严重。改变其中任一因素，危害便可变小，三个因素全改变，则可大大减少或不发生危害。

（2）机体健康

正常人体有一道天然屏障，可以阻挡粉尘的侵入，如鼻腔的鼻毛，气管、支气管上的纤毛等。在人体正常健康状况下，这一整套屏障通过阻挡、撞击，可将进入呼吸道的97%～98%的尘粒排出体外，起到清除的作用。但是，当呼吸道健康状况不好，如鼻腔变大、纤毛运动不良时，则清除能力下降，粉尘极容易进入肺部，造成肺部的损伤和疾病。

（3）劳动强度和环境

劳动强度大，造成人的呼吸加深、加快，粉尘吸入肺部的机会就大，受害的概率就会增大；气温、空气湿度也可以影响粉尘的吸入量。

（4）防护措施

中国在防尘工作中总结出来的行之有效的经验是“革、水、密、风、护、管、教、查”“革”是指技术革新和技术改造；“水”即湿式作业；“密”即密闭上源；“风”即抽风除尘；“护”即个人防护；“管”即维护管理，建立各种制度；“教”是宣传教育；“查”是及时检查，定期测尘和健康检查。若能因地、因时制宜地推行“八字”经验，就能减少或消除粉尘的危害。

2. 粉尘的预防措施

（1）密闭尘源

在推行“革、水、密、风、护、管、教、查”的原则下，应采取综合预防措施。

石油化工行业的尘源，大多数可以采取密闭的方式减少或消除。如氯碱盐水精制的碳酸钠倒袋操作，如能用机械代替徒手，并在密闭环境下作业，外逸粉尘可以消除。

（2）抽风除尘

聚乙烯、聚氯乙烯、硅酸铝催化剂等的装袋操作，可用抽风除尘办法减少粉尘飞扬。

（3）湿式作业

热电厂的输煤过程，可以在皮带运输的尾部（位差较大处）加上水幕或喷雾；金属铸件采用水瀑清砂，以减少粉尘飞扬。

（4）个人防护

在生产条件暂时得不到改善的场所，可以采取个人防护措施。如拆卸炉膛内耐火砖时，要戴防尘口罩防尘。

（5）测定粉尘浓度和分散度

测定粉尘中的游离二氧化硅、粉尘浓度和分散度，特别是对粉尘浓度的日常测定，对制定防尘措施具有十分重要的作用。

（6）定期健康检查

发现有严重鼻炎、咽炎、气管炎、哮喘者，应脱离粉尘作业。长期吸入粉尘，群体气管炎等可明显增多，肺通气功能下降。考虑粉尘的影响，应及时改善生产作业环境条件。

三、噪声危害与防护

噪声，从物理学的角度来说，是指频率和声音强度各不相同，杂乱的声音无规律的组合；从生理学的角度来说，凡是使人产生烦恼，需要加以控制的声音统称为噪声。噪声通过声能的转化危害人体。

1. 噪声的类型

在生产过程中所产生的一切声音都称为生产性噪声或工业噪声。根据声源的种类不同，噪声又可分为以下几种：

（1）气流噪声

当气体压力突然变化或形成涡流时，就能引起气体扰动，产生气流噪声或称为空气动力性噪声。如压缩空气、锅炉放空时的声音。

（2）机械性噪声

机械性噪声是由于机械的摩擦、振动、撞击或高速旋转时发出的声音。如球磨机、空气锤、高速旋转的电动机、原油泵等工作时的声音。

（3）电磁噪声

电磁噪声是由于磁场交变、脉动引起电器部件振动而产生的声音。如变压器发出的声音。

此外，根据持续时间和形态不同，噪声又可分为连续噪声和间断噪声，稳态噪声和脉冲噪声等。

2. 噪声对人体健康的影响

人类的正常生活中具有一定的声音刺激，但声音强度超过一定的范围或在不需要声音刺激时出现高强度声音，会对人体产生不良的影响。通过对生产现场调查和临床观察，证明无防护措施的生产性强噪声对人体会产生多种不良影响，甚至形成噪声性疾病。

（1）对听觉系统的影响

1）暂时性听觉位移。暂时性听觉位移属于听觉系统功能性改变，脱离噪声影响一段时间后，听力仍能恢复。一旦发生暂时性听觉位移，如不及时采取预防措施，容易发生永久性听觉位移。

2）噪声聋。噪声聋是在永久性听觉位移的基础上发展而成的。其特点是双耳对称性发生。噪声聋的发病与长期接触噪声的强度、频率、专业工龄、年龄、有无伴随的振动、缺氧等有一定的关系。此外，还与种族、个体差异等有关。

（2）对神经、消化、心血管等系统的影响

1）噪声可引起头痛、头晕、记忆力减退、睡眠障碍等神经衰弱综合征。

2）噪声可引起心率加快或减慢、血压升高或降低等改变。

3）噪声可引起食欲减退、腹胀等胃肠功能紊乱。

4）噪声还可对视力、血糖等产生影响。

3. 预防措施

（1）严格执行噪声卫生标准

为了保护劳动者听力不受损伤，国家制定了《工业企业设计卫生标准》（GBZ 1—2002）。标准规定，操作人员每天连续接触噪声 8 小时，噪声声级卫生限值为 85 dB（A）；若每天接触噪声时间达不到 8 小时者，可根据实际接触时间，按接触时间减半，允许增加 3 dB（A）。但是，噪声接触强度最大不得超过 115 dB（A）（此项标准不适用于脉冲噪声）。

（2）噪声控制

1）控制噪声源。噪声源的控制应采取最根本、最有效的综合预防措施。通过改革工艺、改造机械结构、隔声、控制设备振动等措施实现。

2）控制噪声的传播。对室内的噪声，可利用多孔吸声材料进行吸声。如果此项措施使用得当，可降低噪声 5～10 dB（A）。如在操作室与存在噪声源场所之间安装双层玻璃窗隔声；加大空气压缩机的机座重量，用橡胶等软质材料制成垫片或利用弹簧等部件垫在设备下面使其减振；对机泵、电机、空气压缩机等设备配置消声部件等。

（3）正确使用和选择个人防护用品

在强噪声环境中工作的人员，要合理选择和利用个人防护器材，如耳塞、耳罩、防噪声头盔等。

（4）医学监护

认真做好就业前健康体检，严格控制职业禁忌。对已经从业的人员要定期进行健康体检，对发现有明显听力下降者，要及时调离噪声作业环境。对高频段（3～6 kHz）听力下降 30 dB（A）或超过 30 dB（A）者，列为重点观察对象，并采取保护措施。除此以外，必须合理安排作息时间。

四、振动危害与防护

1. 基本概念

振动是物体在外力作用下，以中心位置为基准，做直线或弧线的往复运动。振动是一种机械能释放的过程，振动可能通过振动物体的打击伤害人体，也可能转化为噪声危及人身健康。在生产过程中，机器转动、撞击或流体对物体的冲击产生的振动，称为生产性振动。人体手部接触的振动，称为局部振动。人体立位、坐位或卧位接触而传至全身的振动，称为全身振动。

表现振动性质的主要参数包括：

（1）振幅

振动物体离开中心位置的最大位移，称为振幅，单位为 mm。

（2）振动频率

单位时间内的振动次数，称为振动频率，单位为 HS。

（3）速度

振动体在单位时间内的位移变化量，称为速度，单位为 m/s。

（4）加速度

振动体在单位时间内速度的变化量，称为加速度，单位为 m/s^2。

2. 振动的类型与分布

（1）类型

振动的类型包括局部振动、全身振动、垂直振动、水平振动、连续接触振动、间断接触振动。此外，还有正弦振动、复合振动、随机振动、冲击振动和瞬变振动等。

（2）分布

1）使用电钻、风铲、风镐等工具的操作工，多在维修或检修过程中接触振动。

2）推土机、机车、汽车等驾驶员，特别是在炼油、化肥、橡胶、储运、热电等厂区内，振动较明显。

3）在化肥、橡胶、热电等厂内的压缩厂房、平台从事的操作工也受振动影响。

3. 振动对人体健康的影响

（1）局部振动

长期接触局部振动的人，有头昏、失眠、心悸、乏力等不适，还有手麻、手痛、手凉、手掌多汗、遇冷后手指发白等症状，甚至有拿不稳工具、吃饭掉筷子等症状。

（2）全身振动

长期全身振动，会出现脸色苍白、出汗、唾液多、恶心、呕吐、头痛、头晕、食欲不振等不适，还有体温、血压降低等症状。

4. 造成振动对人体健康影响的因素

（1）振动参数

1）加速度。加速度越大，冲力越大，对人体产生的危害也越大。

2）频率。高频率振动主要使手指、脚趾感觉功能减退，低频率振动主要影响肌肉和关节部位。

（2）振动设备的噪声和气温

噪声和低气温能加重振动对人体健康的影响。

(3) 接振时间长短

接振时间越长，振动形成的危害越严重。

(4) 人体健康状态

体质好坏、营养状况、吸烟、饮酒习惯、心理状态、作业年龄、工作体位等都会改变振动对人体健康的影响。

5. 预防措施

(1) 改革工艺

用化学除锈剂代替强烈振动的机械除锈工艺，用水瀑清砂代替风铲清砂，用液压焊接、粘接代替铆接等，都可明显减少振动。

(2) 改进风动工具

采取减振措施，设计自动、半自动式操纵装置，减少手及肢体直接接触振动体，或提高工具把手温度，改进压缩空气进出口的方位等。

(3) 采取隔振措施

压缩机与楼板接触处，用橡胶垫等隔振材料，减少振动。

(4) 合理安排接振时间

轮流作业，增加工间休息时间等。

(5) 加强个人防护

配备减振手套和防寒服；休息时用 40～60℃热水浸泡手，每次 10 min 左右；提供高蛋白、高维生素和高热量饮食。

(6) 就业前和就业后定期体格检查

凡是不适合从事振动作业的人，要妥善安排其他工作。

五、辐射危害与防护

随着科学技术的进步，在工业中有越来越多的机会接触和应用各种电磁辐射能和原子能。由电磁波和放射性物质所产生的辐射，根据其对原子或分子是否形成电离效应而分成两大类型，即电离辐射和非电离辐射。随着各类辐射源日益增多，危害相应增大。因此，必须正确了解各类辐射源的特性，加强防护，以免作业人员受到辐射的伤害。

1. 概述

能引起原子或分子电离的辐射称为电离辐射。如 α 粒子、β 粒子、X 射线、γ 射线、中子射线等。不能引起原子或分子电离的辐射称为非电离辐射，如紫外线、红外线、射频电磁波、微波等。

2. 类型

（1）紫外线

紫外线在电磁波谱中介于X射线和可见光之间的频带。波长约为7.6×10^{9}～4.0×10^{7} m。自然界中的紫外线主要来自太阳辐射、火焰和炽热的物体。凡物体温度达到1 200℃以上时，辐射光谱中即可出现紫外线。物体温度越高，紫外线波长越短，强度越大。

（2）射频电磁波

任何交流电路都能向周围空间放射电磁能，形成有一定强度的电磁场。交变电磁场以一定速度在空间传播的过程，称为电磁辐射。当交变电磁场的变化频率达到100 kHz以上时，称为射频电磁场。射频电磁辐射包括1.0×10^{2}～3.0×10^{7} kHz的宽广的频带。射频电磁波按其频率大小分为中频、高频、甚高频、特高频、超高频、极高频六个频段。

射频电磁场的强度（简称场强）与场源的功率成正比，与距场源的距离成反比，也与屏蔽和接地程度以及空间内有无金属天线、构筑物或其他能反射电磁波的物体有关。金属物体在电磁场作用下，产生感生电流，致使其周围又产生新的电磁场，从而形成二次辐射。

（3）电离辐射粒子和射线

1）α粒子。是放射性蜕变中从原子核中射出的带阳电荷的质点，它实际上是氦核，有两个质子和两个中子，质量较大。α粒子在空气中的射程为几厘米至十几厘米，穿透力较弱，但有很强的电离作用。常用的来源为钋210和镭226等。

2）β粒子。是由放射性物质射出的带阴电荷的质点，它实际上是电子，带一个单位的负电荷，在空气中的射程可达20 m。β粒子的电离作用较弱，但穿透力很强，能穿透6 mm厚的铅板或25 mm厚的木板。常用的来源为碳14、钙45、磷33等。

3）中子。是放射性蜕变中从原子核中射出的不带电荷的高能粒子，有很强的穿透力，与物质作用能引起散射和核反应。

4）X射线和γ射线。为波长很短的电离辐射，X射线的波长为可见光波长的十万分之一，而γ射线又为X射线的万分之一。两者都是穿透力极强的放射线。γ射线在空气中的射程为数百米，能穿透几十厘米厚的固体物质。X射线的常用来源为X射线机。γ射线的常用来源为碘31、钴60及高能量X射线机。

3. 非电离辐射的危害与防护

（1）紫外线的危害与防护

紫外线可直接造成眼睛和皮肤的伤害。眼睛暴露于短波紫外线时，能引起结膜炎和角膜溃疡，即电光性眼炎。强紫外线短时间照射眼睛即可致病，潜伏期一般在0.5～24 h，多数在受照后4～24 h发病。首先出现两眼怕光、流泪、刺痛、异物感，并带有头痛、视觉模糊、眼睑充血、水肿。长期暴露于小剂量的紫外线，可发生慢性结膜炎。

不同波长的紫外线，可被皮肤的不同组织层吸收。波长 2.20×10^{7} m以下的短波紫外线几乎可全部被角化层吸收。波长 $2.20\times10^{7}\sim3.30\times10^{7}$ m的中短波紫外线可被真皮和深层组织吸收。

空气受大剂量紫外线照射后，能产生臭氧，对人体的呼吸道和中枢神经都有一定的刺激，对人体造成间接伤害。

在紫外线发生装置或有强紫外线照射的场所，必须佩戴能吸收或反射紫外线的防护面罩及眼镜。此外，在紫外线发生源附近可设立屏障，或在室内和屏障上涂以黑色，以吸收部分紫外线，减少反射作用。

(2) 射频辐射的危害与防护

射频电磁场的能量被人体吸收后，一部分转化为热能，即射频的致热效应；一部分则转化为化学能，即射频的非致热效应。射频致热效应主要是人体组织内的电解质分子，在射频电场作用下，使无极性分子极化为有极性分子。有极性分子由于取向作用，则从原来无规则排列变成沿电场方向排列。由于射频电场的迅速变化，偶极分子随之变动方向，产生振荡而发热。在射频电磁场作用下，体温明显升高。对于射频的非致热效应，接触人员也会出现神经衰弱、植物神经紊乱症状。表现为头痛、头晕、神经兴奋性增强、失眠、嗜睡、心悸、记忆力衰退等。

在射频辐射中，微波波长很短，能量很大，对人体的危害尤为明显。微波除有明显致热作用外，对人体还有较大的穿透性。尤其是微波中波长较长的波，能在不使皮肤热化或只有微弱热化的情况下，导致组织深部发热。深部热化对肌肉组织危害较轻，因为血液作为冷媒可以把产生的一部分热量带走。但是，内脏器官在过热时，由于没有足够的血液冷却，有更大的危险性。

微波引起中枢神经机能障碍的主要表现是头痛、乏力、失眠、嗜睡、记忆力衰退、视觉及嗅觉机能低下。微波对心血管系统的影响主要表现为血管痉挛、张力障碍症候群。初期血压下降，随着病情的发展血压升高。长时间受到高强度的微波辐射，会造成眼睛晶体及视网膜的伤害。低强度微波也能产生视网膜病变。

对于射频辐射的最高允许照射强度的标准，目前我国尚未颁布。参照国外有关标准，对中、短波波段，场强的最高允许标准可定为：电场强度不超过20 $V\cdot m^{-1}$，磁场强度不超过5 $A\cdot m^{-1}$。对于超短波段，电场强度不超过5 $V\cdot m^{-1}$。对于微波波段的允许照射标准，可参考卫生部、原机械工业部的部颁标准确定。

防护射频辐射对人体危害的基本措施是，减少辐射源本身的直接辐射，屏蔽辐射源，屏蔽工作场所，远距离操作以及采取个人防护等。在实际防护中，应根据辐射源及其功率、辐射波段以及工作特性，采用上述单一或综合的防护措施。

4. 电离辐射的危害与防护

(1) 电离辐射的危害

电离辐射对人体的危害是由超过允许剂量的放射线作用于人体的结果。放射性危害分为体外危害和体内危害。体外危害是放射线由体外穿入人体而造成的危害，X射线、γ射线、β粒子和中子都能造成体外危害。体内危害是由于吞食、吸入、接触放射性物质，或通过受伤的皮肤直接侵入体内造成的。

在放射性物质中，能量较低的β粒子和穿透力较弱的α粒子由于能被皮肤阻止，不至于造成严重的体外伤害。但电离能力很强的α粒子侵入人体后，将导致严重伤害。电离辐射对人体细胞组织的伤害作用，主要是阻碍和伤害细胞的活动机能及导致细胞死亡。

人体长期或反复受到允许放射剂量的照射能使人体细胞改变机能，出现白血球过多、眼球晶体混浊、皮肤干燥、毛发脱落和内分泌失调。较高剂量能造成贫血、出血、白血球减少、胃肠道溃疡、皮肤溃疡或坏死。在极高剂量放射线作用下，造成的放射性伤害有以下三种类型。

1) 中枢神经和大脑伤害。主要表现为虚弱、倦怠、嗜睡、昏迷、震颤、痉挛，通常在两周内死亡。

2) 胃肠伤害。主要表现为恶心、呕吐、腹泻、虚弱或虚脱，症状消失后可出现急性昏迷，通常在两周内死亡。

3) 造血系统伤害。主要表现为恶心、呕吐、腹泻，但很快好转，约2～3周无病症之后，出现脱发、经常性流鼻血、再度腹泻，造成极度憔悴，2～6周后死亡。

(2) 放射线最大允许剂量

1) 自然本底照射。即使不从事放射性作业，人体也不能完全避免放射性辐射。这是由于自然本底照射的结果。每人每年接受宇宙射线约35毫伦琴，接受大地放射性物质的射线约100毫伦琴，接受人体内的放射性物质的射线约35毫伦琴。以上三个方面是自然本底照射的基本组成，总剂量为每人每年约170毫伦琴。

2) 最大允许剂量。国际上规定的最大允许剂量的定义为：在人的一生中，即使长期受到这种剂量的照射，也不会发生任何可觉察的伤害。我国1988年颁发的《辐射防护规定》(GB 8703—88) 中，规定了对内、对外照射的年最大允许剂量。

(3) 电离辐射的防护

1）缩短接触时间。从事或接触放射线的工作，人体受到外照射的累计剂量与暴露时间成正比，即受到射线照射的时间越长，接受的累计剂量越大。为了减少工作人员受照射的剂量，应缩短工作时间，禁止在有射线辐射的场所作不必要的停留。在剂量较大的情况下工作，尤其是在防护较差的条件下工作，为减少受照射时间，可采取分批轮流操作的方法，以免长时间受照射而超过允许剂量。

2）加大操作距离或实行遥控。放射性物质的辐射强度与距离的平方成反比。工作人员在一定的时间内所接受的剂量与距离的平方成反比。因此，采取加大距离、实行遥控的办法，可以达到防护的目的。

3）屏蔽防护。在从事放射性作业、存在放射源及储存放射性物质的场所，采取屏蔽的方法是减少或消除放射性危害的重要措施。屏蔽的材质和形式通常根据放射线的性质和强度确定。屏蔽γ射线常用铅、铁、水泥、砖、石等；屏蔽β射线常用有机玻璃、铝板等；弱β放射性物质，如碳14、硫35、氢3，可不必屏蔽；强β放射性物质，如磷35，则要以1 cm厚塑胶或玻璃板遮蔽；当发生源发出相当量的二次X射线时，便需要用铅遮蔽。γ射线和X射线的放射源要在有铅或混凝土屏蔽的条件下储存，屏蔽的厚度根据放射源的放射强度和需要减弱的程度而定。水、石蜡或其他含大量氢分子的物质，对遮蔽中子放射线有效，若屏蔽量较少，也可使用隔板。遮蔽中子可产生二次γ射线，在计算屏蔽厚度时，应予考虑。

4）个人防护服和用具。在任何有放射性污染或危险的场所，都必须穿工作服、戴胶皮手套、穿鞋套、戴面罩和目镜。在有吸入放射性粒子危险的场所，要携带氧气呼吸器。在发生意外事故导致大量放射污染或被多种途径污染时，可穿供给空气的衣套。

5）操作安全事项。合理的操作程序和良好的卫生习惯，可以减少放射性物质的伤害。其基本要点为：

①为减少破损或泄漏，应在受容盘或双层容器上操作。工作台上应覆盖能吸收或黏附放射物的材料。

②采用湿法作业，并避免放射物经常转移。不得用嘴吸移液，手腕以下有伤口时，不应操作。用过的吸管、烧杯及其他器皿，应放在吸收物质上，不得放在工作台上，更不能在放射区外使用。

③放射性物质应存放在有屏蔽的安全处所，易挥发的化学物质应放在通风良好处。为防止因破损而引起污染，所有装放射物的瓶子都应储存在大容器或受容盘内。

④在放射物作业场所，严禁饮食和吸烟。人员离开放射物作业场所，必须彻底清洗身体的暴露部分，特别是手，要用肥皂和温水洗净。

6）信号和报警设施。对于辐射区或空气中具有放射活性的地区，以及在搬运、储存或使用超过规定量的放射物质时，都应严格规定设置明显警告标志或标签。在所有高辐射区都要有控制设施，使进入者可能接受的剂量减少至100毫伦琴/h以下，并设置明显的警戒信号装置。在发生紧急事故时，所有人员立即安全撤离。应设置自动报警系统，使所有受到紧急事故影响的人都能听到撤离警报。

六、作业环境监测

在工业现代化的进程中，职业危害长期困扰我国工业和经济发展。由于生产场所的劳动条件较差，作业环境中有毒有害物质污染较为严重，各类职业病对工人的安全与健康造成了严重的威胁。仅以尘肺为例，自20世纪50年代以来，我国累计患病人数达50万人，每年都有新发矽肺病患者。在有些大型煤矿的生产第一线工人中，每两个矿工就有一个是噪声聋的病人。由于粉尘、噪声和毒物的危害，使大量工人患病致残，过早死亡或失去劳动能力与生活能力，企业生产难以为继。

作业环境差和职业病的高发率还引起了一系列的社会问题。如专业学校招生难，矿山能源等基础产业招工难，大量伤残的职业病患者的安置治疗难等，这些问题已在国内外造成了一些不良的社会和政治影响。我国经济改革和对外开放以来，随着经济高速发展，职业危害不断从城市向农村，从国有企业向乡镇企业，从沿海发达地区向内地欠发达地区转移，受害人数日益增多，危害程度越来越重。

1. 作业环境监测的目的

作业场所工作环境监测是识别职业危害因素的一个重要手段，其目的是：

（1）掌握生产环境中职业病危害因素的性质、强度（浓度）及其在时间、空间的分布情况和变化规律。

（2）评估作业人员的接触水平，为了解接触水平与健康损害之间的关系提供基础数据。

（3）检查工作场所环境的卫生质量，评价作业条件是否符合职业卫生标准的要求。

（4）为监督职业病防治法律执行情况，鉴定预防措施效果提供技术支持。

（5）为控制职业病危害因素，以及制定、修订职业卫生标准提供科学依据。

2. 法律法规要求

在《职业病防治法》及配套规章中，国家已经明确制定需要监测的职业病危害因素种类，同时要求：

（1）用人单位作业场所的职业病危害因素监测与评价，应纳入本单位的职业病防治计划，指定专人负责，并确保监测系统处于正常运行状态。

（2）应制订作业场所职业病危害因素监测计划，定期对工作场所进行职业病危害因素检测、评价。计划包括：①作业场所名称；②职业病危害因素名称；③检测单位；④检测频次及计划检测时间；⑤管理责任人。

（3）作业场所职业病危害因素检测与评价，应委托依法设立并取得省级卫生行政部门资质认证的职业卫生技术服务机构进行。选择时应充分考虑技术服务机构的资质范围、检测与评价技术水平和技术服务费用等，并要与选定的技术服务机构签订技术服务委托协议书。

（4）作业场所职业病危害因素定期检测、评价结果存入用人单位职业卫生档案，定期向所在地安全生产监督管理部门报告，并向从业人员公布。

3. 作业环境监测依据

作业环境监测主要依据国家颁布的各类作业场所职业病危害因素采样与检测规范进行。在这些采样与检测规范中，分别对工作场所空气中有害物质的采样及检测方法、工作场所中粉尘测定方法和各类物理有害因素的测量方法进行了规定。

4. 工作场所空气中有害物质的采样

工作场所空气中有害物质的采样应严格按《工作场所空气中有害物质监测的采样规范》（GBZ 159—2004）进行。

5. 工作场所空气中有害物质的检测

工作场所空气中有害物质的检测，应严格按《工作场所空气有毒物质测定》中（GBZ/T 160—2004）工作场所空气中 81 种有害物质及其化合物的检测方法进行。其主要检测方法见表 7—1。

表 7—1　　有害物质的主要检测方法

工作场所空气中有害物质类别	主要检测方法
生产性粉尘	滤膜称重法
无机物及其化合物	分光光度法/离子色谱法
有机类及有机化合物	气相色谱法/高效液相色谱法
金属、类金属及其化合物	原子吸收法/原子荧光光谱法
有机农药类	气相色谱法/高效液相色谱法
药物类	高效液相色谱法

续表

工作场所空气中有害物质类别	主要检测方法
炸药类	高效液相色谱法/分光光度法
生物类	比色法

物理性有害因素的测量，不同于化学性有害因素，必须使用特别的仪器，根据其有害因素的特点进行测量。噪声、高温、射频辐射、振动、照明等都需要特别的仪器才能测试其危害程度。

产生职业危害因素的企业，其工作场所除要符合法律、法规规定的条件外，还要符合以下职业卫生要求：职业病危害因素的强度或者浓度符合国家职业卫生标准；有与职业病危害防护相适应的设施；生产布局合理，符合有害与无害作业分开的原则；有配套的更衣室、洗浴室、孕妇休息室等卫生设施；设备、工具、用具等设施符合保护劳动者生理、心理健康的要求；法律、行政法规和国务院卫生行政部门关于保护劳动者健康的其他要求。

第二节　工业毒物及其控制

一、工业毒物的来源及其分类

在工业生产中使用和生产的某些物质侵入人体后，在一定条件下，与人体组织发生生物化学作用或生物物理作用，破坏人体的正常功能，造成暂时性或永久性的器官或组织的病理变化，甚至危及生命，这种物质称为工业毒物。

1. 毒物的来源

在生产过程中，毒物以多种形式出现，同一种化学物质在不同生产过程中呈现的形态也不同。生产性毒物在生产过程中常以气体、蒸气、粉尘、烟和雾的形态存在，并污染空气。如氯化氢、氰化氢、二氧化硫、氯气等在常温下呈气态的物质以气体形态污染空气。一些沸点低的物质以蒸气形态污染空气，如喷漆作业中的苯、汽油、醋酸乙酯等。在喷洒农药时的药雾、喷漆时的漆雾、电镀时的铬酸雾、酸洗时的硫酸雾等，以雾的形态污染空气。弄清楚生产性毒物以什么形态存在，对了解毒物进入人体的途径，制定预防控制措施，以及采集空气样品，测定毒物浓度等都具有重要意义。

工业毒物来源是多方面的，在工业生产过程中，从生产所使用的原材料到产品，从中间产品到副产品，从使用物质中的夹杂物到废水、废气、废渣，以及作为辅助材料的催化剂、载热体、增塑剂等都可能产生有毒物质，这些物质往往对人体机能产生影响。一般情况下，毒物的来源主要有以下几个方面：

（1）原料

如生产颜料、蓄电池使用的氧化铅，生产合成纤维、药物等使用的苯等。

（2）辅助材料

如橡胶、印刷等行业将苯和汽油用做溶剂。

（3）中间产品

如用苯和硝酸生产苯胺时，产生的中间产品硝基苯。

（4）产品

如农药厂生产的各种农药。

（5）副产品及废弃物

如炼焦时产生的煤焦油、沥青，冶炼金属时产生的二氧化硫。

2. 毒物的分类

工业毒物的种类繁多，根据不同的需要，分类方法也不同。按毒物的化学属性可分为有机毒物和无机毒物；按其作用性质可分为窒息性、刺激性、麻醉性等毒物；按毒物的物理形态可分为气体、液体、固体毒物；按毒物的综合性可分为金属、类金属毒物，刺激性或窒息性气体，有机溶剂等。一般情况下，工业毒物按其物理形态和毒物的综合性分类。

二、工业毒物的毒性指标与分级

毒性是指毒物引起机体损害的强度。工业毒物的毒性大小，可用毒物的剂量与反应之间的关系来表示。评价毒性的指标最通用的是计算毒物引起实验动物死亡的剂量（或浓度），所需剂量（浓度）越小，则毒性越大。常用的指标有以下几种：

（1）绝对致死剂量或浓度（LD_{100} 或 LC_{100}）：全组染毒动物全部死亡的最小剂量或浓度。

（2）半数致死剂量或浓度（LD_{50} 或 LC_{50}）：染毒动物半数死亡的剂量和浓度。

（3）最小致死量或浓度（MLD 或 MLC）：染毒动物中个别动物死亡的剂量或浓度。

（4）最大耐受量或浓度（LD_0 或 LC_0）：染毒动物全部存活的最大剂量或浓度。

其中半数致死量常用来反映各种毒物毒性的大小。按照毒物的半数致死量大小，可将毒物的毒性分成剧毒、高毒、中等毒、低毒和微毒五级（见表 7—2）。

表 7—2 化学物质毒性分级

毒性分级	大鼠一次经口 LD_{50} (mg/kg)	6 只大鼠吸入 4 h 死亡 2～4 只的浓度/$\times 10^6$	免涂皮时 LD_{50} (mg/kg)	对人可能致死量	
				g/kg	总量/g (60 kg 体重)
剧毒	<1	<10	<5	<0.05	0.1
高毒	1～50	10～100	5～44	0.05～0.5	3
中低毒	50～500	100～1 000	44～350	0.5～5	30
低毒	500～5 000	1 000～10 000	350～2 180	5～15	250
微毒	>5 000	>10 000	>2 180	>15	>1 000

三、工业毒物侵入人体的途径

毒物可通过呼吸道、皮肤和消化道侵入人体。在石油化工生产过程中，最主要的是经呼吸道进入，其次是皮肤，而经消化道进入的较少。

1. 呼吸道

在生产环境中，毒物常以气体、蒸气、雾、烟及粉尘等形态存在于空气中，因此，呼吸道是工业毒物侵入人体最主要的途径。由于肺是人体主要的呼吸器官，肺泡面积大，肺泡壁极薄，其表面又为碳酸的液体所湿润，并有丰富的毛细血管，所以肺泡对毒物的吸收极其迅速，如人体吸进大量的氰化氢、一氧化碳或苯等，在数分钟内就可以中毒昏倒。另外，由呼吸道进入的毒物被肺泡吸收后不经肝脏，直接进入血液循环而分布到全身，无法起到解毒作用，所以有更大的危险性。

2. 皮肤

工业毒物经皮肤吸收而致中毒者也较常见。它是穿过表皮屏障或通过毛囊和皮脂腺而进入人体的。经皮肤侵入的毒物也不经肝脏而直接随血液循环分布于全身。

能够经皮肤侵入的毒物主要有脂溶性毒物，如芳香族氨基或硝基化合物、有机金属类（如四乙基铅、有机锡）、有机磷化合物、氯代烃类等。

3. 消化道

工业毒物由消化道进入人体的机会很少，主要是食用受毒物污染的食物或毒物溅入口腔造成的。由消化道吸收的毒物，大多随粪便排出，其中一部分在小肠内被吸收，经肝脏解毒转化后被排出，只有一小部分进入血液循环系统。

四、工业毒物的最高容许浓度 MAC

车间空气中工业毒物的最高容许浓度（MAC）是衡量车间空气污染程度的卫生标准。我国《工业企业设计卫生标准》中，规定了生产车间空气中有害物质的最高容许浓度，表明在长期接触中均不应超过的数值，以保证劳动者不致引起职业性损害。

五、工业毒物的控制

为了保护职工在生产活动过程中的安全与健康，防止职业中毒事故的发生，必须从工艺和设备的技术改造、通风排毒、毒物净化、个体防护、管理与法制等方面采取综合措施。

1. 生产工艺和设备的技术改造

生产工艺和设备的技术改造是防治毒物污染源的根本途径，是防止职业中毒事故发生的最主要方法。生产工艺和设备技术改造主要包括：以无毒低毒代替有毒高毒，生产过程中设备的密闭化、机械化、自动化等。因此，在治理有毒物质污染时，首先应考虑尽可能采用新材料、新工艺、新设备，从技术改造入手，根本改变生产环境，改善劳动条件，保障职工的安全与健康。

（1）以无毒低毒代替有毒高毒

在生产过程中应尽量采用无毒或低毒的原料及辅料，代替有毒或高毒的原料及辅料，以无毒低毒工艺和物料取代有毒高毒的工艺和物料，是劳动安全卫生工作中防毒的重要原则，也是防毒的根本方法。

在合成氨生产过程中，原料气的脱硫、脱碳，以往一直采用砷碱法，砷碱中的主要成分为毒性较大的二氧化二砷（即砒霜），严重威胁职工的安全与健康。为了减少这种危险性，通过研究，采用本菲尔特法脱碳和采用百甜酸钠（ADA）法脱硫，可取得良好的脱硫、脱碳效果，并可彻底消除砷对人体的危害。

以隔膜法替代水银电解法工艺生产碱。制氯碱的传统工艺大都是采用水银电解制造碱。在这种传统工艺的生产过程中，汞的蒸气随着氢气排入大气，汞随着盐水系统、盐泥等而流失，造成环境污染。而采用隔膜法生产工艺，则不需用汞，彻底消除了汞的污染。在涂装行业中，以往大部分都是用毒性较大的苯及其同系物（甲苯、二甲苯等）作为涂漆的稀料。而以炼油厂的抽余油等取代苯类稀料，现研制出硝基漆、氨基漆、过氯乙烯漆、醇酸树脂漆等多种涂漆。

清洗各种金属零部件、材料和设备等上的油污，以往常用碱液、汽油、三氯乙烯清洗。碱液清洗效率低，劳动条件差；由汽油等有机溶剂清洗，虽除油效率高，但毒性大。为改善劳动条件，在清洗各种金属零部件、材料和设备等上的油污时，应采用无毒低毒清洗剂。

（2）生产设备的密闭化、机械化和自动化

生产设备的密闭化、机械化和自动化是防毒的重要技术措施之一。它不仅能大大改善作业环境，而且能提高劳动生产率和产品质量，减少原材料的消耗。这项防毒技术措施已在各个行业生产过程中普遍采用。

1）生产设备密闭化。生产设备密闭的原理和结构非常简单，在生产设备的开口处设置密闭罩，以防止设备内的毒物和粉尘逸散。一般情况下，应保持密闭设备内为负压状态，以提高密闭效果。例如，生产日光灯时，采用密封灌汞机，安装抽风净化装置等，以免汞对车间的污染。实现灌汞的密闭操作，不仅防止了汞的危害，而且提高了工作效率，降低了汞原料的消耗。

2）喷漆作业的密闭。在喷漆过程中散发出大量有毒气体，严重污染作业环境。《涂装作业安全规程——涂漆工艺安全及其通风净化》（GB 6514—2008）规定，喷漆作业应在设有机械通风装置的喷漆室内进行。实践证明，隧道式、房屋式、罩子式的全密闭或半密闭的喷漆室是控制喷漆作业有毒气体污染的有效方法。在实际中，可根据喷漆工件的外形、尺寸、喷漆工艺和现场条件而确定采用哪种形式。喷漆室内的气流组织应合理，不要形成死角或涡流。

3）投料点和出料点的密闭。在生产过程中，投料点和出料点是重要污染源，因此，必须对投料点和出料点采取密闭措施，并与工艺的机械化和自动化相结合。

生产过程中可根据不同的物料和工艺条件采取不同的投料方法。投料可采用高位槽、管道输送、机械投料、真空投料等方法。一般情况下，液体物料采用高位槽和管道输送，将液体物料用泵送入高位槽，根据需要自动定量投入设备，也可用泵直接通过管道输入设备。颗粒较大的固体物料则采用机械投料方法，把物料用提升装置从料仓提升到高位槽，然后根据需要定量投入设备。从料仓到炉子和设备，一般采用螺旋输送机输送。粉末状物料则采用真空投料法，这种方法既可防止尘毒逸出而污染环境，又可节约原材料，减轻劳动强度。

物料的出料一般采用管道输送。出料包装过程应采用全自动化，以避免操作人员直接接触毒物。排料密闭循环是防止排出的污染物污染环境的重要措施。排料密闭循环是指生产系统的排出物（夹杂的原料和中间产品）通过一定处理后，重新返回生产系统再次利用的过程。这种密闭循环过程既减少了原料的消耗，又避免污染物对人体的危害。

4）防止泄漏。防毒的另一个重要环节是提高设备和管道的密封性，以防止有毒物料的逸散和泄漏。生产过程中的跑、冒、滴、漏是造成作业场所环境污染的主要因素。产生跑、冒、滴、漏时，采用报警控制装置将报警控制信号变换、处理和显示；可以对机器、设备及过程的启动、停止及交换、接通等由自动装置进行操纵；可以把对象的信号送往自动装置，同时把自动装置的调节作用送往对象，使参数趋于给定值；当机器、设备出现不正常工作情况时，能发出各种报警并自动采取措施，以防止事故和保证安全生产。

2. 排毒与净化措施

（1）通风排毒措施

通风排毒是工业防毒技术的重要措施之一。在有毒有害作业场所应用通风排毒技术的目的是：

1）保证作业场所空气的清新，将作业场所空气中有毒有害物质的浓度控制在国家有关标准规定的最高允许浓度范围内，保证职工的健康。

2）使生产工艺、设备和作业场所空气中易燃易爆气体的浓度低于其爆炸下限，防止火灾爆炸事故的发生，保障作业者安全，保护设备和财产不受损失。

3）控制作业场所的温度和湿度，创造良好的作业环境，保证作业者的健康和生产的正常运行。

（2）通风排毒的方式

通风排毒根据通风动力可分为自然通风和机械通风。自然通风是依靠自然风压和温差使空气流动，达到通风排毒的目的；机械通风是依靠风机运转产生的压力使空气流动，达到通风排毒的目的。

通风排毒根据作用范围还可分为局部通风和全面通风。局部通风是把有毒物质从污染源直接排出，把室外的新鲜空气送到作业场所；全面通风是对整个车间进行通风换气。局部通风是防止有毒有害物质污染作业场所空气的最有效方法，它具有排毒效果好、所需风量小、系统简单、投资小等特点。相对而言，全面通风排毒效果差、所需风量大、系统复杂、能耗大、投资大，一般不宜采用，只有在因场地等其他条件限制而无法采用局部通风时，才采用全面通风的方法。

（3）通风排毒的原则

产生和使用有毒有害物质的企业一般都采用了通风排毒措施，但有些企业的排毒的效果不理想，没有达到国家规定标准的要求。造成通风排毒效果不佳的主要原因是：生产工艺布局不合理，没有采用局部通风，气流没有合理组织，通风系统和设备未进行设计和计算，安装质量差，管理不善等。为达到良好的通风排毒效果，在采用通风排毒方法时，应充分考虑以下原则：

1）通风系统的优化设计。设计时，应根据有毒物质的用量、气体的浓度、最小控制风速、作业场所的浓度要求、有毒物质的排放标准、气体的爆炸极限等进行设计计算，建立合理的通风系统，确定所需的风量、风压，并根据风量和风压选择合适的风机；在通风设备安装时，要保证施工质量，防止系统漏风，保证通风排毒的有效性。对通风系统所有的连接处都应保证密封，整个系统不得产生漏风。

2）选择合理的通风方式和合理气流组织。在选择通风排毒方式时，应首先考虑局部通风方式，其次考虑局部通风与全面通风相结合的方式。根据现场实际情况，选用合适的排风罩，以保证有效地排毒排尘；进入作业场所的新鲜空气应先经作业人员的呼吸带，禁止进入的新鲜空气先经污染源，再经作业人员的呼吸带。进风口与排风口的位置必须保持一定的距离，防止排出的污染物又被吸入作业场所而造成污风循环。

3）合理调整生产工艺，满足通风排毒的要求。将有毒与无毒、毒性大（或浓度大）和毒性小（或浓度小）的作业尽可能分开。例如，有的企业涂装作业的配漆、喷漆、烘干等工序共用一个车间或厂房，没有专门的喷漆室，在喷涂作业时，整个车间或厂房内漆雾弥漫，导致各工序互相影响，尽管采取了通风措施，但不能达到预期效果。如果把上述工序分开布置，分别采用局部通风，就可收到很好的效果。

4）加强通风排毒系统的管理与维护。通风排毒系统的管理不善、维护不当，也是造成生产场所环境恶劣的重要原因之一。对通风排毒系统应有专人管理，对设备应进行定期维修，对通风系统和车间的气体浓度应定期检测，以充分发挥通风排毒系统和设备的作用。

3. 毒物净化措施

工业生产中，由通风排毒系统排出的有害气体、烟尘等有毒有害物质，必须经过净化达到排放标准后，方可排入大气。毒物净化方法很多，常见的毒物净化方法主要有冷凝法、吸附法、燃烧法和吸收法。各种生产工艺排出的有毒有害气体种类繁多，性质各异。因此，应根据不同有害物质的化学性质和物理性质，以及作业条件等具体情况，分别采用不同的净化方法。

（1）冷凝法

冷凝法是利用不同物质在同一温度下具有不同的饱和蒸气压，以及同一物质在不同温度下具有不同的饱和蒸气压的特性，将混合气体冷却，使其中某些污染物冷凝成液体，从而使其从混合气体中分离出来，并对分离出来的物质予以回收利用的方法。因此，这种方法可用于对高浓度的有毒有害气体进行回收。

1）冷凝的关键是冷却温度，冷却温度越低，净化效率越好。一般采用水、冷冻混合物、固体二氧化碳以及其他制冷方法。

2）冷凝法的优点是工艺设备和操作比较简单，回收的物质比较纯。但冷凝法只适用于温度高的有毒有害物质的净化，对温度低的有毒有害气体，其净化效率较低。所以，冷凝法适宜作吸附法、燃烧法等净化方法的前期处理，一般不单独采用冷凝法净化回收有害气体。

（2）吸附法

不同物质接触时，其中一种或多种物质吸附在另一种物质上的现象称为吸附现象。具备吸附能力的物质称为吸附剂，被吸附的物质称为吸附质。

吸附过程是利用吸附质气相分子和吸附剂表面分子的吸引力，使吸附质气相分子吸附于吸附剂表面上。其吸附能力取决于吸附剂表面和吸附质的物理性质，如吸附剂的表面积、吸附质气体的相对分子质量、分子尺寸、沸点等。吸附法一般适用于对低浓度分子碘酸等有毒有害物质的净化和回收，特别适用于溶剂蒸气的净化和回收。

（3）燃烧法

燃烧法是净化有机废气的重要方法之一。燃烧法分为催化燃烧法与热力燃烧法。

催化燃烧法是利用催化剂在较低温度下将有机废气转化为 CO 和 H_2O。催化燃烧法净化效率高，设备简单，无二次污染，管理方便。

热力燃烧法是将被处理的可燃有机废气直接导入燃烧炉，使废气中的可燃组分燃烧氧化成无害的 CO_2 和 H_2O，并产生热量。热力燃烧法具有性能可靠、设备简单、投资小、管理方便等优点，但这种方法能耗大，运行费用高。

（4）吸收法

吸收法不仅可用于许多有机气体的净化，而且可用于许多无机气体的净化。利用吸收液与混合气体接触，将其中某些有毒有害物质组分溶解或吸收于吸收液中的过程称为吸收。在吸收过程中，被吸收的气体称为吸收质，吸收用的液体称为吸收剂。

4. 卫生防护

（1）个体防护

个体防护在防毒综合措施中起辅助作用，但在特殊场合下却具有重要作用。例如，进入高浓度毒物污染的密闭容器操作时，佩戴正压式空气呼吸器就能保护操作人员的安全健康，避免发生急性中毒。应根据工作场所存在毒物的种类、浓度（剂量）等选择适合的呼吸防护器材，每个接触毒物的工作人员都应学会使用，掌握注意事项。常用的有隔离式防毒面具、过滤式防毒面具、防毒口罩和正压式空气呼吸器等。为防止毒物沾染皮肤，接触酸碱等腐蚀性液体及易经皮肤吸收的毒物时，应穿耐腐蚀的工作服、戴橡胶手套、戴工作帽、穿胶鞋。为了防止眼损伤，还要戴防护眼镜。

（2）个人卫生

保持良好的个人卫生状况，可减少毒物对人体健康影响的机会。有毒物危害的车间应设置盥洗设备、淋浴室及存衣室，配备个人专用更衣箱。接触经皮肤吸收及局部作用危险性大的毒物，要有皮肤和眼冲洗设施。饭前班后应及时冲洗和更换衣服。严禁在有毒有害岗位进食、吸烟。

（3）合理膳食

从事有毒有害作业的职工，应加强营养，合理膳食。在保证平衡膳食的基础上，选择特殊需要的营养成分加以补充。其目的是通过合理营养需要的满足，提高人体对外界有害因素的抵抗力。

（4）增强体质

合理实施有毒作业保健待遇制度，因地制宜地开展体育锻炼，注意安排夜班工人的休息睡眠，组织青年进行有益身心的业余活动，做好季节性多发病的预防，这些对提高人体的抗毒能力具有重要意义。

（5）职业健康体检

职业健康检查包括上岗前、在岗期间、离岗时和应急健康体检。上岗前体检是指新进厂、调入有毒有害岗位的职工的健康体检，其目的是发现职业禁忌者，给就业者安排适合的工作；作为职业病危害追踪观察的基础资料，以便对职业病进行诊断与治疗。在岗期间体检是指按照职工接触毒物的不同，每间隔一定的时期就进行一次体检，其目的在于早期发现职业损伤和职业病患者，以便诊断治疗和采取预防措施。离岗时和应急健康体检的目的是发现疑似职业病或职业病病人，以早期诊断治疗。每一个从事有毒作业的职工，都应积极参加职业性体检。

（6）接触控制

接触控制的目的是通过对工作场所职业危害因素的监测，并对其实行定性定量评价，进而控制接触。接触控制的主要手段是监测，它分为区域（车间、岗位）定点监测、个体监测和生物监测三类。个体监测和生物监测是对从事有毒有害作业的个体采样分析，先获得个体接触资料，再通过若干个体资料推算群体接触水平。区域定点监测是以作业环境的作业点（检测点）采样分析，获得环境资料，进而推算在该环境中作业人群或个体的接触水平。车间空气中有毒物质的测定要定时定点，在工人接触量最大、生产工艺或产量改变时，设备大检修或抢修后，正常生产时和不同季节都应采样分析。工人在上班时经常操作、巡检、观察、停留的地点均应设定检测点。采样时采样器一定要放在工人的呼吸带，以保证所采样品的真实性。采样测定后所得的数据应进行统计分析，对作业环境作出评价，提出治理建议，监测结果应及时报告上级和有关部门，以便对超标岗位采取治理措施。

第三节　人机安全工程

人机工程是研究人机及其工作环境之间相互作用的学科，人机工程学是人与机器相互关系的合理方案，即对人的知觉显示、操作控制、人机系统的设计及其布置和作业系统的组合等进行有效的研究，其目的在于获得最高的效率，使作业者感到安全和舒适。人机安全工程是人机工程的一个分支，它是从安全工程学的观点出发，为进行系统安全分析，预防伤亡事故和职业病提供人机工程学方面知识的科学体系。人机安全工程学的研究对象是人、机和人机结合面三个安全因素。

在人机系统中，人始终起着核心和主导作用，机器起着安全可靠的保证作用。解决安全问题的根本是实现生产过程的机械化和自动化，让工业机器人代替人的部分危险操作，从根本上将人从危险作业环境中彻底解脱出来，实现安全生产。

人机系统主要有两类：一类为机械化、半机械化控制的人机系统；另一类为全自动化控制的人机系统。

在机械化、半机械化控制的人机系统中，人机共体，或机为主体，系统的动力源由机器提供，人在系统中主要充当生产过程的操作者与控制者，即控制器主要由人来操作。在控制系统中设置监控装置，如果人操作失误，机器会拒绝执行或提出警告，其结构如图 7—1 所示。这是现代生产中应用最多的人机系统。系统的安全性主要取决于人机功能分配的合理性、机器的本质安全性及人为失误。

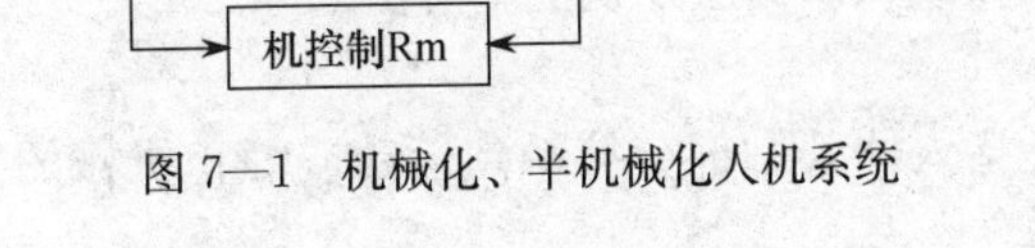

图 7—1　机械化、半机械化人机系统

在全自动化控制的人机系统中，以机为主体，机器的正常运转完全依赖于闭环系统的机器自身的控制，人只是一个监视者和管理者，监视自动化机器的工作。其结构如图 7—2 所示。系统的安全性主要取决于机器的本质安全性、机器的冗余系统失灵以及人处于低负荷时应急反应变差等。

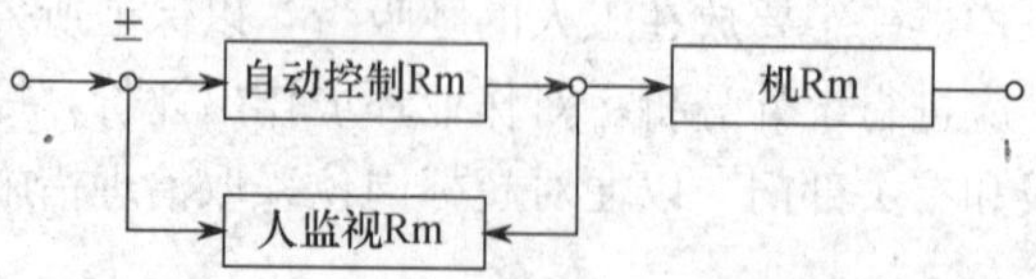

图 7—2　机械化、半机械化人机系统

在车间内对机器进行合理的安全布局，要考虑如下因素：

1. 空间

便于操作、管理、维护、调试和清洁。

2. 照明

包括工作场所的通用照明（自然光及人工照明，但要防止炫目）和为操作机器而需要的照明。

3. 管、线布置

不要妨碍在机器附近的安全出入，避免磕绊，有足够的上部空间。保证人员维修时的出入安全。

一、人机系统常见的事故及其原因

1. 人机系统常见的事故

（1）卷入和挤压

这种伤害主要来自旋转机的旋转零部件，即两旋转件之间或旋转件与固定件之间的运动将人体某一部分卷入或挤压。这是造成机械事故的主要原因，其发生的频率最高，约占机械伤害事故的 47.7%。

（2）碰撞和撞击

这种伤害主要来自直线运动的零部件和飞来物或坠落物。例如，做往复直线运动的工作台或滑枕等撞击人体；高速旋转的工具、工件及碎片等击中人体；起重作业中起吊物的坠落伤人或人从高层建筑上坠落伤亡等。

（3）接触伤害

接触伤害主要是指人体某一部分接触到运动或静止机械的尖角、棱角、锐边、粗糙表面等发生的划伤或割伤的机械伤害，以及接触到过冷过热及绝缘不良的导电体而发生冻伤、烫伤及触电等伤害事故。

2. 人机系统常见的事故原因

（1）机械设备存在先天性潜在缺陷

属于这一类的潜在安全隐患涉及面很广，从设计到制造过程都存在。例如，零件材料缺陷及材料选择不当，基础设计不当，强度计算不准，结构设计不当，操纵控制结构设计不当，显示装置设置不当，无安全防护装置以及制造过程中加工装配不当等。

（2）设备磨损或恶化

使用过程中由于磨损、老化降低了设备的可靠性而产生新的潜在危险因素，如裂纹、腐蚀等缺陷，但由于未被发现而“带病”运转。

（3）人的不安全行为

有的是由于安全意识差而做的有意的行为或错误的行为，有的则是由于人的大脑对信息处理不当而做的无意行为，如误操作或误动作。人的任何一种不安全行为都可能导致事故的发生。

二、安全防护装置的作用

安全装置的品种繁多，结构各异，但就其作用来说它们都是为了完成一定的安全防护或安全控制功能，因此，安全装置一般应该由传感元件、中间环节和执行机构三个基本部分组成。其中，传感元件（又称传感器）用来感知不安全信号，并将非电量转换成电量；中间环节将传感元件感知的不安全信号进行放大、处理或者将感知的运动或力进行传动（或传递），并向执行机构发出指令信号；执行机构是执行控制指令的元器件，它可以将危险运动中断，将危险因素排除，或者将人隔离在危险区域以外。例如，压力容器中的弹簧式安全阀，当容器内压力升高到超过最大极限压力时，感知压力的传感元件弹簧被压缩，使阀门打开，将超压气体排放。当压力降到正常值后，弹簧力又将阀门关闭。借助这一装置可以避免由于超压而发生的容器爆炸事故。

安全防护装置是指配置在机械设备上能防止危险因素引起人身伤害，保障人身和设备安全的所有装置。它对人机系统的安全性起着重要作用，是为了杜绝或减少机械设备的事故发生，其作用主要表现在以下几个方面：

1. 防止机械设备因超限运行而发生事故

所谓机械设备的超限运行是指超载、超速、超位、超温、超压等。当设备处于超限运行状态时，相应的安全防护装置就可以使装置卸载、泄压、降速或自动中断运行，从而避免事故的发生。如超载限制器、限速器、安全阀、熔断器等都属于这类安全防护装置。

2. 通过对系统进行自动监测与诊断的方式避免或排除故障

例如，自动报警装置是通过提醒操作者注意危险，而避免事故的发生。也有的安全装置是通过监测仪器及时发现设备故障，并通过自动调节系统排除故障，从而避免危险的发生。

3. 防止人的误操作而引发的事故

电气控制线路中的互锁与联锁装置属于这类安全防护装置。

4. 防止操作者误入危险区而设置的安全保护装置

防护罩、防护屏、防护栅栏等都属于一类装置。

安全防护装置可以具有单一功能，也可以具有多种功能。因此，对安全防护装置的分类，也就产生了多种办法。例如，按照安全防护方式安全防护装置可分为隔离防护装置、联锁控制防护装置、超限保险装置、紧急制动装置以及报警装置等。

三、安全防护装置的设计原则

1. 坚持以人为本的设计原则

设计安全防护装置时，首先要考虑人的因素，确保操作者的人身安全。

2. 坚持装置的安全可靠原则

安全防护装置必须达到相应的安全要求。要保证在规定的寿命期内有足够的强度、刚度、稳定性、耐磨性、耐腐蚀性和抗疲劳性，即保证其本身有足够的安全可靠度。

3. 坚持安全防护装置与机械装备的配套设计原则

在进行产品的结构设计时应把安全防护装置考虑进去。

4. 坚持简单、经济、方便的原则

安全防护装置的设计要尽量做到简单、节省成本和使用方便。

5. 坚持自动组织的设计原则

安全防护装置应具有自动识别错误、自动排除故障、自动纠正错误以及自锁、互锁、连锁等功能。

四、典型安全防护装置的设计

1. 隔离防护安全装置的设计

要解决人机系统的安全问题，首先考虑的是人的安全。隔离防护安全装置就是专为保护人身安全而设置的。该装置有装在机械设备上的防护罩，还有置于机械周围一定距离的防护屏或防护栅栏，它们都是用来防止人进入危险区与外露的高速运动或传动的零件或带电导体等接触受伤害，或飞溅出来的切屑、工件、刀具等外来物伤人。

2. 联锁控制防护安全装置的设计

联锁控制防护安全装置的特点主要体现在“联锁”二字上，它表示既有联系，又相互制约（互锁）的两种运动或两种操纵动作的协调动作，实现安全控制。联锁控制的基本功能有以下几点：

（1）保证设备正常运转。

（2）联锁动作。如车床上刀架的纵向与横向运动不允许同时接通，机床的启动或制动不允许同时发生。防止几个运动同时传动某一个执行部件，如车床中的丝杠与光杠不同时传动刀架；防止颠倒顺序动作，如机床上工件未夹紧，主轴不能启动；防止同时接通两个或两个以上相互干扰的运动；防止误操作功能相反的按钮或手柄等。

3. 超限保险安全装置的设计

机械设备在正常运转时，一般都保持一定的输出参数和工作状态参数。当机械由于某种原因发生故障时，将引起这些参数（振动、噪声、温度、压力、负载、速度、位置等）发生变化，而且可能超出规定的极限值，如果不及时采取措施，将可能发生设备或人身事故。超限保险安全装置就是为防止这类事故发生而设置的，它可以自动排除故障并自动恢复运行。根据能量形式和工作特性不同，超限保险装置分为中断能量流、吸收能量、积累能量和排除能量装置四类。中断能量流动装置有破坏式的剪断销和剪断键离合器、电气式的熔断器、继电器等；吸收能量的装置有防冲撞装置、缓冲器等；积累能量的装置有爪式、滚珠式和滚柱式等离合器；排除能量的装置有各类安全阀。

4. 紧急制动装置的设计

制动装置也属于安全装置，除了满足工艺要求外，在机器出现异常现象（如声音不正常、零部件有松动、振动剧烈，尤其是有人进入危险区等）可能导致设备损坏或造成人身伤害的紧急时刻，立即将运动零部件制动，中断危险事态的发展。例如，在危险装置前突然出现人，操作者的衣服被卷入机器或人正在受伤害、运行部件越程与固定件或运动件相撞等紧急情况下，为了防止事故发生或阻止事故继续发展，必须使机器紧急制动。这是在机器上设置制动器的主要目的。常用的制动方式有机械制动和电力制动。

机械制动是靠摩擦力产生的制动力或制动力矩而实现制动的。而电力制动则是使电动机产生一个与转子转向相反的制动转矩而实现制动。机床上常用的电力制动有反接制动和能耗制动。

反接制动的制动力矩大，制动效果显著，但制动过程中有冲击，且耗能较大。能耗制动是使三相异步电机停转时，在切除三相电源的同时把定子绕组任意两相接通直流电源，转子绕组就产生一个反向制动转矩。这个转矩方向与电动机按惯性旋转的方向相反，可以起到制动作用。这种制动方法是把转子原来“储存”的机械能转变成电能，然后又消耗在转子上，所以称为能耗制动。制动作用的强弱与通入直流电流的大小和电动机转速有关，在同样转速下电流越大制动作用越强，一般取直流电流为电动机空载电流的3～4倍。直流电流串接的可调电阻R是调节制动电流大小的设备。

能耗制动比反接制动平稳、制动准确，且能量消耗小，但制动力较弱，且要用直流电源。

5. 报警装置的设计

报警装置是在机器设备运行状态发生异常情况，工艺过程参数超过规定值，以及人处于危险区域时，监测仪器向操作人员或维修人员发出危险警报信号的装置，它提醒工作人员注意，当更为严重时，需要立即采取措施，通过联锁装置自动启动设备或者自动停止设备运行，不使事故扩大、损坏设备危及人身安全，保证系统处于安全状态。

机械设备上有相应的各种报警器，如过载报警器、超速报警器、超压报警器等。报警的方式有机械式、电子式等。报警器的工作原理如图7—3所示。

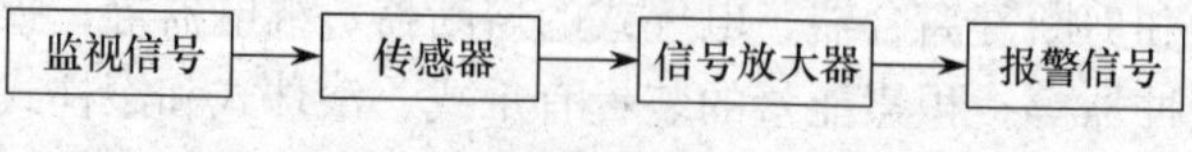

图7—3　报警器的工作原理

6. 防触电安全装置的设计

触电是人机系统中造成人身伤亡事故的重要原因之一，所以，为了保证操作人员的安全，机械设备上一定要设置防触电安全装置。

电流通过人体是导致人身伤亡的最基本原因，人体触电伤害程度与流过人体的电流大小、持续时间、人体电阻等因素有关。设计防触电安全装置时就应该考虑这些因素，如阻止电流流过人体，可采取绝缘、间距、隔离等措施；缩短电流流过人体的持续时间，可采用漏电保护装置、漏电断路器等。

第四节　职业伤害事故案例分析

一、一氧化碳中毒事故

1. 事故经过

某年5月7日，四川某铸钢有限公司铸钢车间发生一起急性一氧化碳中毒事故，中毒22人，死亡5人。

5月6日深夜至7日凌晨，该厂砂型车间在浇铸大型工件时使用了“70”型砂，在高温条件下，产生大量的一氧化碳等有害气体，弥漫至提升坑道内（离地面3 m，约50 m^2）。上班后1名工人下坑道内清扫提升机，刚到底部立即晕倒，先后下去10人救助，相继中毒，之后又有10人中毒。

2. 事故分析

该厂砂型车间在浇铸大型工件时使用了“70”型砂，“70”型砂主要成分为碳酸钙，在高温状态下会分解析出二氧化碳，二氧化碳遇铁即还原为一氧化碳。

（1）1名工人未采取任何防护措施就下坑道内清扫提升机，说明该员工缺乏必要的职业卫生知识，根本不知道浇铸工段存在如此严重职业危害因素，而未采取任何卫生防护措施，未按职业卫生和安全操作规程作业。

（2）救助者在没有采取任何防护措施的情况下，盲目下坑救人。说明工人缺乏自救、互救的基本知识，由于盲目救援而扩大中毒人数。对于中毒事故的救助，采取正确的防护措施是非常关键的。

（3）大量的一氧化碳等有害气体弥漫至提升坑道内，说明提升坑道设置不合理。提升坑道安排在一氧化碳作业场所的下风处。因此，作业场所一旦有一氧化碳外逸，逸出的一氧化碳气体会滞留在提升坑道内，而且浓度会越积越高，成了一氧化碳毒气室。所以，提升坑道应设置在一氧化碳作业场所的上风处。

3. 事故预防

（1）对可能接触到有毒物品岗位的职工，要反复进行毒物的毒性、预防中毒的办法和自救互救知识的教育。

（2）加强对工人的培训教育，包括职业卫生和安全操作规程、应急救援等的教育。

（3）企业应重新对提升坑道的位置进行设置，将其设置在一氧化碳作业场所的上风处。

二、二氧化碳窒息事故

1. 事故经过

1999 年 5 月 24 日，湖南省路桥总公司益阳资江三桥项目施工中发生二氧化碳浓度严重超标致 4 名作业工人缺氧窒息，死亡 3 人的事故。

24 日 7 时 35 分，三桥项目部 1 名工人至南引桥墩 1 号孔沿绳下孔（该孔直径 1.6 m，深 10.5 m，孔底有渗出水，通风差，四周是钢筋水泥），准备挖孔，突然倒在孔底，因疑触电所致，在关闭水泵电源后，2 名工人相继沿绳下孔救人，均倒在孔底，在关掉电源后另 1 名工人腰扎安全带下孔救援，因水（22 日暴雨）不断上漫（水深 1.5 m 左右），至离井 3 m 处感到头昏、胸闷、四肢乏力，迅即昏迷被吊上来，10 时许才将孔内 3 名工人打捞上岸，抢救无效死亡。3 名工人均未系安全带。经空气采样分析，二氧化碳含量 15%，氧含量明显下降。

2. 事故分析

（1）工人在未采取任何措施的情况下下孔作业，说明工人缺乏职业卫生防护知识，自我保护意识很差。同时也说明厂领导、职能部门和具体工作人员都未意识到孔底存在二氧化碳中毒这一职业危害因素，对孔底施工未制定劳动安全卫生制度。因此，全面辨识作业环境危险的有害因素和制定劳动安全卫生制度是非常重要的。

（2）孔内无机械通风设施，空气流通不畅，以及认为工人倒在孔底是触电所致，说明企业对职业卫生工作的重视程度不够，对存在的危险有害因素认识不清。

（3）下到深 10.5 m 的孔底，前 3 名工人不系安全带，均倒在孔底，另一工人虽然昏迷，但系了安全带，被吊上来，幸免于难。可见，系安全带对深处作业是非常重要的。

3. 事故预防

（1）根据《职业病防治法》有关规定，凡工作场所存在有害物质，必须进行申报，并进行检测，以确保作业的安全。

（2）加强职业卫生知识培训，建立和健全安全生产设施及卫生防护设施，提高职工的自身保护意识和能力。

（3）建立必要的规章制度，加强从业者的职业安全知识教育。

（4）对孔下作业必须安装通风设施，工人每次下孔作业前，要对孔内进行有效的通风换气。

（5）作业现场必须配备个人防护和急救设施。

三、污水池中毒窒息事故

1999 年 6 月 6 日，某造纸印刷包装公司发生中毒事故造成 5 人中毒，其中 4 人抢救无效死亡。

1. 事故经过

1999 年 9 月 6 日 10 时左右，该厂职工刘某发现污水处理中转储存池第 1 号抽水泵堵塞，向分厂副厂长刘某、技术员张某作了汇报。副厂长刘某让职工刘某找维修工检修，技术员张某随同检查了工艺流程。职工刘某在维修车间找到班长曹某。10 时 20 分，曹某搬来梯子下到池底清理 1 号泵，职工刘某和陈某在池上边观看。当时，池中污水约 0.2 m 深，曹某清理杂物约 2 min，突然昏倒在池里。职工陈某见状大声呼喊："快救人!"听到呼救声，职工朱某等 5 人先后跑来，朱某先下到污水池底，抱起曹某对池上边的人说了一句"快拿绳子"就昏倒在池里，接着副厂长刘某就往池里下，下到梯子最后的两三节阶梯时也倒在污水池中。随后职工刘某往池里下，下到梯子第三个台阶时掉了下去，厂长谢某腰里拴着绳子往池里下，快到池底时昏倒了，被上面的人拉了上来。10 时 30 分，污水处理分厂维修班班长李某和张某拉着氧气瓶赶到，向着池底部吹氧气，同时，动力分厂书记赵某拴上绳子下到池内，还没来得及给被救的人拴上绳子就感到不行了，被上面的人拉了上来。李某扯到池边有一个防毒面具，就急忙戴上，推开池边的人群下到池底，用绳子先后将曹某等 4 人拉了上来。为了救曹某，先后有 5 人下到池内。约 11 时，李董事长等人接到电话后，立即带领全体领导及办公室主任等赶到现场，并拨打 110 和创伤医院的急救电话，约 11 时 10 分，110 警务车和医院急救车先后赶到，并进行了抢救。除动力分厂赵某经抢救脱险外，其余 4 人经抢救无效死亡。

2. 事故分析

长期残留在污水池池底的残液和污水，容易产生硫化氢、一氧化碳、二氧化碳、甲烷等有毒有害气体，人员进入密闭空间内，就会因吸入了这些气体而发生中毒事故。

这是一起典型的违章指挥、违章作业造成的重大死亡事故。污水池维修及抢救人员，进入工作现场未戴防毒面具，造成中毒窒息，是造成该事故的直接原因。公司及污水处理分厂没有制定污水池设施、设备检修安全操作规程，也未制定劳动卫生防护措施，职工无章可循，且污水处理分厂自正式投入生产运行以来，公司及分厂没有对转岗和新上岗职工进行安全技术教育培训，职工对突发事故不能恰当处理是造成事故的主要原因。从公司到分厂安全检查的范围仅是消防、机械设备、电气设备，忽视了对污水池有毒物质的预防和检查，且污水厂竣工投产后，未按照法律法规规定对引进的污水处理工程进行安全审查验收，也没有按照国家标准要求组织人员进行有毒作业分级，对污水处理分厂存在的危害职工安全及健康的有害因素缺乏必要的了解，是造成事故的重要原因。

3. 事故预防

(1) 建立、健全安全生产责任制，制定安全生产规章制度和操作规程，加强安全管理人员、从业人员的安全知识、安全技术培训和教育，严格遵守生产操作规程，杜绝违章作业。

(2) 工厂各级领导都要牢固树立“安全第一，预防为主”的思想，正确处理安全、生产、效益三者之间的关系，吸取工厂近年来连续发生事故的惨痛教训，加强安全生产综合管理。

(3) 污水池旁应设警示标志，警示标志内容要包括有以下字样：“池内存在有毒有害气体，严禁擅自下池作业”。作业前要进行通风换气处理。没有通风换气条件的，要佩戴氧气面罩下池作业。要进入污水池等地作业时，下池人员要系防护绳。池上有专人监护，池内作业人员一旦发生意外，立即将其从池内提拉救出。

(4) 含甲烷设备区域作业人员上岗前必须接受甲烷中毒及救护知识的教育培训，并经考试合格方准上岗。通过教育培训，使职工全面掌握甲烷的危害、性能和特征。所有工作在甲烷区域人员应每年接受一次甲烷安全知识培训。通过培训使职工对甲烷的危害性有一个清醒的认识，以增强职工的自我保护意识。通过教训培训，还要使职工掌握事故现场急救要点，并定期进行演练。

本章小结

本章主要从职业危害和人机安全工程角度介绍了职业危害因素的分类以及职业危害的防护措施，工业毒物的危害性及其综合防治措施。职业危害因素可造成作业环境污染，对员工的健康造成不利的影响，职业危害的防护对于防止职业危害的发生具有重要意义。工业毒物对人体的危害是一种与工业生产有直接联系的职业危害，为了保护职工在生产活动过程中的安全与健康，防止职业中毒事故的发生，必须采取措施控制毒物危害；在人机系统中人始终起着核心和主导作用，机器起着安全可靠的保证作用。解决安全问题的根本是实现生产过程的机械化和自动化，让工业机器人代替人的部分危险操作，从根本上将人从危险作业环境中彻底解脱出来，实现安全生产。第一节论述了职业危害与作业环境保护，介绍了职业危害的类型、来源及防护措施。第二节论述了毒物及其控制，介绍了工业毒物的来源及其分类，工业毒物的毒性指标与分级，工业毒物侵入人体的途径，以及工业毒物控制的方法。第三节论述了人机安全工程，介绍了人机系统常见的事故及其原因，安全防护装置的作用，以及安全防护装置的设计等。第四节进行了职业伤害事故案例分析，主要分析了一氧化碳中毒事故、二氧化碳中毒事故、污水池中毒事故的原因，并提出了相应的防护措施。

复习思考题

1. 什么是职业危害?
2. 常见的职业危害类型有哪些?
3. 为了防止职业危害的发生，工业场所应符合哪些职业卫生要求?
4. 什么是工业毒物?
5. 工业毒物是如何分类的?
6. 工业毒物的危害控制措施有哪些?
7. 人机系统常见事故原因有哪些?
8. 安全防护装置的设计原则有哪些?
9. 典型安全防护装置有哪些?

参考文献

［1］美国安全工程师学会编．英汉安全专业术语词典［M］．英汉安全专业术语词典翻译组编译．北京：中国标准出版社，1987

［2］A. 库尔曼．安全科学导论［M］．武汉：中国地质大学出版社，1991

［3］井上威恭．最新安全科学［M］．南京：江苏科学技术出版社，1988

［4］王连成．工程系统论［M］．北京：中国宇航出版社，2002

［5］隋鹏程，陈保智，隋旭编著．安全原理［M］．北京：化学工业出版社，2005

［6］王凯全，邵辉编著．事故理论与分析技术［M］．北京：化学工业出版社，2004

［7］王凯全编著．风险管理与保险［M］．北京：机械工业出版社，2008

［8］赵庆贤，邵辉编著．危险化学品安全管理［M］．北京：中国石化出版社，2005

［9］李泰国编著．安全工程技术与管理基础［M］．北京：机械工业出版社，2003

［10］王济昌编著．现代科学技术知识词典［M］．北京：中国科学出版社，2008

［11］邵辉编著．系统安全工程［M］．北京：石油工业出版社，2008

［12］王凯全．石油化工流程的危险辨识［M］．沈阳：东北大学出版社，2003

［13］王凯全，邵辉编著．危险化学品安全评价方法［M］．北京：中国石化出版社，2005

［14］陈宝智主编．矿山安全工程［M］．北京：冶金工业出版社，2009

［15］王凯全主编．石油化工安全概论［M］．北京：中国石化出版社，2006

［16］荆波编著．班组 HSE 基础知识与操作实务［M］．北京：中国石化出版社，2009

［17］赵云胜等编著．职业健康安全与环境法规手册［M］．北京：化学工业出版社，2008

［18］王承学编著．化学反应工程［M］．北京：化学工业出版社，2009

［19］林爱光，阴金香编著．化学工程基础［M］．北京：清华大学出版社，2008

[20] 蔡凤英编著．化工安全工程 [M]．北京：科学出版社，2001

[21]“常见事故分析与防范对策丛书”编委会．火灾爆炸常见事故与防范对策 [M]. 北京：中国劳动社会保障出版社，2005

[22] 王凯全编著．化工安全工程学 [M]．北京：中国石化出版社，2007

[23] 陈声宗编著．化工设计 [M]．北京：化学工业出版社，2001

[24] 狄建华编著．火灾爆炸预防 [M]．北京：国防工业出版社，2007

[25] 陈海群，王凯全编著．危险化学品事故处理与应急预案 [M]．北京：中国石化出版社，2005

[26] 苏华龙编著．危险化学品安全管理 [M]．北京：化学工业出版社，2006

[27] 周长江，王同义编著．危险化学品安全技术管理 [M]．北京：中国石化出版社，2004

[28] 王凯全编著．化工生产事故分析与预防 [M]．北京：中国石化出版社，2007

[29] 周志俊编著．化学毒物危害与控制 [M]．北京：化学工业出版社，2007

[30] 陈沅江，吴超，吴桂香编著．职业卫生与防护 [M]．北京：机械工业出版社，2009

[31] 张东普编著．职业卫生与职业病危害控制 [M]．北京：化学工业出版社，2006

[32] 杨顺武编著．我国房屋安全管理的现状与对策 [J]．建筑安全，2007 (11)：20—22

[33] 吴庆洲编著．建筑安全 [M]．北京：中国建筑工业出版社，2007

[34] 王鸿鹏，李小军编著．建筑施工安全技术手册 [M]．武汉：华中科技大学出版社，2008

[35] 武明霞编著．建筑安全技术与管理 [M]．北京：机械工业出版社，2007

[36] 张式廉等编著．建筑安全管理 [M]．北京：中国建筑工业出版社，2005

[37] 陈连进等编著．建筑施工安全技术与管理 [M]．北京：气象出版社，2008

[38] 杨文柱编著．建筑安全工程 [M]．北京：机械工业出版社，2004

[39] 唐山市建筑工程施工安全监督站编著．建筑工程安全生产实用手册 [M]．北京：中国建筑工业出版社，2007

[40] 王学谦主编．建筑防火 [M]．北京：中国建筑工业出版社，2000

[41] 建筑设计防火规范 (GB 50016—2006)．北京：中国计划出版社，2006

[42] 吴雁编著．建筑防火安全性设计综述 [J]．建筑安全，2008 (4)：56—58

[43] 魏恒编著．影响房屋结构安全的主要部位及其控制措施 [J]．郑州铁路职业技术学院学报，2001 (9)：78—79

［44］王学谦，刘万臣主编．建筑防火设计手册［M］．北京：中国建筑工业出版社，1998

［45］中华人民共和国消防局编．防火手册［M］．上海科学技术出版社，1992

［46］蒋永琨主编．高层建筑消防设计手册［M］．上海：同济大学出版社，1995

［47］李慧民编著．房屋建筑物安全管理问题与对策［J］．建筑经济，2008（11）：29—31

［48］http：//baike. baidu. com/view/14967. htm

［49］http：//www. safe001. com/

［50］中国石油化工集团公司安全环保局编．石油化工安全技术（高级本）［M］．北京：中国石化出版社，2006

［51］杨有启，钮英建编著．电气安全工程［M］．北京：首都经济贸易大学出版社，2000

［52］袁昌明，张晓冬，章保东编著．工业防毒技术［M］．北京：冶金工业出版社，2006

［53］王淑荪编著．工业企业防毒技术［M］．北京：北京出版社，1990

［54］张东普编著．职业卫生与职业病危害控制［M］．北京：化学工业出版社，2004

［55］周志俊编著．化学毒物危害与控制［M］．北京：化学工业出版社，2007

［56］邢娟娟编著．职业危害评价与控制［M］．北京：航空工业出版社，2005

［57］欧阳文昭，廖可兵编著．安全人机工程学［M］．北京：煤炭工业出版社，2002

［58］王保国，王新泉，刘淑艳编著．安全人机工程学［M］．北京：机械工业出版社，2007

［59］张力，廖可兵编著．安全人机工程学［M］．北京：中国劳动社会保障出版社，2007

［60］安全工程师实务手册编写组编．安全工程师实务手册［M］．北京：机械工业出版社，2006